前の世界

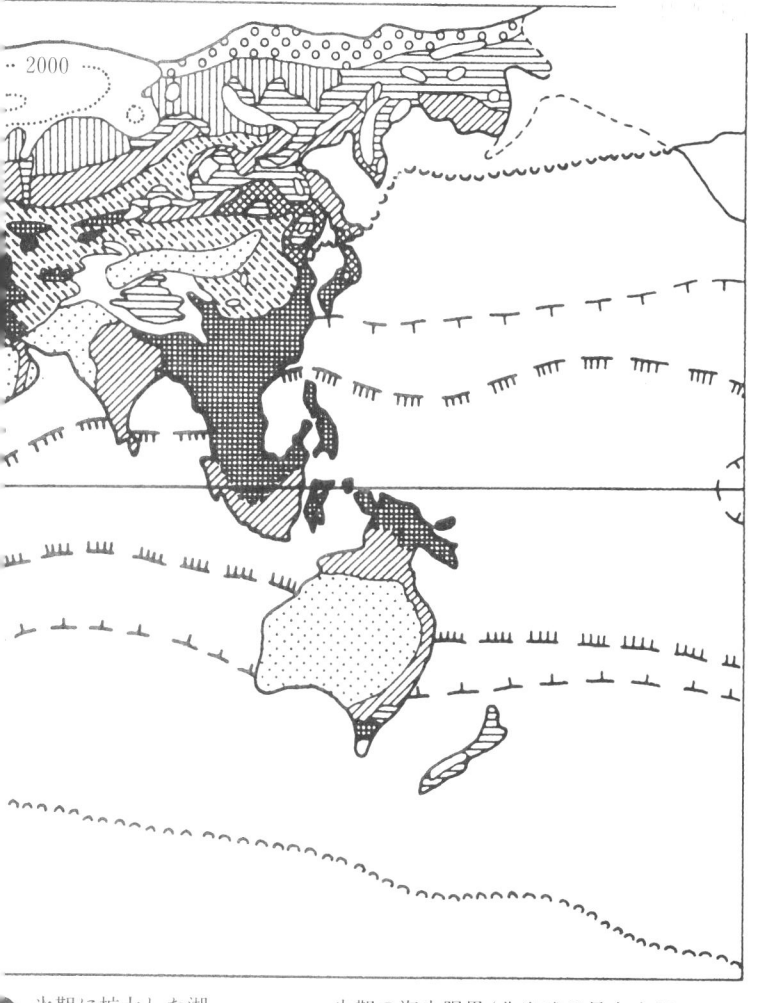

● 氷期に拡大した湖
　（プルヴィアル湖）

～～～ 氷期の海氷限界（北半球は最大氷期，南半球は1万8千年前）

πππ 氷期のサンゴ礁形成域

⊥⊥ 氷期から間氷期に向かってサンゴ礁が形成された海域

4による），氷河・氷床の拡大範囲と氷床の厚さ（阪口，1984；Grichuk,
ichuk, 1984；Kadomura, 1980などを小野編集）．

自然環境の生い立ち［第三版］
――第四紀と現在

阿部祥人・岩田修二・小泉武栄
守屋以智雄・長沼信夫・田渕　洋
海津正倫・漆原和子・柳町晴美
柳町　治
著

朝倉書店

執 筆 者

阿部 祥人（あべ よしと）	慶應義塾大学文学部
岩田 修二（いわた しゅうじ）	東京都立大学大学院理学研究科
小泉 武栄（こいずみ たけえい）	東京学芸大学教育学部
守屋 以智雄（もりや いちお）	金城大学社会福祉学部
長沼 信夫（ながぬま のぶお）	駒澤大学文学部
田渕 洋（たぶち ひろし）	法政大学経済学部
海津 正倫（うみつ まさとも）	名古屋大学大学院環境学研究科
漆原 和子（うるしばら かずこ）	法政大学文学部
柳町 晴美（やなぎまち はるみ）	信州大学山地水環境教育研究センター
柳町 治（やなぎまち おさむ）	信州短期大学

（ABC順）

まえがき

　本書の初版が刊行されたのは，1979年のことである．また，新版は1985年に刊行された．しかしその後は改訂なしのまま時間のみが経過し，すでに17年にもなろうとしている．

　この間，本書の対象とする第四紀学の研究の進歩は著しく，氷期の自然像が一新したのをはじめとして，たくさんの新しい事実がわかってきた．また日本の自然環境の生い立ちに関しても，さまざまの新しい見解が提示された．さらに1990年代に入るころから，オゾン層の破壊，地球温暖化，砂漠化などの地球環境問題がにわかに浮上し，環境に対する社会的な関心が高まってきた．本書の再改訂はこのような情勢の変化を受けて企画されたものである．

　本書はもともとは文科系の大学生を対象とした，一般教養の自然地理学や地学の教科書として編集されたものであった．しかしこの改訂版ではさらに広く，自然環境に関心のある一般の社会人の方々も，読者として想定することにした．これは社会人の方々からの，こうした分野の本がほしいという要望に応えるためである．

　残念ながら，わが国では山や川，台地，あるいは気候，水，土壌などといった身の周りの自然環境の生い立ちについて，学校教育で勉強することはきわめて少ない．そのため自然環境についてのやさしい入門書のようなものも，わずかしかないのが実情である．筆者自身，山や森，自然保護などに関心をもつ方々から，適当な参考書を紹介してくれといわれて，困ったことが少なくない．今回の改訂ではこのような事情も踏まえ，図や写真を増やし，文章も極力やさしく書くなど，一般の方々にもわかるような記述を心がけた．

　今回の改訂版は，1985年の新版と基本的な章立ては同じである．しかし，全面的に書き直されている章がある一方で，あまり変わっていない章もある．これは基本的には新しい知見を入れて書き直すものの，最も基本的な章は大幅には変更せずに残すという方針によるものである．したがって本書には，一見記述が古

く感じられるような内容から，最先端の内容を盛り込んだ章までが，共存している．しかし，基本的な事項についてはすべての章でふれるように心がけたので，この分野のことを今まであまり勉強したことのない人でも，読めばほぼ理解できる内容になっているはずである．

もし読者の皆さんが本書を読まれて，より細かく，より深く知りたい問題が生じた場合は，各章末にあげた引用文献に目を通していただきたいと思う．

バブルがはじけたころから，わが国でもようやく自然への回帰が始まったようで，野外の自然や自然保護への関心が高まっている．しかし自然についての知識があまりにも不足していると，楽しいはずの野外で，丹沢山地の玄倉川で起こったような悲劇が再現しかねない．野外の自然や環境に関心のある方々には，ぜひ本書をお読みいただき，自然についての知識を身につけると同時に，安全に生活するための知識も獲得していただきたいと思う．

最後に，本書の刊行にあたって国内・国外のさまざまの文献から多くの図を引用させていただいた．引用に際して快くその使用を許可してくださった方々に，改めて感謝申し上げる．

 2002年2月

編　著　者

目　　次

Ⅰ．第四紀の自然像 …………………………………………………………………1

1. 第　四　紀 ………………………………………………………………………1
　1.1　第四紀とはどんな時代か ……………………………………………………1
　1.2　第四紀の定義 …………………………………………………………………3
　1.3　更新世と完新世 ………………………………………………………………5
2. 氷期と氷河時代 …………………………………………………………………7
　2.1　氷期の氷河 ……………………………………………………………………7
　2.2　氷河期の世界の気候 ………………………………………………………13
　2.3　現在および氷期の大気大循環 ……………………………………………19
　2.4　氷床の消滅 …………………………………………………………………27
　2.5　氷期と間氷期 ………………………………………………………………29
3. 氷河性海面変動 ………………………………………………………………34
　3.1　氷河性海面変動 ……………………………………………………………34
　3.2　海面変化と地形 ……………………………………………………………35
　3.3　第四紀末期の海面変化 ……………………………………………………36
　3.4　グレーシャルアイソスタシー ……………………………………………39
　3.5　ハイドロアイソスタシー …………………………………………………40
4. 気　候　地　形 ………………………………………………………………43
　4.1　湿潤地域の地形 ……………………………………………………………44
　4.2　乾燥地域の地形 ……………………………………………………………51
　4.3　氷河と氷河地形 ……………………………………………………………56
　4.4　氷河周辺地域の地形 ………………………………………………………64

4.5　気候変化と地形 …………………………………… 69
5. 第四紀の気候変化 …………………………………… 72
　　5.1　最終氷期の気候変化 ………………………………… 72
　　5.2　完新世の気候変化 …………………………………… 76
　　5.3　歴史時代の気候変化 ………………………………… 80
6. 生物群の変化 ………………………………………… 91
　　6.1　周極第三紀植物群 …………………………………… 91
　　6.2　日本の動物相の成り立ち …………………………… 94

II．第四紀の日本 …………………………………………… 97

7. 山地の生い立ち ……………………………………… 97
　　7.1　小規模な日本の地形 ………………………………… 97
　　7.2　第四紀の地殻変動 …………………………………… 98
　　7.3　最近の地殻変動 ……………………………………… 101
　　7.4　山地の侵食 …………………………………………… 104
8. 第四紀の日本列島の火山活動 ……………………… 108
　　8.1　第四紀の日本列島の火山の地形・構造などの特徴 … 108
　　8.2　火山の地理的分布と活動の変遷 …………………… 110
　　8.3　テフロクロノロジー ………………………………… 115
　　8.4　最近の火山活動とその災害・予知・対策 ………… 120
9. 台地の形成 …………………………………………… 124
　　9.1　台地地形 ……………………………………………… 124
　　9.2　東京の地形区分 ……………………………………… 128
　　9.3　石灰岩台地 …………………………………………… 134
　　9.4　花崗岩台地 …………………………………………… 136
10. 氷河時代の日本 ……………………………………… 139
　　10.1　氷河地形 …………………………………………… 139
　　10.2　氷期の気候と植生 ………………………………… 143
11. 沖積平野の形成 ……………………………………… 150
　　11.1　沖積平野の地形 …………………………………… 150

11.2　沖積平野の形成過程 ……………………………………152
　　11.3　沖積平野の災害 …………………………………………163

Ⅲ．第四紀と人類 ……………………………………………176

12．人類の進化と石器文化 ……………………………………176
　　12.1　人類の進化 ………………………………………………176
　　12.2　石器文化の発展 …………………………………………180
　　12.3　日本の石器文化 …………………………………………186
13．人類による自然改変 ………………………………………191
　　13.1　先史時代の自然改変 ……………………………………191
　　13.2　歴史時代の自然改変 ……………………………………192
　　13.3　現代の自然改変 …………………………………………200

索　　引 ………………………………………………………………203

付図（表見返し）：1万8千年前の世界
付表（裏見返し）：日本の地形に関する略年表

I. 第四紀の自然像

1. ─ 第　四　紀

1.1　第四紀とはどんな時代か

　第四紀はおよそ200万年前に始まり，われわれの生きている現在までを含む最新の地質時代である．地球史の中では新生代に含まれ，第三紀に連続する（表1.1）．人類の歴史にたとえれば，現代に相当しよう．いずれも現在に直結する時代である，というばかりでなく，動きがきわめてめまぐるしいという点で共通し

表 1.1　地球の歴史年表

時　代　区　分			
新生代	第四紀	完新世（沖積世）	1万年前
		更新世（洪積世）	200万年前
	第三紀	新第三紀	2600万年前
		古第三紀	6500万年前
中　生　代			2.25億年前
古　生　代			5.7億年前
原　生　代			先カンブリア紀
始　生　代			
地球の誕生（46億年前）			

ている．

　ところで，200万年という時間は一般の時間感覚からいえばきわめて長い時間である．分秒単位で生活している現代人にとっては，おそらく想像もできない長い時間であるに違いない．しかしこの時間も46億年といわれる地球の長大な地質時代の中では，ごく短い時間でしかない．わかりやすくするために，地質時代全体をこの本，すなわちおよそ200ページの本1冊で表すことにしよう．地球の誕生が第1ページ目であったとすると，第四紀200万年はいったい何ページぐらいに相当するのだろうか．計算してみると，第四紀は何と最後のページの終わりの3行分にしかあたらないことがわかる．このことから逆に地球の歴史というものがいかに長いか想像できよう．ちなみに計算してみると，いわゆる沖積世（完新世）は最後の1文字の半分にしか相当せず，歴史時代に至っては最後の終止符にも足りないくらいである．

　このように短い地質時代であるが，第四紀は地球の歴史の中で特別の重要な意味をもっている．われわれ人類が生まれ，進化してきたのはまさにこの時代であり，われわれを取り巻いている自然環境もほとんどのものがこの時代に直接由来している．たとえば，現在われわれの生活や生産の主要舞台となっている大地の細かな起伏は，大部分が第四紀に形成されたものであり，海陸の分布や気団の配置，動植物の分布なども第四紀を通じて大きく変化しつつ，現在のように定まってきた．またわれわれを悩ますさまざまな自然災害も第四紀の環境の変遷と密接に結びついている．すなわち第四紀は現在に直接つながる重要な地質時代なのである．人類は第四紀の変化する自然環境の中で生活し，労働を通じて環境を変化させつつ進化してきた．その役割は農耕の開始以来増大し，さらに工業化に伴ってますます大きくなってきている．

　第四紀を特徴づけている条件として気候変化と海水準の変動，ならびに地殻変動をあげることができる．三つのうち最も重要なのは気候変化，とくに氷床の形成に代表されるような寒冷化である．図1.1はヨーロッパ中央部における第三紀から第四紀にかけての気温の変化を模式的に示したものであるが，一見してわかるように第四紀は著しく特異な時代となっている．ヨーロッパでは中生代から第三紀にかけての約2億年の間，気候は比較的一様で温暖だったが，第三紀の後半から気温は低下し始め，第四紀に入ると，著しい寒冷期が何回か出現するようになった．これは北半球での氷床の拡大に対応するもので，いわゆる氷河時代とよ

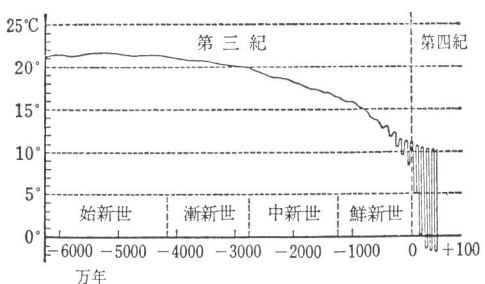

図 1.1 ヨーロッパ中央部における年平均気温の変化
(模式図) (Woldstedt, 1961)

ばれる時代である.

氷河時代というと,一般には地球全体が氷でおおわれたようなイメージが支配的である.しかし,これはかなりの誇張されたイメージである.次章以下で述べるように,氷河でおおわれたのは,北ヨーロッパや北アメリカ北部などだけで,中・低緯度地方では寒冷化もそれほど著しいものではなく,むしろ乾湿の変化として現れている.第一,地球全体が氷におおわれたとすれば,ほとんどの生命の存続は困難だったはずである.

北ヨーロッパや北アメリカの氷床の生成と消滅に応じて地球全体にわたって海面の降下と上昇が生じた.これが第四紀を特徴づける第二の要件,海水準変動である.汎地球的なこの変動を通じて海岸の地形や海岸平野,大陸棚などが形成された.

地殻変動は場所によって差が大きい.第四紀の地殻変動は主として日本列島やインドネシアなどのような弧状列島やヒマラヤ山脈で活発に行われた.この運動は現在も継続中で,断層や地震を伴い,島弧ではさらに火山活動も伴っている.

一方,アルプスやロッキーなどの大山脈のように,第四紀に入ってからの隆起がそれほど著しくない山脈もある.

1.2 第四紀の定義

a. 第四紀の定義

「第四紀」という語はQuaternaryの訳語で,第四番目の時代という意味である.地質学が未発達だった19世紀には,地質時代はPrimary, Secondary,

Tertiary, Quaternary と，順序を表すことばでよばれ（このうち Tertiary, Quaternary の二つの用語は現在でも使われている），Quaternary は新しい堆積物，とくに現生種の化石や氷河性堆積物で特徴づけられている新しい時代をさしていた．しかし，研究がすすむにつれて，第三紀と第四紀の境界をはっきりと定義する必要が生じ，次のようないくつかの提案が行われている．

（1）**人類の出現する層準を第四紀の始まりとする**　地質時代の区分は，その時代時代を代表する生物（化石）の出現・繁栄と消滅または衰退に基づいて行うのが最も一般的で，古生代，中世代といった大区分やその細分である石炭紀，白亜紀などといった区分は，この考えに基づいて行われている．このような観点にたった場合，まず注目されるのは人類であろう．人類は何といっても第四紀を代表する生物だからである．この定義によると，第四紀はおよそ200万年となる．これは人類（ホモ・ハビリス）の起源が200万年前とされているからである．ただ，人類化石の出現する地層はきわめてまれにしかないから，この定義を実際に使うのはかなり難しい．

（2）**第四紀型の化石による**　1927年ホーグ（Haug）は第四紀を近代型の哺乳動物，とくにゾウやウシ，ウマによって特徴づけられる時代であると定義した．第四紀は時間が短いので，多くの生物はほとんど進化しなかったが，人類をはじめとする高度な哺乳類だけは次々と進化し，新しい種が生まれた．イタリアには第三紀から第四紀にかけての哺乳類化石が多量に含まれるヴィラフランカ階（Villafranchian）とよばれる陸成の地層があり，ホーグにはここを模式地にして，第四紀型の新しい属や種の出現する層準を第四紀の始まりとした．

一方，ジニュー（Gignoux）は1910年，イタリアの海成層の調査に基づいて，地中海に北方型の貝化石がはじめて出現する地層（カラブリア階，Calabrien）から上部を第四紀層にしようと提案した．これは生物進化というより寒冷気候を示す動物化石による区分であるが，時代区分は伝統的に海成層中の化石によって行われてきたため，1948年ロンドンの地質学会議で一応この考えによって第四紀層を定義することが認められた．ただその後の研究でジニューらの定義にも難点があることがわかり，現在新しい定義が模索されている．

（3）**氷床の形成による**　第三紀には地球上の多くの場所は温暖な気候に支配されていたが，第四紀は一転して氷床の形成に代表されるような寒冷気候で特徴づけられる．このことに注目して，第四紀の開始を氷床の形成で定義しようと

いう考え方が生まれた．北半球で氷床が形成され始めたのは80～90万年前といわれているから，第四紀はそれ以来ということになる．ただし，南極の氷床の生成の開始は第三紀中新世までさかのぼるため，この説の適用は難しい．

（4）**第四紀層の下限の不整合による**　地質時代の区分法には化石によるもののほかに造山運動に基づくものもある．日本列島では70万年ほど前から地塊運動が激しくなり，房総半島などでは，それまで沈降傾向にあって海成層の堆積していた地域が逆に隆起に転じ，不整合（たとえば，長沼不整合）が生じた．堆積物は細粒な海成堆積物から粗粒の陸成堆積物を主とするものに変化し，これに伴って平野や段丘，扇状地などが形成されるようになった．すなわち，日本列島の第四紀は実質的にこのころから始まったといってよい．この方法は，連続して堆積した海成層の，ある層準以上というヨーロッパ式の定義より明解であるが，適用できる地域は限られている．

1.3　更新世と完新世

第四紀は更新世と完新世に二分される．これらはPleistocene, Holoceneの訳語で，それぞれ「最も新しい時代」，「完全に新しい時代」の意味である．

このうち完新世は最後のおよそ1万年間だけで，第四紀は大部分が更新世に重なっている．このため完新世を「世」として独立させるのは適当でない，という意見も根強く残っている．しかし最近では人類の文明がこの時代に開花する，ということから完新世の独立を支持する意見の方が強い．

ところで更新世と完新世の境界，つまり何をもって完新世の始まりとするか，ということも決めるのが意外に難しい．まず化石による方法は，時代が新しすぎて生物に著しい変化がみられないため，使えない．代わりに提案された「氷河時代の終了をもって完新世とする」，つまり後氷期＝完新世とする，という考え方はわかりやすいが，氷河から解放された時期が場所によっては1万年以上も差があるため，何をもって氷河時代の終了とするかを決めるのがかえって難しい．まйいわゆる沖積層の堆積の開始に注目すると，1万7千～1万5千年前からが完新世になってしまう．

このように意見はまちまちであったが，最近では，北ヨーロッパにおける泥炭中の花粉の分析から明らかになった，最終氷期以降の植生の変化に注目し，それから推定される急激な気温上昇の始まった時期，すなわちおよそ1万年前を完新

世の開始とすることでほぼ決着した．後述のように，この時期には海洋底コアや氷床コアの分析によっても地球規模の急速な温暖化が明らかになったからである．現在のような温暖な気候が定着した時代が完新世だったといえる．

文　献

井尻正二（1970）：人類進化の問題点，そのⅢ．国土と教育，**3**, 20-23.
岩田修二（1991）：氷河期時代はなぜ起こったか．科学，**61**, 669-680.
小林国夫（1962）：第四紀（上），地学団体研究会，194pp.
成瀬　洋（1982）：第四紀，岩波書店，269pp.
Woldstedt, P. (1961)：Das Eiszeitalter, Bd. 1, Ferdinand Enke Verlag, 374pp.

2. ——氷期と氷河時代

2.1　氷期の氷河

　現在，地球上では全陸地のほぼ10％が氷河におおわれている．しかし，過去には非常に寒冷な時期があって，北半球の高緯度地方や山岳地域は広く氷河におおわれ，氷河地域は全陸地のほぼ30％に達していた．そのような寒冷で氷河が拡大した時代を一般に氷河期または氷期とよんでいる．また，氷期と氷期の間の温暖な時代を間氷期とよぶ．現在は，間氷期にあたる．かつては氷期をそのまま氷河時代とよんでいたが，後述するように，第四紀にはおよそ10万年周期で氷期と間氷期が繰り返し訪れたことが明らかになった．このため現在では，何回もの氷期・間氷期をあわせて氷河時代とよぶようになっている．

　氷河時代という概念は19世紀初頭のヨーロッパに始まるが，それがうけ入れられるまでには非常に長い時間が必要であった．

a.　氷河時代の発見

　北ヨーロッパの平原や丘陵には，巨大な礫から砂，粘土までが雑然とまじりあった礫層が広く分布している．この淘汰のわるい堆積物はその特徴をとって，巨礫粘土（boulder clay）あるいは山砂利層とよばれてきた．また平原には家ほどもある巨大な岩塊がころがっていることがあり，奇妙な存在であるために，迷子石（erratic boulder）あるいは漂礫（drift block）とよばれてきた．

　山砂利層をつくる礫も迷子石も著しく巨大なうえ，現在の河川からは遠く離れたところにまで分布し，現在の河川の堆積作用では成因を説明できない．これを説明するためには破局的な大洪水を想定せざるをえないが，キリスト教の影響の強かったヨーロッパでは，地質学者も19世紀の半ばごろまで，この洪水が方舟(はこぶね)で知られるノアの大洪水であると考えていた．

　この洪水説に対し，ハットン（Hutton, 1795）は迷子石が過去の氷河によって運ばれたと考え，ゲーテ（Göthe）やプレイフェア（Playfair）も同様の考え

(氷河説)を述べた.しかし,この説は採用されるには至らなかった.19世紀初頭においては洪水説やライエル(Lyell)の氷山説が有力だったのである.

一方,小規模ながら現存する氷河があり,現在でも氷河性堆積物のつくり出されているアルプスでは,実証的な議論が可能であった.ここでは谷の下方に存在する古い堆積物と,現成の氷河堆積物の比較が可能なばかりでなく,100年ほど前に氷河の末端が現在よりはるか下方まで下っていたという記録や伝説があり,氷河がすでに消え去ってしまっている北ドイツやイギリスに比べて,はるかに議論がしやすかった.

アルプスにおいて氷河がかつて拡大していたことがあるということを最初に主張したのは,カモシカ猟で生計をたてていたスイス人のペローダン(Perraudin)である.彼は学者ではなかったが,氷のつまった氷期のアルプスの谷の状況をありありと想像することができた.ペローダンの考えは,土木技師ヴェネット(Venetz)や地質学者シャルパンティエ(Charpentier)によって支持され,とくにシャルパンティエは氷河説の普及のために力を尽くした.しかし,1830年代までは氷河説はまだまだ劣勢であった.

氷河時代というものが大きく浮かび上がってくるのは,アガシー(Agassiz)が『氷河の研究』(1840)を書いてからである.アガシーはシャルパンティエからアルプスの氷河の話を聞いて最初は否定的であったが,自ら調査を重ねるうちに熱心な氷河時代の信者になった.彼はジュラ山地などでの調査結果もふまえて,「大氷河時代」の存在を唱えたが,これは,どこそこでかつて氷河が著しく拡大していたという単なる現象の把握から,一歩進んで普遍的,歴史的概念にまとめあげたという点できわめて意義あるものであった.

反響は大きかった.しかし,それは反感に満ちたものが圧倒的であった.ダーウィンの進化論に先行すること19年という時代では,これはやむをえないことであろう.アガシーの説は明らかに教会の教えに反しており,学者ですら彼を気違い扱いするものが多かったのである.

氷河時代の考え方が一般にうけ入れられるには結局,19世紀の末葉まで待たねばならなかった.

b. スカンジナビア氷床

スカンジナビア半島とフィンランドをあわせてフェノスカンジア(Fennoscandia)とよんでいる.ここには現在,山の高いところに小さな氷河があるだ

図 2.1 北ドイツ平野のモレーン列と迷子石の南限（Woldstedt, 1967を簡略化）
A：ヴァイクゼル氷期（最終氷期）のモレーン，B：古期氷床のモレーン，C：北からの迷子石の南限．

けで，大部分はトウヒの森林におおわれ，小さな湖が散在する美しい景色をつくっている．ところが，ここはわずか2万年前には厚さ数千mの氷床におおわれていたのである．以下，初期の研究者たちに従い，氷期の氷河を復元してみよう．

（1）**モレーンの丘** フェノスカンジア南方の北ドイツやヨーロッパロシアの平原には，高さ数m〜数十m程度のなだらかな丘が続いている．丘は何列もあって数km〜数十kmもうねうねと連続しており，丘全体がバルト海を南から取り囲むような形に並んでいる（図2.1）．丘の上は疎林に，丘の間は草原またはハイデ（Heide）とよばれる荒野となっており，時にはその中に湖がみえる．またところどころに迷子石がころがっている．

この丘の堆積物を調べてみると，先述の巨礫粘土からできており，層相は河川の堆積物とは明らかに異なっている．またつるつるに磨かれた礫や擦痕礫も多数含んでおり，これらのことから丘は氷河によって堆積したモレーン（moraine, 堆石）であることがわかる．今では想像するのも難しいが，北ドイツの平原はかつて確かに氷河におおわれていたのである．

（2）**氷床の起源地** ところで，モレーンや迷子石をもたらした氷河はどこからやってきたのだろうか．これを知るために地質学者たちはモレーンや迷子石

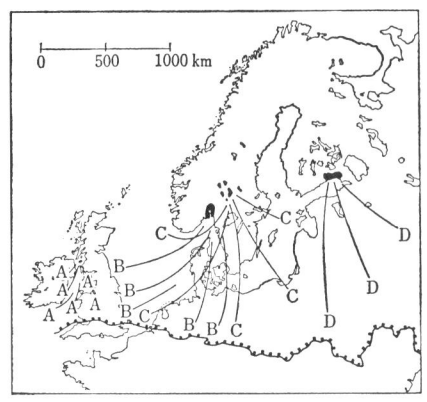

図2.2 キーになったいくつかの氷河礫の分布範囲 (West, 1968)
A〜Dは特殊岩石を示す.

図2.3 フィンランドにおける擦痕の方向 (Sauramo, 1937原図；湊, 1970より一部改変)
長い矢印は氷床の流動方向を示す.

の岩石の種類を調べた．氷河は流れてきたところの岩石を氷体の中に取りこんで運んでくるので，モレーンや迷子石をつくる岩石の種類を調べれば，氷河の起源地を知ることができる．多くの学者が調べた結果，モレーンの礫はバルト海をこえたフィンランドやスウェーデンなどからはるばるやってきたのだということがわかった．図2.2は，キーとなった特殊な岩石の起源地とそれに由来する礫の見出される範囲を地図に書きこんだものである．氷河礫の分布は，みごとな扇形を示し，問題の解決に大きな役割をになった．同じような分布を示した鉄鉱石もあり，これを逆にたどって発見された鉱床もある．また，フィンランドやスウェーデンでは，ドラムリン (drumlin) や羊(背)岩 (ロッシュムトネ，roche moutonnée) の方向，基盤岩に刻みこまれた氷食擦痕の方向 (図2.3)，あるいは細長くのびる氷食湖 (finger lake) が，氷河の起源地を決めるのに役にたった．

このようにして得られた種々のデータを総合して描いたのが，図2.4の氷床の復元図である．スカンジナビア氷床は，スカンジナビア3国から流れ出して，デンマーク北部からベルリン付近に達し，モスクワへもせまった．氷床の中心はバルト海の最奥部，ボスニア湾の最北部にあったと考えられ，広がりやモレーンの量から，氷床の厚さは平均1600m，最も厚いところでは4000mをこえたと推定

図 2.4 スカンジナビア氷床とイギリス氷床の復元図（およそ2万年前）（West, 1968；小林, 1960を小泉編集）

されている．またイギリスには，スコットランドとアイルランドに中心をもつ別の氷床が生じ，イングランド南部を除く全土をおおっていた．

北ヨーロッパの現在の地形はこのときの氷河作用によってつくられたものが多い．ノルウェー海岸の美しいフィヨルド（fjord）は，西へ流れた氷床中のアイスウトリームのえぐった深い谷に海水が入りこんでできたものであるし，有名なネス（Ness）湖をはじめとするスコットランドの湖沼群やフィンランドの湖沼群も，大部分が氷食によってつくられた湖である．北ドイツやイギリスでは氷河が丘を削り，へこみを砂礫や粘土で埋めてしまったため，なだらかな波状地形が生じ，土壌もやせた単純なものになってしまった．北ヨーロッパの景観はゆるやかな起伏をもった広々とした牧場とその間に点在するナラやブナ，あるいはトウヒの森林によって代表されるが，これなども典型的な氷河の置きみやげといえよう．

c. アルプスの氷河

フェノスカンジアで氷床が発達したとき，ヨーロッパアルプスでも氷河の拡大が起こった．アルプスでは山中に大規模な山岳氷原ができ，また氷食によってマッターホルンなどの氷食尖峰（horn）がつくられた．氷原から発した谷氷河はライン川やドナウ川の支流に沿って流下し，谷の出口から押し出して山麓氷河を形成した．このような山麓をアルプス氷河前地（アルペンフォアラント，Alpenvorland）とよぶが，ミュンヘン付近にみられるように，今日ではなだらかな牧

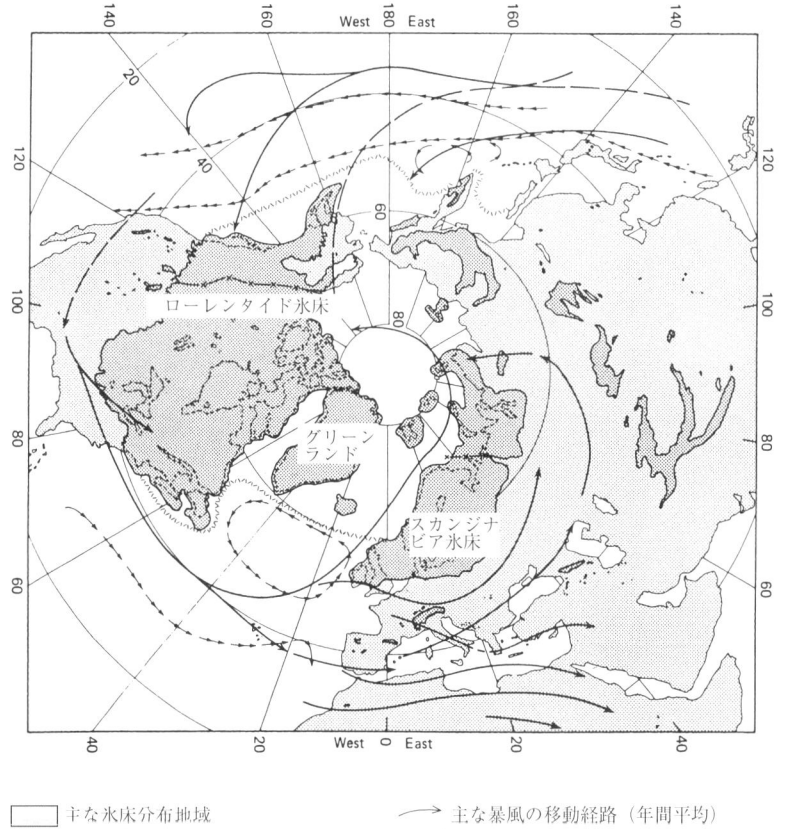

図2.5 北半球における最終氷期の氷床の分布（Flint, 1971）

草地がひらけ，湖が点在する美しいところとなっている．これもまた氷河によって生み出されたものである．

d. ローレンタイド氷床

図2.5は，北半球における氷期の氷床の分布を示したものである．フェノスカンジアに氷床が発達していたとき，これよりもさらに大きい氷床が北アメリカに生じていた．この氷床はローレンタイド（Laurentide）氷床とよばれるコルディレラ（cordillera）氷床で，ハドソン湾付近に中心をもち，西へのびてロッキー

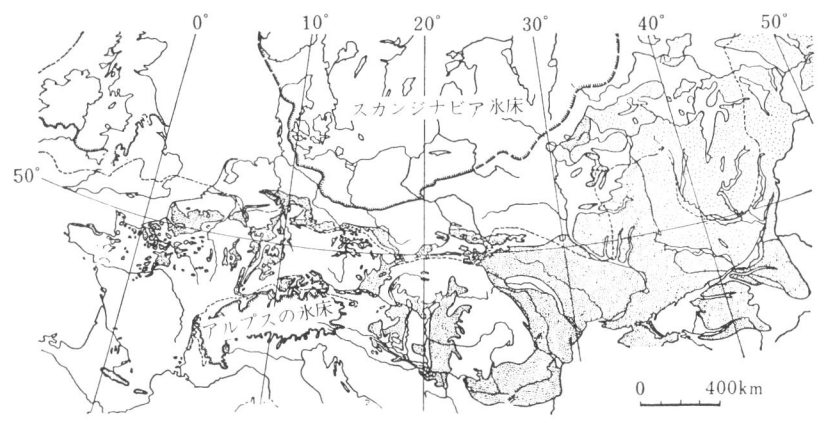

図2.6 ヨーロッパにおけるレスの分布 (Grahmann, 1932) 破線は最も拡大した氷床の範囲を示す.

山脈を中心とする氷床と合体して,北アメリカ北部全体をおおう大氷床に発達していた.その進出は北緯39°にまで達し,日本でいえば岩手県,秋田県あたりまで氷期におおわれた計算になる.氷河の跡は五大湖やカナダの無数の氷河湖となって残っている.

e. レ　ス

氷床の縁の部分では夏季に氷がとけて融氷河水流となって流れ去っていたが,氷河の運んできた細土もこの水流で運ばれ,氷河の前面に広く堆積した.この堆積物は,冬季河床が干上がると風で吹き上げられ,周囲に堆積した.これがレス(Löss,黄土)である.レスは氷床を取り囲むような形に分布し,ウクライナやアメリカのプレーリー(Prairie),アルゼンチンのパンパ(Pampas)をはじめ,各地に肥沃な壌土をもたらしている(図2.6).

2.2 氷河期の世界の気候

a. 最終氷期の気候と植生

図2.7は最近の研究によって復元された,最終氷期の最盛期におけるヨーロッパの植生帯である.

氷期にはヨーロッパ中部は氷河周辺の寒冷気候下にあって,ツンドラ(tundra)か無植生の礫原(寒冷荒原)になっていた.気候は大陸性で乾燥して

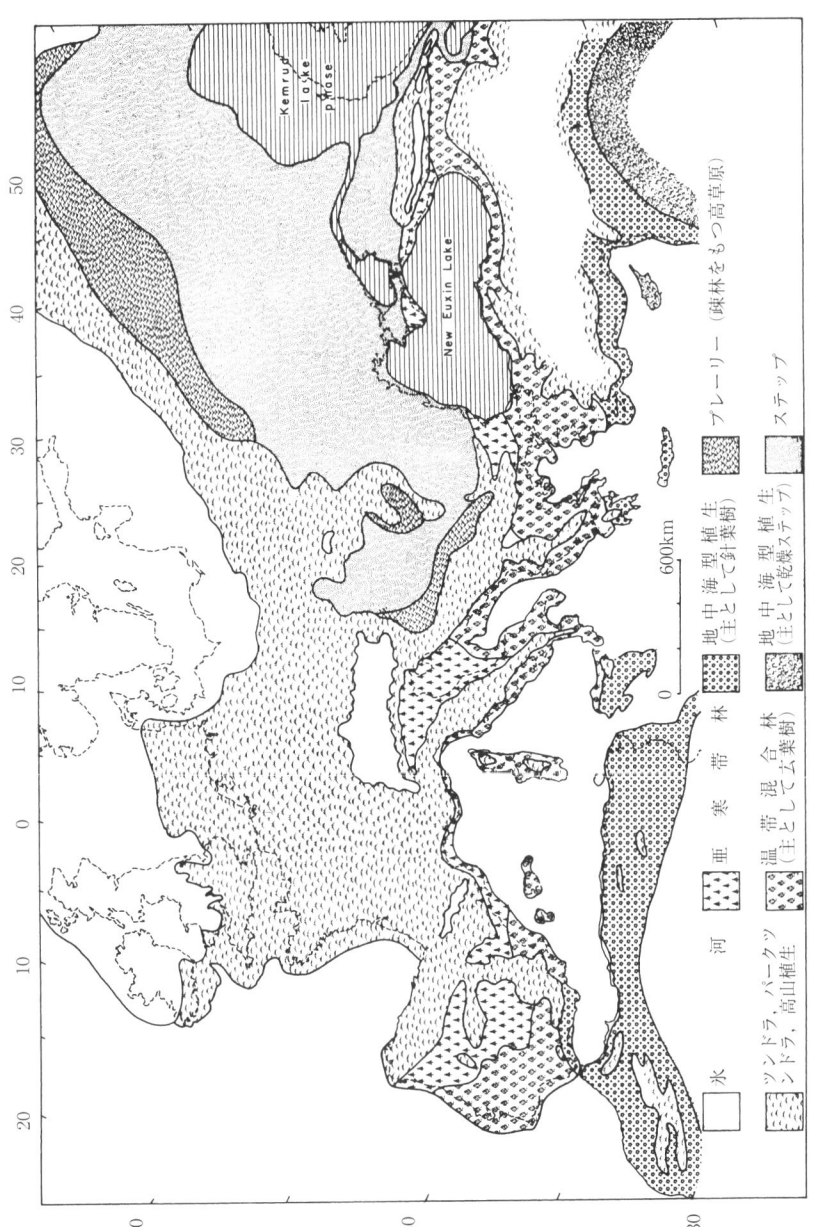

図 2.7 最終氷期の最寒冷期のヨーロッパの植生図 (Flint, 1971)

いた．森林限界は南フランスにかろうじてとどまり，イベリア半島の北半部やイタリア北部などには，現在北ヨーロッパでみられるような亜寒帯針葉樹林が避難してきていた．地中海地方は温暖湿潤気候下にあり，ニレやナラ，ブナが生育していた．すなわち，ヨーロッパでは気候帯・植生帯は，現在と比べて緯度にして25°近く南へずれていたのである．本書の表見返しには，最終氷期最盛期における世界全体の植生分布を示した．

アフリカではサハラ砂漠が縮小していた．現在の砂漠地域の北部は，降水量の増加のため草が茂り，「緑のサハラ」とよばれるようなステップに変化し，旧石器時代人の活躍の場となっていた．一方，熱帯雨林は縮小し，森林ステップが拡大していた．

アジアでは北部で極地砂漠やツンドラが拡大し，森林ツンドラや森林ステップも広くなった．植生帯は全体として南に下り，内陸の砂漠は縮小していた．東南アジアの島々はつながって巨大な半島となり，熱帯雨林や照葉樹林におおわれていた．

一方，オーストラリアでは現在よりも砂漠が広がり，大陸のほとんどが砂漠になっていた．逆にわずか南のタスマニア島とニュージーランドでは氷河の発達が著しく，とくにニュージーランド南島では，南緯42〜43°と北海道程度の緯度にあるにもかかわらず，海岸まで達するような長大な氷河が発達していた．

北アメリカでは前述のように，北半部が巨大な氷床におおわれていたが，その南にはせまいツンドラ地域をはさんで森林が広がっていた．アメリカ西部は現在乾燥しているが，氷期には降水量が増えて多雨湖ができ，森林が成立していた．南アメリカについてはデータが乏しく，よくわからない点が多い．しかし，ブラジルやアルゼンチンでは現在よりも乾燥し，熱帯雨林は大幅に縮小していたと予想されている．

以上みてきたように，気候変化の程度は場所ごとにかなり異なっていた．高緯度地方では氷床の発達の直接的な影響によって著しく寒冷な気候が支配していたが，中低緯度では寒冷化はそう著しいものではなく，むしろ乾湿の変化による影響の方が大きかった．ビューデル（Büdel）の推定によれば，中部ヨーロッパでは氷期には現在より7〜8℃，ところによっては10℃以上気温が低かったのに対し，中緯度では6℃程度，熱帯では2〜4℃ほどの低下にとどまっていた．

b. 氷河期の気候の復元

過去の気候を復元する方法には，化石や堆積物を調べる方法のほかに，古い記録を調べたり，樹木の年輪を調べたりする方法，古土壌や過去の気候地形を用いる方法，花粉分析によって明らかになった植生から推定したりする方法などさまざまなものがある．氷河時代の気候の復元にあたってはいくつかの方法が併用されているが，最も重要なのは気候地形を用いる方法と花粉分析による方法である．以下にいくつかの代表的な地域をとりあげ，氷期の気候が復元されるに至った根拠を調べてみよう．

（1） **中部ヨーロッパの氷河周辺地域**　フランスからポーランドにかけての一帯は現在はブナ林の成立する温帯気候地域に属しているが，氷期にはここはスカンジナビアの氷床とアルプスの氷床にはさまれ，文字どおり氷河周辺の寒冷気候の支配下にあった．大部分は現在では北極圏でしかみられないようなツンドラか，まったく無植生の礫原になっていたと考えられる．

証拠としてまずあげられたのは多数の化石周氷河現象である．ポーランドなどではインボリューション（involution）やアイスウェッジキャスト（ice-wedge cast，化石氷楔）あるいは非対称谷など，永久凍土の存在したことを裏づける種々の現象が各地で見出され，このあたりが，氷期には現在のスピッツベルゲン（スヴァールバル諸島）程度の寒冷気候の下にあったことを示した．

一方，オランダやドイツでは花粉分析が盛んに行われ，氷期にはチョウノスケソウ（*Dryas octopetala*）や矮性のヤナギなどのツンドラ植物しか生育していなかったことがわかってきた．このような氷河周辺の植物群はチョウノスケソウの名をとってドリアス植物群とよばれている．

中央ヨーロッパは，このような寒冷な氷河周辺気候の支配下に長くあったため，もともと起伏の少ない地形が周氷河作用によってさらになだらかにされ，ゆるやかな丘の連なる地形ができあがった．

われわれの直接の祖先であるクロマニヨン人が生活していたのは，このような寒冷な場所であった．彼らは寒さから身をまもるために洞穴へもぐり，有名なアルタミラやラスコーの壁画を描いたのである．狩りの対象になったのはマンモスやオオツノシカなどの大型の動物であったが，割合に豊富だっただろうと考えられている．

（2） **多雨湖**　氷期にサハラや北アメリカ西部が湿潤化し，砂漠は大幅に後

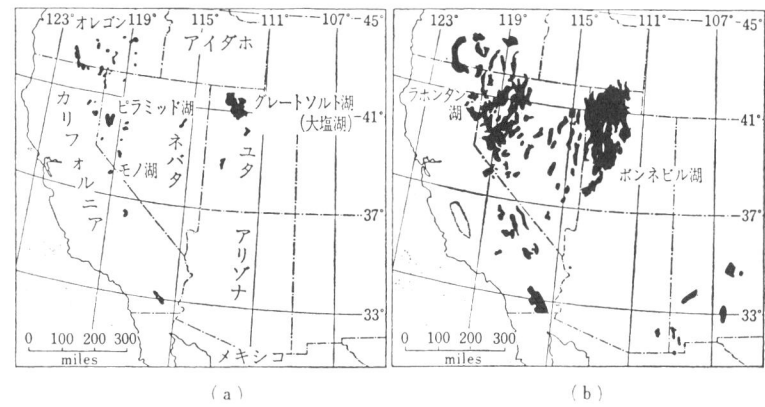

図2.8 北アメリカにおける現在の湖（a）と第四紀の多雨期の湖（b）の分布（Flint, 1947；成瀬, 1971）

退していたと述べたが，このような結論を導いたのは主に過去の湖の研究である．

アメリカ西部，ユタ州の北部には，モルモン教の聖地として知られているグレートソルト湖（Great Salt Lake, 大塩湖）がある．この湖はアメリカ西部では第一番目の大きさをもち，グレートベーズン（Great Basin）とよばれる乾燥地帯の中でかなり目だった存在となっている．ただ面積の割には浅く，水深はわずか11 mにすぎない．

ところが地質学者ギルバート（Gilbert）は1890年，この不毛な西部の荒野に，かつて水深300 mにも達する大淡水湖のあったことを明らかにした．ギルバートがボンネビル湖（Lake Bonneville）と名づけたこの湖は，南北の長さ120 km，面積約5万 km^2 に及び，広さは九州の1.5倍もあった．

シェラネバダ山脈とロッキー山脈にはさまれたグレートベーズンには，140あまりの流出口のない内陸盆地があり，現在では湖のない盆地も多いが，ボンネビル湖の広がっていた時代には，今は湖のない盆地にも湖ができ，現在湖がある盆地では湖面がずっと高く広がっていた．現在では別々になっている湖が湖面の上昇でひと続きになったものもあり，合計で110あまりの湖が広がっていたと考えられている（図2.8）．そのうちとくに大きいのがボンネビル湖であり，そのほかにもラホンタン湖など，いくつかの大きな湖ができていたのである．

ギルバートが湖面の拡大や湖の存在の証拠としてあげたのは，過去の水面の位

置を示す湖岸段丘や湖岸を示す旧汀線，湖底堆積物などである．湖水が一定の水位をかなり長い間維持していると，水面付近の湖岸を削ったり，水面下に土砂を堆積したりして，平坦な地形面をつくり出す．この地形面はその後水位が下がると，湖岸段丘とよばれる台地になる．グレートソルト湖の周囲には高い湖岸段丘が何段もあり，そこにはかつての湖岸を縁どった砂丘や礫，砂州などの地形も残っている．ギルバートはそれに基づいて巨大なボンネビル湖を復元したのである．グレートソルト湖はいわばボンネビル湖の名ごりといえよう．

その後の研究で，この地域では，湖の拡大と縮小とが何回か繰り返して起こり，拡大期は氷期に，縮小期は間氷期に相当することが明らかになってきた．湖岸で行われた湖底堆積物のボーリングの結果をみると，湖底堆積物は粘土層と岩塩・石こうなどの炭酸塩の互層からできているが，このうち炭酸塩の層は，その堆積期間中，気候が乾燥して湖面から蒸発が盛んになり，湖水の塩分濃度が高くなってついに過剰な塩分が沈殿を起こしたということを意味しており，湖の縮小期を示している．現在のグレートソルト湖はちょうどこの時期にあたっており，湖底や湖岸に岩塩，ソーダ，カリ，石こうなどの結晶が析出している．こうした堆積物は各地の乾燥地域の湖にみられ，蒸発岩（エバポライト，evaporite）とよばれている．

一方，粘土層の方はかつてこの湖に濁り水が流れこんだということを意味しており，このことから湖のまわりの土地にかなりの降雨があったということが推定できる．湖は拡大し，淡水湖になったはずである．また湖の周囲では植物が繁茂し，おそらく森林が成立していたであろう．

このような氷期における内陸湖の拡大はそのほかの各地の乾燥地域でも知られている．アジアの乾燥地域ではカスピ海，アラル海，バルハシ湖などの湖面が拡大し，トルコやイラン，チベットなどでも同じ現象が起こった．アフリカではチャド湖が10倍に拡大し，アフリカ大地溝帯の中の湖も軒なみ拡大した．ビクトリア湖では90 mの水位の上昇が知られている．

こうした報告が各地からもたらされた結果，一時は汎世界的な多雨期の存在が想定され，拡大した湖は「多雨湖」とよばれるようになった．そして「氷期は高緯度に降雪，低緯度には降雨が卓越した，世界的に多雨な時代であった」というような単純な図式が提出されたり，未知の地域に調査に入った地質学者が湖岸段丘を安易に氷期に結びつけてしまうというような，傾向もみられた．

現在ではこのような単純な図式は否定され，降水量の増大は地球上の降水帯の移動によるもので，氷期に逆に現在よりも乾燥したところもあったということが確かめられている．このほか氷期に気候が寒冷化したため蒸発量が減り，それが湖面の拡大をもたらしたという説もある．

なお，サハラ砂漠の湿潤化に関連して，サハラ砂漠中央部にあるアハガル（Ahagaar）高原やチベスチ（Tibesti）高原に，氷期には氷河がかかり雪線は海抜2300 m付近まで低下したとする研究がある．またサハラ中央部にみられる樹枝状のワジ（Wadi，涸れ川）や涸谷も同じ時期にできたと考えられている．

2.3 現在および氷期の大気大循環

以上のように，氷期の気候は現在とはかなり異なっていたが，そのような気候をもたらした当時の大気大循環はどのようになっていたのだろうか．これを知るためには現在の大気の動きについての知識が不可欠であるが，よく知られているケッペン（Köppen）の気候区分は，気候資料や植生に基づいた区分で，大気の動きに基づいたものではないから，この場合は不適当である．ここではまずアリソフ（Alissow, 1954）の気団と前線帯に注目した気候区分を紹介し，次に氷期の大気大循環について考察しよう．

a. アリソフの気候区分

（1）気団と前線帯 地球上の大気は均質ではなく，いくつかの異なった性質の空気のかたまりから成り立っている．この空気のかたまりを気団とよび，赤道から極にかけて，赤道気団，熱帯気団，寒帯気団，極気団の四つが存在する．すなわち両半球をあわせると，地球上には，都合7気団が存在するわけである（図2.9）．

これらの気団は地球の大気大循環の結果生じたもので，地表では風系となって現れている．気団と気団の境は大気がぶつかりあって擾乱帯となっており，雨が降りやすく，前線帯または収束帯とよばれている．北半球では北熱帯収束帯（NITCZ），ポーラーフロント（polar front, 寒帯前線），北極前線の三つの前線帯が存在する．季節変化はこれらの気団や前線帯が北上したり（北半球の夏），南下したり（冬）することによって生ずる．以下，各気団と前線帯について簡単に解説する（図2.10）．

赤道気団はいわゆる赤道低圧帯とよばれている部分に相当しており，ここでは

2. 氷期と氷河時代

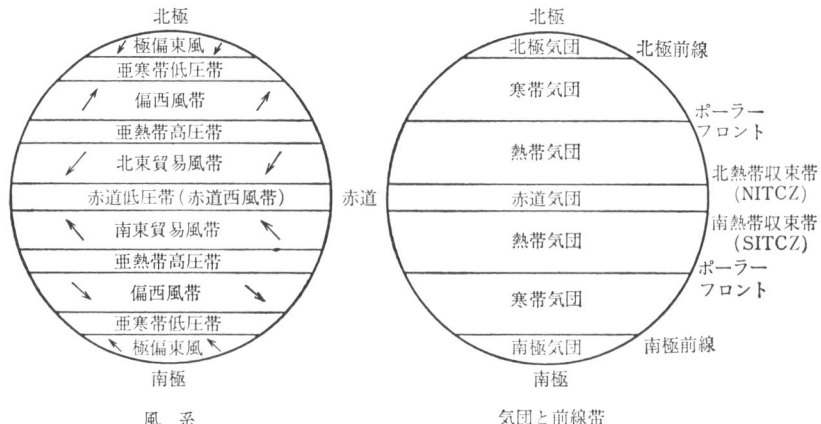

図2.9 地球上の風系と気団および前線（模式図）

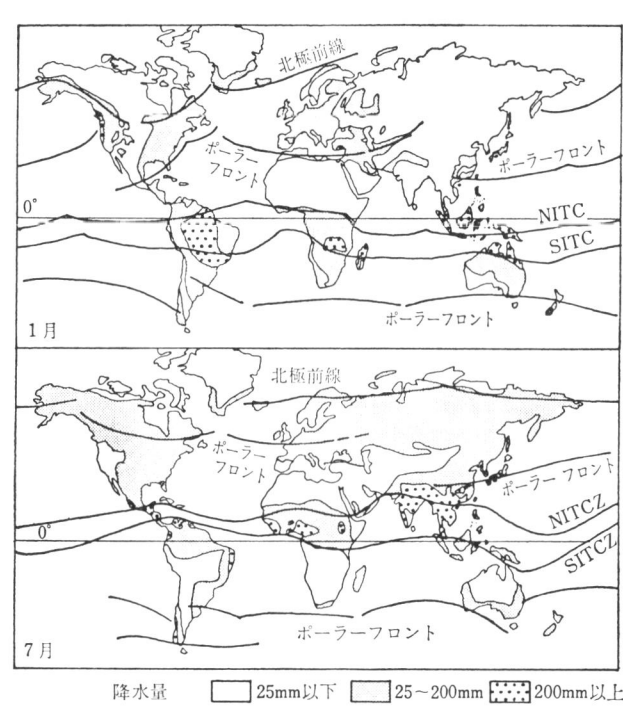

図2.10 1月と7月の前線帯の位置と降雨域の分布（小泉編集）

太陽の強い輻射をうけて空気の上昇流が生じている．ここはかつて赤道無風帯ともよばれ，帆船時代の舟乗りを苦しめた海域であったが，1945年，西からの風系が発見され，赤道西風帯と改称された．赤道西風帯では多湿な西風が山脈にぶつかるようなところに多量の雨が降る．西アフリカのサバンナ（savannah），インド，インドシナ半島，中央アメリカなどの夏の雨，南半球の東アフリカやマダガスカルの夏の雨はこのような成因による雨である．また古代のエジプトを富ませたナイル川の定期的な氾濫も，エチオピアの山岳地帯に降った赤道西風による降水が，1か月あまりかかってエジプトに到着することによって起こったものである．赤道西風帯ではこのほか，日中，大地が暖められて上昇気流が起こり，雨が降る．これがスコール（squall）とよばれる雨で，赤道付近の海岸地帯の雨はほとんどこの雨である．

　熱帯気団はいわゆる亜熱帯高圧部に相当しており，下降気流が卓越する．この下降気流のうち赤道へ向かう成分が貿易風である．この気団の支配下では晴天が続き，乾燥している．小笠原高気圧はこの気団の一部であり，この高気圧におおわれる日本の夏は短い乾季となる．

　赤道気団と熱帯気団の境界が熱帯収束帯（熱帯前線，ITCZ：intertropical convergence zone）である．この境界は高温の気団同士の境界で，大気の擾乱が前線帯とよぶほど強くはないため，収束帯とよばれている．この収束帯はかつては南北の貿易風が直接ぶつかりあってできると考えられていたが，赤道西風帯の発見後，赤道西風とそれぞれの貿易風との間に収束帯のあることが見出され，それぞれ北熱帯収束帯（NITCZ）と南熱帯収束帯（SITCZ）とよばれることになった．干ばつで世界中の注目をあびたサハラ南縁地帯やインド北部の夏の雨はNITCZの北上によるものであり，これらの地域は冬は熱帯気団におおわれるため，乾季になる．

　寒帯気団は偏西風帯にほぼ相当しており，いわゆるジェット気流の通り道にもあたっている．ここでは高気圧・低気圧がひんぱんに去来し，天気が変わりやすい．この気団と熱帯気団との境にはポーラーフロント（この前線帯の名称は明らかに不適切であるが，今さら変えることはできない）ができ，強い降雨帯となっている．日本の梅雨前線はポーラーフロントそのものであり，シベリア気団と小笠原気団の間に生じた前線帯である．この前線帯は徐々に北上して夏に北海道北部に達し，この付近に悪天候をもたらすが，秋には再び南下し，いわゆる秋霖の

雨となる．

　ヨーロッパでは，ポーラーフロントは夏にはイギリス，ドイツ，ポーランドからスカンジナビアあたりまで北上し，このあたりに雨がちの気候をもたらす．しかし，冬には地中海からアフリカ北岸にまで南下し，ここに冬雨をもたらす．地中海地域は夏には熱帯気団であるアゾレス高気圧の支配下に下り，乾燥する．冬には，ポーラーフロントの南下によって雨が降り，ようやく息がつけるようになる．これがいわゆる地中海式気候なのである．

　ところでポーラーフロントとNITCZが出てきたついでに世界の砂漠地帯の成因を考えてみよう．すでに述べたように，ポーラーフロントは冬にアフリカ北岸にまで南下するが，それより南には下らず，再び北上していく．一方，赤道西風帯の北限つまりNITCZにも北上の限界がある．チャドやニジェール，マリといったあたりがその限界で，この二つの限界にはさまれた地域は，雨の原因である赤道西風もポーラーフロントも到達せず，無降水地域となってしまう．そしてその結果，広いサハラ砂漠が生じているわけである．

　アラビアの砂漠やインドのタール砂漠などもサハラ砂漠の続きであり，同じ成因によるものである．また南半球のナミブ砂漠やオーストラリア中部の砂漠も同様である．

　一方，ゴビ砂漠やタクラマカン砂漠，北アメリカの西部の乾燥地帯，南アメリカのパタゴニアの乾燥地などは，今までに述べたものとは成因が異なっている．いずれも緯度のやや高いところにあり，偏西風帯に含まれているが，風上側に山脈があり，その陰になるために乾燥しているのである．

　さて，再び気団の説明にもどろう．極気団は，いわゆる極高圧部に相当している．両極付近では低温で高気圧が形成され，そこから東寄りの風が流れ出すが，この風は寒帯気団との間に極前線とよばれる前線帯をつくる．この前線はあまり明瞭ではなく，天気図上ではポーラーフロントとの区別がつけにくいことが多い．南極では海岸線付近に形成され，その前線に沿って起こる降雪が南極の氷を養っている．

　(2) アリソフの気候区分　　これまで気団と前線帯の動きとそれによって生ずる気候について述べてきたが，図2.11はこのような動気候学的な原理に基づいて，アリソフが作成した世界の気候帯の図である．夏と冬に上空をおおう気団の組み合わせで，気候が表現され，わかりやすい気候区分図となっている．境界は

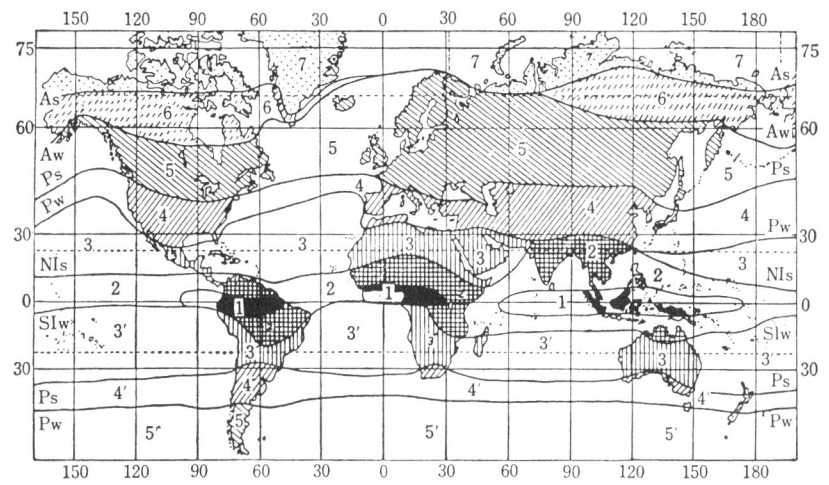

図 2.11 現在の気候帯 (Alissow, 1954；鈴木, 1977)
A：アークチックフロント，P：ポーラーフロント，NI：NITCZ，SI：SITCZ，w：北半球の冬の位置，s：北半球の夏の位置，1：EE，2：ET，3：TT，4：TP，5：PP，6：PA，7：AA．

夏と冬の各前線帯の位置である．

赤道気団，熱帯気団，寒帯気団，極気団をそれぞれ，E，T，P，Aと略すと，真夏の気団の組み合わせで，各半球に次の七つの気候帯ができる．EE，ET，TT，TP，PP，PA，AAで，以下，簡単に特徴を述べる．

① EE気候： 1年中湿潤な赤道気団（赤道西風帯）におおわれ，降水量が多い．このため熱帯雨林ができている．

② ET気候： 夏湿潤な赤道気団におおわれ，冬は乾燥した熱帯気団の支配下に入るため，雨季と乾季が交代する．大部分はサバンナになっている．

③ TT気候： 1年中乾燥した熱帯気団におおわれている．世界の大砂漠の多くはこの気候帯に生じている．

④ TP気候： 夏は熱帯気団，冬は寒帯気団におおわれる地域で，ポーラーフロントが2回通過するため2回の降水のピークがある．日本の大部分，中国主部，地中海地域，アメリカ合衆国の大部分がこの気候帯に属する．南半球ではニュージーランド，オーストラリアの南端，アフリカの南端，パンパが含まれる．

⑤ PP気候： 1年中寒帯気団におおわれ，冷涼である．北海道北部（図2.11

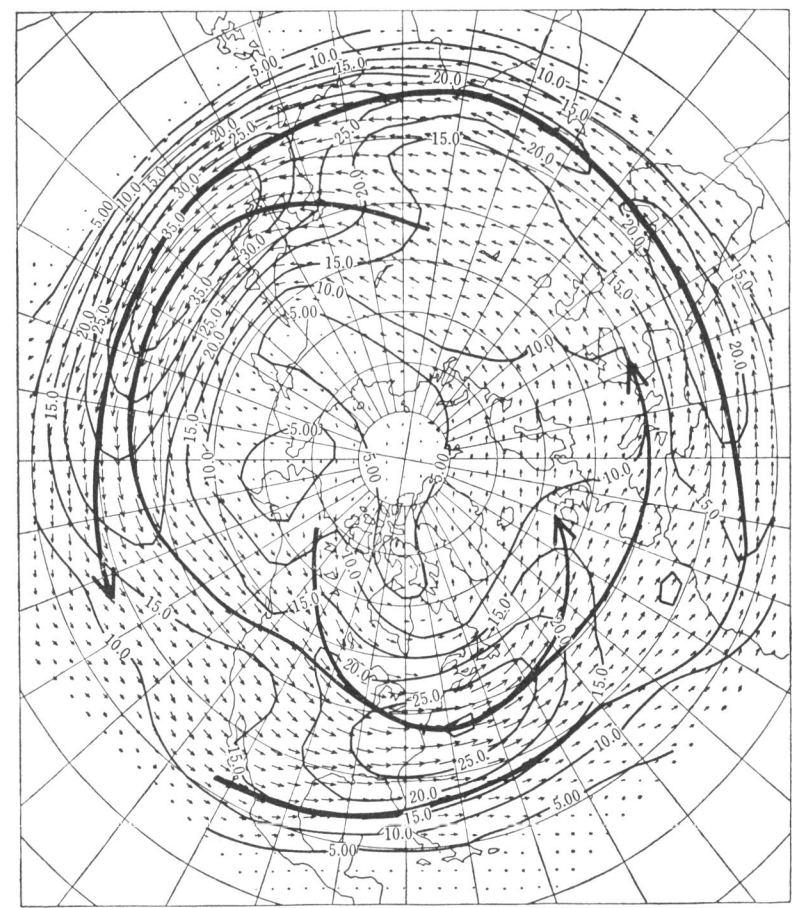

図2.12 北半球（冬期）の平均的な強風軸の位置と強さ（柳町晴美原図）

では東北北部からになっている），旧ソ連の南半部，西ヨーロッパ，スカンジナビア半島，カナダの南半部がこれに属する．

⑥ PA気候： 冬だけ極気団におおわれる．北シベリアとカナダの北半分が含まれる．植生は亜寒帯針葉樹林の北半部に相当している．

⑦ AA気候： 年間を通じて極気団におおわれる．南極，グリーンランド，旧ソ連・カナダの極北地域がこの気候帯に属する．氷河地帯またはツンドラになっている．

なお図2.11をみると，インドからインドシナ半島にかけては，TT気候区は出

現しないことがわかる．これはNITCZの北上がこのあたりでとくに著しいためで，その結果東南アジアには砂漠は存在しない．これは，ヒマラヤ・チベットの山塊が太陽熱によって暖められて局地的な低気圧ができ，赤道西風帯がそこに吸引されるためであると説明されている．

b. ジェット気流

第二次世界大戦中，日本を爆撃したB29が，日本周辺で上空の非常に強い西風に悩まされたことがきっかけで，ジェット気流の存在が発見された．

中緯度を取り巻く偏西風は川のようにうねりながら流れ，上空にいくほど風速を増し，高度$10 \sim 12$ kmで最大に達する．風速30 m/s以上の流れの速い部分がジェット気流とよばれており，時には100 m/s以上の風が吹く．

ジェット気流は夏には極側へ，冬には赤道寄りに季節移動し，北半球では冬季に非常に強まる（図2.12）．実際には，偏西風帯に亜熱帯ジェット，寒帯前線ジェットの2本が現れることが多く，さらに北極前線の上空にも出現することがある．

寒帯前線ジェットは極側を絶えず蛇行しながら流れ，北半球では北の寒冷気団と南の温暖気団の境に位置するので，気温傾度が大きく，地上ではポーラーフロントが形成される．したがって，寒帯前線ジェットは地上の前線や高気圧・低気圧の活動などと密接に関係し，中・高緯度の天候を支配しているといえよう．

一方，亜熱帯ジェットは低緯度側をあまり蛇行せずに流れており，このジェット気流の下には亜熱帯高気圧がある．

上層では，極が低圧部，低緯度が高圧部になっており，等圧線に平行に風が吹く．偏西風が低緯度側へ蛇行するところは周辺に比べ相対的に気圧が低く，また高緯度へ蛇行するところは気圧が高くなるので，これらの地域は気圧の谷・尾根とよばれている．

ところで，寒帯ジェットは冬季にはアジア大陸と北アメリカ大陸の東岸で定常的に大きく南へ蛇行しやすく，しばしば南側を流れる亜熱帯ジェットと合流し，非常に風速の強い地域を形成する．これは偏西風が標高5000 mをこすチベット高原やロッキー山脈などの大山塊をのりこえると，その風下側では低気圧性の回転が生じ気圧の谷が形成されるためである．アルプス山脈の風下でもやや南に蛇行するが，チベット高原やロッキー山脈に比べ影響は小さい．

冬季，偏西風が大きく南に蛇行する日本や北アメリカ東部は，北からの寒冷な

空気が入るため寒くなり，逆に北に蛇行する西ヨーロッパ，北アメリカ西岸は南から温暖な空気が運搬されるので暖かい．同緯度であっても蛇行の位置によって気温が非常に異なる．このため，気圧の谷・尾根が平均的な位置より東や西にずれたり，蛇行の振幅が非常に大きくなると，異常気象が起こりやすい．

c. 最終氷期の大気大循環

氷期には高緯度地方の寒冷化が著しく，赤道地方との温度較差が増大したため，ジェット気流の蛇行は南北循環型といわれる，うねりの振幅の大きいものになっていたと考えられている．そのため高緯度地方にまで暖かい空気が入りこんだが，長く海上を吹走してきた気流は多量の水蒸気を含んでおり，高緯度地方に多雪をもたらした．この積雪が蓄積されて，氷床に発達していくのである．

ジェット気流のコースは基本的には，現在のコースとそう違わなかったから，多雪地域も偏っており，そのため氷床の発達する地域は限られることになった．北アメリカには北半球で最大の大陸氷床が発達したが，氷床の中心地はハドソン湾を中心とするものとロッキー山脈北部を中心とするものに分かれていた．これは水蒸気の供給源が二つあったということを意味している．このうちロッキー山脈の氷河をもたらした水蒸気の供給源は，ヒマラヤを迂回して北上してきたジェット気流で，アリューシャン低気圧は氷期にも存在していたと考えられる．

一方，ハドソン湾の氷河をつくった水蒸気の供給源は，ロッキー山脈を迂回して北上したジェット気流で，メキシコ湾から多量の水蒸気を運んで降雪をもたらしていた．ここでは豊富な水蒸気の供給をうけて，北緯39°という南方まで氷河が進出していた．ヨーロッパでは北大西洋をこえてきたジェット気流がスカンジナビアに大量の降雪をもたらし，その結果氷床が発達した．

高緯度地方に氷床が発達したため，気候帯は全体として南下した．ポーラーフロントは冬季にサハラ中部まで南下して，この地域に雨をもたらし，サハラ砂漠を緑のステップに変えた．またサハラ中央部に樹枝状の水系網を発達させ，アハガル高原やチベスチ高原には山岳氷河を発達させた．逆に，ヨーロッパ中部はポーラーフロントが到達しなくなったため，乾燥したと考えられている．南半球ではポーラーフロントがわずかに北上して，タスマニア島やニュージーランドに降雪をもたらし，氷河を発達させていた．

一方，NITCZについてビューデル（Büdel, 1962）は現在よりやや北上し，サハラ南部を湿潤にしたと考えたが，ローデンブルク（Rohdenburg, 1969）は，ナ

イジェリア西南部で熱帯雨林におおわれた古砂丘やペディメント（pediment, 半乾燥地形）を見出し，氷期にはサハラ砂漠が南下していたのだと説明した．

2.4 氷床の消滅

　北ヨーロッパや北アメリカをおおっていた大氷床は2万年ほど前をピークに後退を始め，北半球ではグリーンランドの氷床を残して，ごく短期間にすべて消滅してしまった．この過程はたんねんに追跡され，現在ではかなりくわしい状況が明らかになっている．

　（1）**後退モレーンとエスカー**　氷床の後退期の記録は後退（recessional）モレーンやエスカー（esker），ケーム（kame）などの融氷河堆積物に残されている．後退モレーンは後退期のちょっとした停滞や小前進を記録しており，エスカーの丘はそのまま後退の方向をさし示している．したがって，これらを組み合わせてみていくと，氷床の縮小の過程が復元できるわけである．

　（2）**氷縞粘土**　氷床が縮小していくとき，氷床の前面とモレーンとの間には湖ができ，その底には砂や粘土が沈殿する．この堆積物は，ほぼ水平な規則正しい層構造をもつので，縞粘土層，氷縞粘土（varved clay）などとよばれている．氷縞粘土の層構造は，細かい粘土とそれよりあらい砂との互層からできており，一つの縞目の厚さは0.5〜3cmぐらいである．縞目ができる原因は，氷河からの融氷水量が季節によって違うためと考えられている．氷河からの融氷水が多くの物質を運搬するのは春の終わりから夏にかけてで，それ以外の季節には物質の運搬はほとんどない．あらい砂はすぐに沈殿するが，細かい粘土は長く湖水中に浮遊して秋から冬にかけてゆっくり沈殿する．つまり，1組の砂の層と粘土の層は，1年の周期を示しているのである．一見すると規則正しく堆積しているようにみえる氷縞粘土も，くわしくみると縞の厚さに少しずつ違いがある．縞の厚さの違いは，年による気候の違いを反映していると考えられるから，あまり遠く離れていない二つの地点の氷縞粘土の縞目は，同じような傾向をもつ．縦軸に年数をとり，横軸に縞の厚さの変化をとったグラフを地点ごとにつくり，それをフェノスカンジア一帯でたんねんに比較し組み合わせることによって，長く連続した1枚のグラフにまとめることができる．つまり，氷縞粘土によるカレンダーができたことになる．このグラフによって，ある地点での氷縞粘土の形成が始まったとき，すなわち，氷床とモレーンの間に湖が形成され始めたときの年代を決め

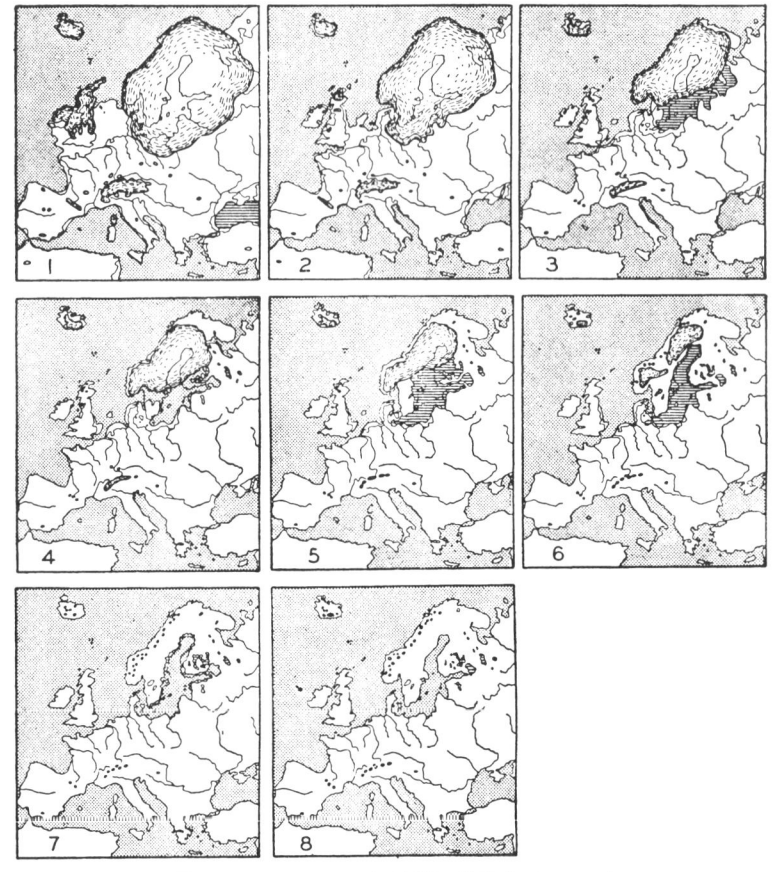

図 2.13 ヨーロッパの氷床消滅の過程（Daly, 1934）
白抜きの部分は陸地，横線部は淡水湖を示す．1：2万年前，3：1万5千年前，4：1万年前，6：8800年前，7：7500年前．

ることができるようになった．

(3) **スカンジナビア氷床の消滅**　このような方法によって，1920～30年代には，かなりくわしく氷床の後退のありさまが明らかにされるようになった（図2.13）．2万年前以後，氷床はゆっくり縮小し始めたが，1万1千～1万年前ごろには，スウェーデン南部からフィンランド南部にかけて長くとどまり，むしろ少し拡大する傾向をみせた．その後の氷床縮小のスピードは，1年間に200mに達するほど急速で，8800年前ごろには氷床は二つに分離し，7000年前ごろには小規模な山岳氷河を残すだけになって，氷床は完全に消滅してしまった．

ところでこのような氷床の衰退に伴って氷河湖が生まれ，それは現在のバルト海の前身となった．1万5千年ぐらい前に氷床の融解が始まると，現在のバルト海にあたる部分には大きな氷河湖ができた（図2.13の3）．この湖は氷床が退くにつれて面積を増していったが，1万年ほど前になると，湖には南スウェーデンの低地を通って海水が侵入し，湖は海になった（図2.13の4）．ところがこの地方一帯が氷床の荷重がなくなって徐々に隆起したため，水路は閉じてバルト海域は再び大きな淡水湖になった（図2.13の5）．7500年ほど前になるとこの湖は現在スウェーデンとデンマークを隔てているカテガット（Kattegat）海峡に出口を見つけ，水位は下がって北海の水面と平均して，湖は汽水化した（図2.13の7）．これが現在のバルト海の前身である．

(4) ローレンタイド氷床の消滅 ローレンタイド氷床も2万年ほど前を最盛期として次第に退き始めたが，これに伴って，氷床の南には氷河湖が生じた．五大湖の前身となった湖は，氷食によってできたへこみにこのときの氷の融解水が湛水してできたものである．五大湖の西方には，アガシー湖と名づけられた大きな氷河湖があったが，これは消滅してしまった．1万3千〜1万2千年前ごろになるとローレンタイド氷床はハドソン湾を中心とするものと，ロッキー山中を根拠地にするものとに分かれた．北アメリカ大陸の原住民の一部は，二つに分かれた氷床の間の狭い通路を通ってアメリカ大陸にやってきたといわれる．

2.5 氷期と間氷期

a. 多氷期の発見

大氷河時代という概念が成立して間もなく，あらたに重要な発見がなされた．それは氷河の拡大が少なくとも2回以上あったということである．従来一つの時期に属すると考えられたモレーンが，実はその間に氷のなくなった時代をはさんでいるということがわかったのである．この氷河の消滅した温暖な時期を間氷期とよぶ．

氷河の生成および消滅の問題はその後，クロル（Croll）やガイキー（Geikie）らによって研究されたが，20世紀に入って，ペンクとブルックナー（Penck und Brückner）は記念碑的な大著『氷河時代のアルプス』（1901〜09）を著し，氷河時代が何回かの氷期と間氷期に分かれることを一般に認めさせた．彼らは氷河地形やアルプス氷河前地の段丘の調査を通じて，アルプスに4回の氷河の拡大期の

表 2.1 第四紀の氷期と間氷期（小林，1960；中川，1977より小泉編集）

		アルプス	スカンジナビア	北アメリカ	オランダ
	完新世	後氷期	後氷期	完新世	
第四紀	更新世	ヴュルム氷期 リス-ヴュルム間氷期 リス氷期 ミンデル-リス間氷期 ミンデル氷期 ギュンツ-ミンデル間氷期 ギュンツ氷期 ドナウ-ギュンツ間氷期 ドナウ氷期 ビーバー氷期	ヴァイクゼル氷期 エーム間氷期 ザーレ氷期 ホルスタイン間氷期 エルスター氷期	ウィスコンシン氷期 サンガモン間氷期 イリノイ氷期 ヤーマス間氷期 カンザス氷期 アフトン間氷期 ネブラスカ氷期	ヴァイクゼル氷期 エーム温暖期 ザーレ寒冷期 ホルスタイン温暖期 エルスター寒冷期 クローマー温暖期 メナピ寒冷期 ヴァール温暖期 エブロン寒冷期 テーゲレン温暖期 ブリューゲン寒冷期
第三紀	鮮新世				

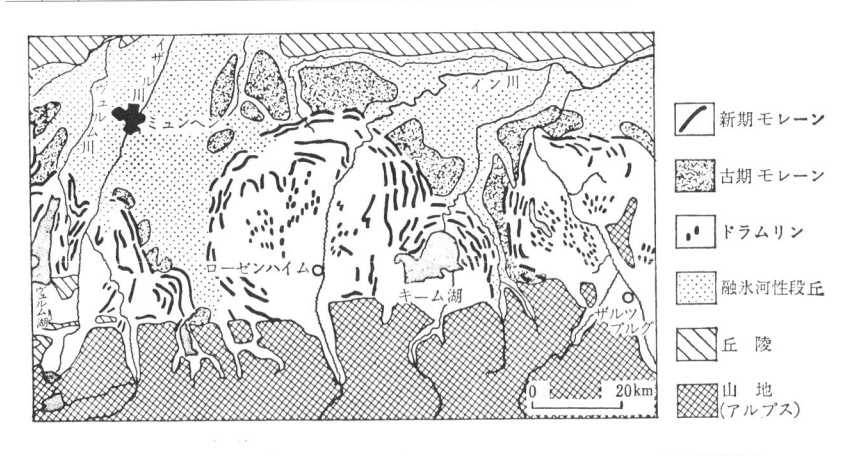

図2.14 アルプス前地のモレーン（Penck und Brückner, 1901〜09を簡略化）

あったことを明らかにし，それぞれの氷期を古い方からギュンツ（Günz），ミンデル（Mindel），リス（Riss），ヴュルム（Würm）と命名した．いずれも氷河前地の小河川の名にちなむものである．

その後，エベール（Eberl, 1930）がドナウ（Donau）氷期を，シェーファー（Schaefer, 1956）がビーバー（Biber）氷期をつけ加え，都合6回の氷期が認められるようになった（表2.1）．

北アメリカではペンクと同じころ，チェンバレン（Chamberlin）やルブレー（Leverett）が精力的に調査をすすめ，独自の氷河時代区分を提案した．またスカンジナビアでも別の区分が行われた．オランダでは主として花粉分析により，寒暖の交代が明らかにされている．

最近では一つ一つの氷期，間氷期がさらにいくつかの亜氷期，亜間氷期に分かれることが明らかになっており，氷河時代に関する知識はますます増えつつある．氷期，間氷期のような気候変動は世界的なスケールで起こったと考えられており，そのため世界各地の第四紀の編年や地層の対比を行う際の重要な尺度となっている．

b. 多氷期の確認の方法

ペンクやチェンバレンの研究に従い，多氷期がどのようにして確認されたか，調べてみよう．

（1） **新旧のモレーン**　アルプス氷河前地では図2.14に示したように，新期のモレーン群の外側により古いモレーンの地形と堆積物がみられる．新旧のモレーンは風化の度合いや固結度により明瞭に区別することができる．内側の新しいモレーンは最終氷期のモレーンであり，外側のモレーンはリス氷期のモレーンだと考えられている．アルプスでは4回以上の氷期が知られているが，そのうち氷河の最も広く拡大したのはこの最後から二番目の氷期で，この時期にはスカンジナビア氷床は浅い北海をこえてイギリスの氷床と合流し，ロシア北部でもウラルやノヴァヤゼムリャ（Novaya Zemlya）からの氷床と合流して，大氷床となっていたと考えられている．

（2） **氷礫土と間氷期の地層の互層**　スカンジナビアなどでは氷河が後退してしばらくするとエゾマツやトウヒなどの森林が回復し，低地には沼沢地ができて泥炭層が形成される．そしてそこには動物もやってくる．

ところがここへ再び氷河が前進してくると，森林や泥炭は氷河に押しつぶされ，やがてその上に新しい氷礫土（ティル，till）が堆積する．こうして間氷期の地層である森林土壌や泥炭層が新旧の氷礫土にはさまれるという結果が生ずる．間氷期の地層にはしばしば樹木や動物の化石が含まれている．露頭ではこのような泥炭層と氷礫土の互層がしばしばみられ，これから氷期と間氷期の繰り返しが結論された．

氷礫土が次々と積み重なったところでも多氷期の確認ができる．ペンクはミン

デル，リス，ヴュルムの3氷期の氷礫土が連続して堆積している露頭を発見した．各氷礫土の最上部は黄褐色に風化して土壌層が形成されている．この土壌層が間氷期を示しているのである．ペンクは土壌層の厚さなどからミンデル－リス間氷期がかなり長期にわたったことを推定した．なお，レス中の古土壌の研究からも同様に氷期と間氷期の繰り返しが明らかになっている．

(3) **融氷河堆積物の段丘** 氷河の融解期には膨大な量の氷が急激にとけるため，その融氷河水は物質を大量に運搬し，氷河前地の谷を埋めて広い砂礫原をつくり出す．ところが温暖期になって氷河が消滅すると，砂礫の供給が急減するため，融氷堆積物は河川によって線状に侵食され，堆積性の河岸段丘ができる．アルプスの周辺のライン川やドナウ川の支流には，こうした段丘が何段もできており，それによって何回もの氷期や亜氷期が確認された．この場合，段丘は氷期を，下刻は間氷期を示していると考えられたのである．

ペンクは段丘を上流にたどって段丘がモレーンの堆積物に移行することを確かめ，段丘の形成期が氷期にあたると推定した．彼が調べたアルプス氷河前地には4段の段丘があり，そのことから4回の氷期の存在したことを明らかにしたのである．ところによっては段丘の上にモーレンの堆積物がのっており，新しい氷河の拡大期を示していた．

c. 間　氷　期

氷床の発達するような寒冷な時代を氷期，逆に，氷床が消滅あるいは著しく縮小した温暖な時代を間氷期とよぶ．いずれも1万～数万年程度の長さをもち，ほぼ10万年周期で交互に出現してきた．このように長期にわたるので間氷期も氷期と同じように名前がつけられている．アルプスではリス－ヴュルム間氷期のように二つの氷期の名前をとってよぶが，北アメリカや北ヨーロッパではサンガモン（Sangamonian）間氷期，エーム（Eem）間氷期のように命名されている．

現在は間氷期である．したがって現在の自然の状態から過去の間氷期の状態もほぼ確定できる．ヨーロッパや北アメリカでは氷床は姿を消し，代わってブナ林や針葉樹林が広がっていた．土壌ができ，泥炭の集積もすすんでいた．また後で述べるように，氷期に低下していた海水準は間氷期には現在のように高まり，日本ではそれに伴って沖積平野が形成された．

氷期に全体として赤道寄りにずれていた気候帯も，間氷期には現在のような形になり，その結果，砂漠の拡大のような現象も起こった．低緯度地方では氷河の

発達は限られていたので，氷期・間氷期の交代はむしろ湿潤期・乾燥期の交代として現れている．何回かの間氷期のうちには，現在よりも気温の高い時期もあった．日本でもラテライト性の古赤色土が東海や北陸をはじめ日本各地で発見されているが，これは最終間氷期の高温期につくられたものと考えられている．この時期には海水準も現在よりいくぶん高かっただろうと推定されている．

文　献

Allisow, B. P. (1954): Die Klimate der Erde, Berlin.
Barry, R.G. and Chorley, T.J. (1998): Atmosphere, Weather & Climate, 7th ed., Routledge, 409pp.
Büdel, J. (1953): Die "Periglazial" - morphologischen Wirkungen des Eiszeitklimas auf der ganzen Erde. Erdk. Bd. 7, 249-266.
Büdel, J.(1962): Eiszeitalter und heutige Erdbild. *Die Umschau in Wiss. u. Technik*, **1**, 18-21.
Daly, R. A.(1934): The Changing World of the Ice Age, Yale Univ. Press, 271pp.
Flint, R. F.(1947): Glacial Geology and Pleistocene Epoch, John Wiley & Sons, 589pp.
Flint, R. F.(1971): Glacial and Quaternary Geology, John Wiley & Sons, 892pp.
インブリー，J.・インブリー，K.P.（小泉　格訳）：氷河時代の謎をとく，岩波書店，263pp.
井尻正二編（1979）：大氷河時代，東海大学出版会，227pp.
小林国夫（1960）：氷河時代の日本，自然，**27**，7-12.
小林国夫（1962）：第四紀（上），地学団体研究会，194pp.
小林国夫・阪口　豊（1982）：氷河時代，岩波書店，209pp.
湊　正雄（1970）：氷河時代の世界，築地書館，259pp.
中川久夫（1977）：第四紀の編年と対比，日本第四紀学会編，日本の第四紀研究，東京大学出版会，11-36.
成瀬　洋（1971）：気候変化と海面変化，羽鳥謙三・柴崎達雄編，第四紀，共立出版，57-97.
成瀬　洋（1982）：第四紀，岩波書店，269pp.
Penck, A. und Brückner, E. (1901～1909): Die Alpen im Eiszeitalter, Tauchnitz, 1199pp.
Rognon, P. (1967): Climatic influence on the African Hogger during the Quaternary, base on geomorphologic observations. *Ann. Ass. Am. Geogr.*, **57**, 115-127.
Rohdenburg, H. (1969): Hangpedimentation und Klimawechsel als Wichtigste Faktoren der Flächen- und Stufenbildung in den wechselfeuchten Tropen am Beispielen aus Westafrica, besonders aus dem Schichtstufenland Südost - Nigerias. *Giessener Geogr. Schr.*, **20**, 57-133.
Sauramo, M. (1937) : Das system der spätglazialen Strandlinien im Südlichen Finland. *Soc. Scient. Fenn., Comment. Phys.-Math.* **IX**(10).
鈴木秀夫（1975）：風土の構造，大明堂，161pp.
鈴木秀夫（1977）：氷河期の気候，古今書院，178pp.
多田文男（1961）：第四紀の自然環境，坂本峻雄編，生命の歴史，岩波書店．
West, R. G. (1968): Pleistocene Geology and Biology, Longman, 377pp.
Woldstedt, P. (1967): The Quaternary of Germany, Rankama, K. (ed.), The Quaternary 2, Inter Science Publishers, 239-300.

3. ─氷河性海面変動

3.1 氷河性海面変動

　地球上の水分の量はほぼ一定で，それらは形を変えながら，大気・陸地・海洋の間を循環している．この水分の循環の過程で寒冷化が起こり，氷河が拡大すると，その分だけ海洋への水の供給が減るため，海水の量が減少し，海面が低下する．逆に，温暖化が起こると，陸上に貯留されていた氷河がとけ出し，海洋への水の供給が増加する．その結果，海水の量が増え，海面が上昇する．

　このような氷河の消長に伴う海面の変動の考えは，氷河性海面変動（glacial eustacy）説とよばれ，19世紀半ばにマクラーレン（MacLaren）によって提示された．ただし，海面の変動は陸地の隆起・沈降と海水準変動との相対的な結果であるため，この考えが広くうけ入れられるようになったのは，多くの地域において海面の上昇・下降が共通して確認され，また，それらが第四紀における氷河

表 3.1 現存氷河の量とそれらがすべて融解した場合の海面上昇量の見積もり（海津編集）

文　献	面積×10^6 (km^2)	体積×10^6 (km^3)	海面上昇量 (m)
アンテーブス （1929）	15.59	16.07～23.15	40～60
デーリー　　（1934）	15.83	20.88	50
フリント　　（1957）	14.97	─	─
戸　谷　　　（1966）	14.54	27.14	66
フリント　　（1971）	14.90	26.25	65

表 3.2 最終氷期の氷量と海面低下量の見積もり（海津編集）

文　献	面積×10^6 (km^2)	体積×10^6 (km^3)	海面低下量 (m)
アンテーブス （1929）	─	36.85	90
デーリー　　（1934）	33.50	34.30	85
フリント　　（1947）	40.72	49.62	102
戸　谷　　　（1966）	44.31	78.67	135
フリント　　（1971）	43.73	76.97	132

の消長に対応していることが明らかになる20世紀半ばになってからであった．

氷河性海面変動説によれば，海面の変動量は，氷河の規模によって決定される．現在，陸地の約10%を氷河が占めているが，これらが全部融解したときの海面上昇量は，氷床の面積と厚さから求められる（表3.1）．また，氷河が陸地総面積の約30%を占めた最終氷期の海面低下量も，同様に氷床の面積と厚さおよび当時と現在の差から計算される．戸谷（1966）によると，現在地上に存在する氷河の体積は2714万km^3，最終氷期の氷量は7867万km^{3}と見積もられ，水に換算した体積を海洋面積で割ることにより，全融解による海面上昇量は66m，最終氷期の海面低下量は135mになると推定されている（表3.2）．

3.2 海面変化と地形

現在の海岸付近では，波浪，潮流，海流による侵食・運搬・堆積作用が行われ，さらに河川の河口付近では運搬されてきた土砂の堆積が顕著にみられる．これらの作用は，現在の海水準を基準にして行われているが，氷河の消長により海水準が変動すると，海岸線は移動し，地形も大きく変化する．

海岸の低下期には，汀線ははるか沖合に前進し，新しい海岸線に対応した海岸地形や海底平坦面が形成される．陸地の縁辺に広がる大陸棚は，このような氷期の低海水準時に形成された地形であると考えられている．

各河川は侵食基準面の低下に伴って顕著な下刻を行い，それまでの平野面に深い谷が刻まれる．また，流路の延長に伴ってあらたな三角州も形成される．それ

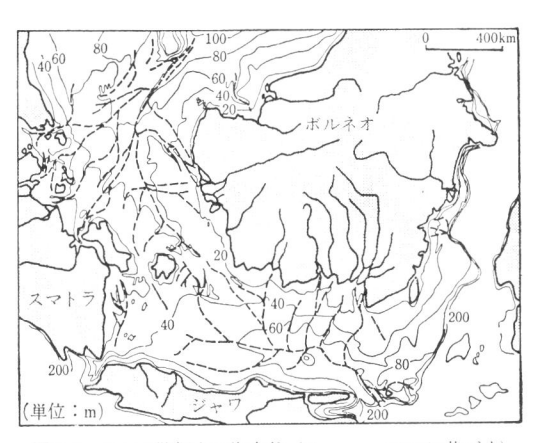

図3.1 スンダ陸棚上の海底谷（Kuenen，1950に基づく）

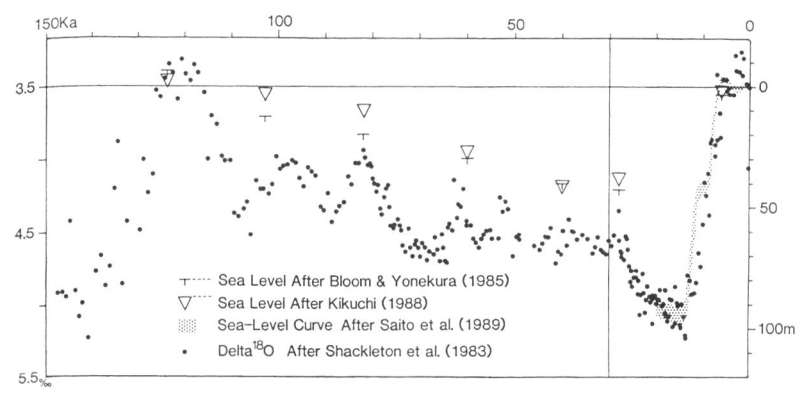

図3.2 第四紀後期における酸素同位体比と海水準運動（Saito, 1991）

らの地形はその後の海面上昇期には沈水して埋没谷や沈水三角州となる．

わが国の沖積平野の地下には海面低下期に形成された深い谷が埋没谷として数多く確認されているし，北海（North Sea）やスンダ（Sunda）陸棚上には現在の河川の延長部に発達する顕著な谷地形が認められ，氷期にはそれらの海底が陸地であったことを示している（図3.1）．

これに対し，海面の上昇期には，以前の海岸は沈水し，新しい海水準に対応する波食台や堆積面が広がる．世界各地にみられる海岸段丘にはこのような海面上昇期に形成されたものが多い．

3.3 第四紀末期の海面変化

海面の変動はそれぞれの海面高度に応じた海成面を形成する．もし地殻変動の影響を差し引くことがうまくできるなら，海成面（厳密には汀線）の高度とその形成時代を明らかにすることにより，海成面形成期の正確な海面高度を求めることが可能である．さらに，それぞれの時代の海面高度を，縦軸に海抜高度，横軸に年代をとったグラフ上に示し，それらを連続することにより海面変化曲線を描くことができる（図3.2）．

現在のところ，最終氷期以前の海面変化については，資料に乏しいためまだ不十分な点が多く，その概要しか明らかにされていない．しかしながら，最終氷期最大海面低下期以降の海面変化に関しては，^{14}C年代測定方法が開発され，海岸付近の貝化石や海岸低地の泥炭層など旧海面高度を示す多くの資料が提供される

3.3 第四紀末期の海面変化

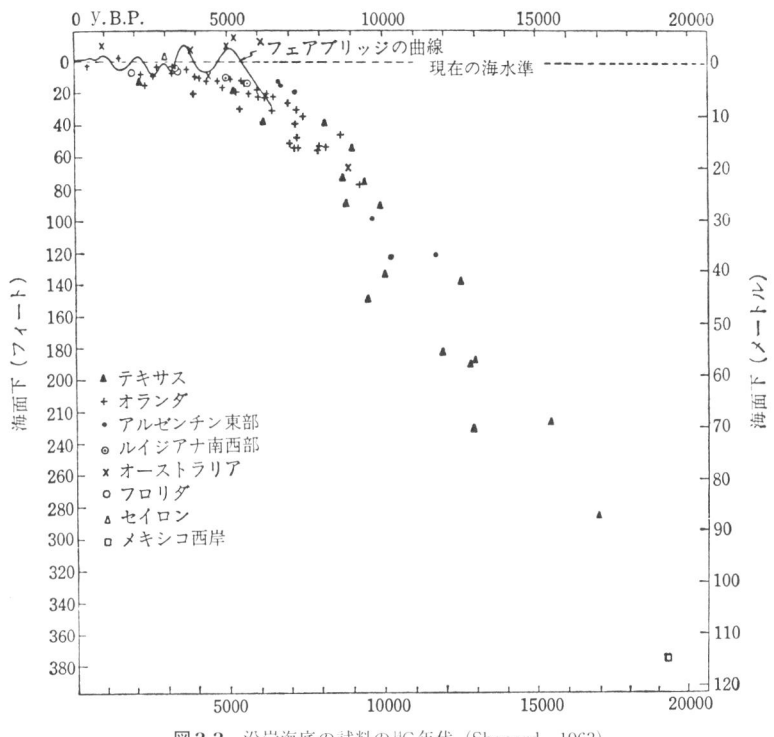

図3.3 沿岸海底の試料の^{14}C年代 (Shepard, 1963)

ことにより，かなり正確な海面変化曲線が描かれつつある（図3.3）．更新世最末期からの急激な海進はフランドル海進，後氷期海進などとよばれ，また，日本では縄文海進，有楽町海進などとよばれている．

ただ，この第四紀末期の海面変化曲線に関しても研究者や地域によるいくつかの相違が認められる（図3.4）．第1点は，最大海面低下期における海面高度の値について，第2点は，その後の海面上昇が，なめらかな単純なものであったのか，変動を伴った複雑なものであったのかという点，第3点は，後氷期に入ってから現在よりも海面が高くなった時期があったかどうかという点である．

現在のところわが国では，最大海面低下期における海面高度は－120mあまりに達したとされ，その後の海面変化は若干の変動を伴いつつも急激に上昇し，6000～7000年前ごろに現在よりも2～3m程度高くなったという考えが有力である（図3.5）．ただ，最大海面低下期に－100m以下にはならなかったとする見解

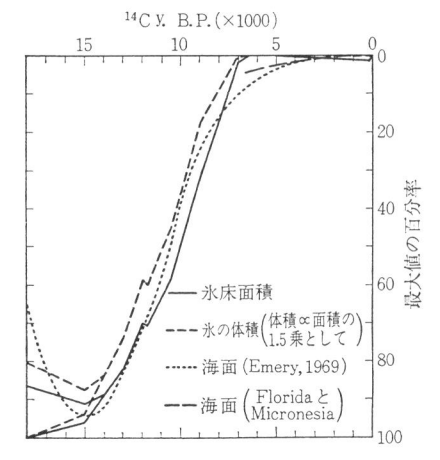

図3.4 過去1万8千年間の氷床面積・氷床堆積の変化と海面の変化との比較（Bloom, 1971；笠原・杉村, 1978）

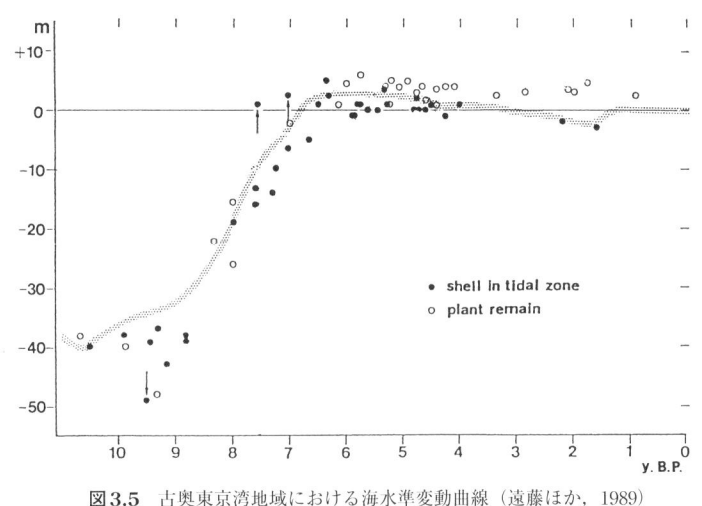

図3.5 古奥東京湾地域における海水準変動曲線（遠藤ほか, 1989）

や，後氷期において現在が最も海面の高い時期であるとする報告もあり，5000〜6000年前以降における海面の小規模な変動の問題ともあわせてまだ多くの課題が検討されている（太田ほか，1990）．

なお，後氷期の海面変化については，世界全体のオーダーでみた場合に，現在

よりも海面が高くなった時期をもつ地点と，現在が最も海面の高い時期であることを示す地点の分布状態に顕著な地域差のあることが近年明らかにされている．前者は，最終氷期最盛期に発達した大陸氷床の分布域と，それらからかなり離れた地域に，後者は大陸氷床の分布域を取り囲むようにドーナツ状に分布しており，このような地域性の存在については次節以下で述べるグレーシャルアイソスタシーおよびハイドロアイソスタシーの考えによって説明されている．

3.4 グレーシャルアイソスタシー

バルト海沿岸地域では，漁民たちの間に古くから海岸線が前進し続けていることが知られていた．この地域では，以前の漁港が海岸線から離れた内陸に位置したり，古地図に示された島が現在は陸続きになっているといったことがしばしば認められるという．

このような海岸線の前進の原因として，18世紀半ばごろには，地球上の水の減少による離水であるとか，寒冷な時期に収縮していた地殻が次第に膨張することによる土地の隆起現象であるといった説が出されていた．

しかし，19世紀に入ってから氷河に関する研究が進んで，フェノスカンジア地域に大規模な氷河が存在していたことが知られるようになり，ジャミーソン（Jamieson, 1865）は，氷床におおわれて氷の重さで押さえられていた地殻が氷河消失後の荷重軽減に伴い，平衡状態に達するように曲隆運動を起こしていると考えた．この概念をグレーシャルアイソスタシー（glacial isostasy）とよぶ．

その後，詳細な地形・地質調査により，氷床の広がりや過去の汀線が追跡され，また検潮儀などによって各地の隆起量が求められるようになった．その結果，ボスニア湾奥を中心として半径1000kmにも及ぶフェノスカンジア地域において，最終氷期以降グレーシャルアイソスタシーによる曲隆運動（アップウォーピング，upwarping）が継続していることが確認された．

現在の隆起量はデンマーク北部で0mm/年，ストックホルムで4mm/年，ボスニア湾奥で9mm/年となっているが（図3.6），完新世初期にはボスニア湾奥で年間14cmも隆起していたと推定されており，当時からの総隆起量は250mにも及んでいるといわれている．

また，同様の現象は同じく最終氷期に広い範囲にわたって氷床におおわれた北アメリカ北部においても認められ，ハドソン湾を中心にする曲隆運動がひき続き

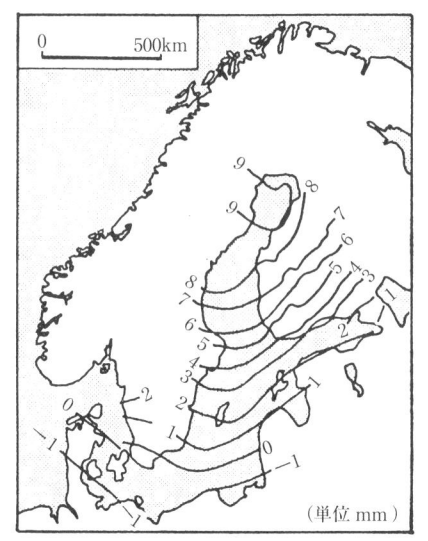

図 3.6 フェノスカンジア地域における最近の年間
隆起量（Flint, 1971）

起こっている．

ところで，この氷床分布の周囲ではどのような地殻変動がみられるのであろうか．ウォルコット（Walcott, 1972）は，氷床が発達するとその重みで氷床下の地殻がへこみ，その周囲では地殻のへこみによって押し出されたマントルが流れて逆に地殻がもち上がると考えた．そして，氷床が縮小・消失すると，氷床下だった部分は隆起し，その周囲の地域は沈降するとした．

もし，海面高度が過去数千年間ほぼ一定であったとすると，氷床下だった地域の数千年前の旧汀線高度は現海面より高くなり，氷床を取り巻いた地域のそれは逆に現海面より低くなる．このような差異が，すでに述べた後氷期における海面変化曲線の地域的差異として現れると考えられている．

3.5 ハイドロアイソスタシー

一方，最終氷期の氷床分布域からはるかに離れた場所にある日本やオーストラリア，ニュージーランドなどの沿岸部において6000年前ごろを中心とする時期に現在よりも海面が高かったとする報告が数多くみられるのはなぜであろうか．

従来から，後氷期の約6000年前ごろが世界的にかなり温暖な時期であったこ

3.5 ハイドロアイソスタシー

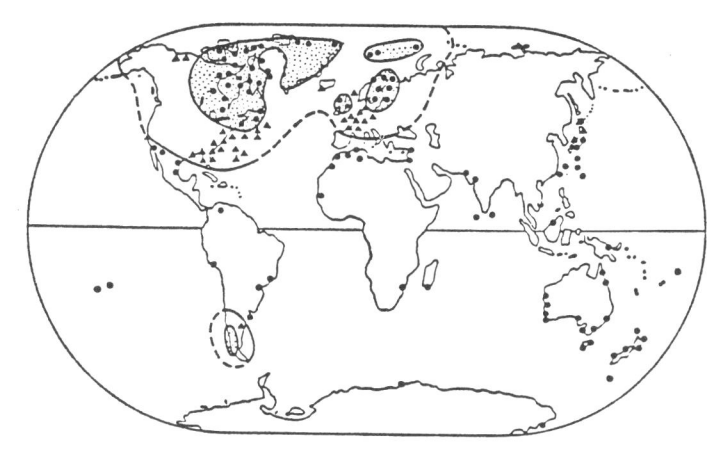

● 2500〜5000年前の海面が現在より高かった証拠のある地点
▲ 2500〜5000年前の海面が現在より低かった証拠のある地点
最終氷期の氷床分布域で後氷期に隆起した地域
後氷期に沈降した氷床周辺の地域

図3.7 後氷期の海面高度の地域性 (Walcott, 1972)

とが報告されており，この温暖な気候との関係のもとに5000〜6000年前の高海面の存在が論じられてきた．このような気候と海面変化との関係に加えて最近注目されつつあるのが，次のようなハイドロアイソスタシー（hydroisostasy）の影響をうけたとする考えである．

すでに述べたように，氷床の拡大・縮小は海水量の増減と密接なかかわりをもっている．後氷期における氷床の縮小あるいは消失は，一方において海水量の増加をまねき，海水量の増加は海底への荷重増加を導く．そして，海底への荷重増加は氷床の拡大の場合と同じように海底の地殻を沈降させ，海洋周縁地帯の土地を隆起させる．このような水の重さの変化によってひき起こされる平衡運動が，ウォルコットによってはじめて具体的に明らかにされたハイドロアイソスタシーの考えである．

このハイドロアイソスタシーの考えによれば，後氷期における大洋周縁地帯は隆起傾向を示すとされ，その結果，旧汀線は上昇する．この旧汀線高度に基づいて海面変化曲線を描くと，数千年前に現在より高い海面高度をもつ海面変化曲線が描かれることになる．日本，オーストラリア，ニュージーランドなどにおいてみられる5000〜6000年前ごろの高海面もこのハイドロアイソスタシーの考えの

もとに説明できることが明らかにされているが，絶対的な海水量の変化，気候変化とのかかわりなど，まだ検討されなければならない点も多く残されている．

文　献

Anteves, E. (1929)：Maps of the Pleistocene glaciations. *Bull. Geol. Soc. Am.*, **40**, 631-720.

Bloom, A. L. (1971)：Glacial eustatic and isostatic controls of sea level since the last glaciation. The Late Cenozoic Glaciation, Tarekian, K. K. ed., Yale Univ. Press, 359-379.

Daly, R. A. (1934)：The Changing World of the Ice Age, Yale Univ. Press, 271pp.

遠藤邦彦・小杉正人・松下まり子・宮地直道・菱田　量・高野　司 (1989)：千葉県古流山湾周辺における完新世の環境変遷史とその意義．第四紀研究，**28**, 61-78.

Flint, R. F. (1947)：Glacial Geology and the Pleistocene Epoch, John Wiley & Sons, 589pp.

Flint, R. F. (1957)：Glacial and Pleistocene Geology, John Wiley & Sons, 553pp.

Flint, R. F. (1971)：Glacial and Quaternary Geology, John Wiley & Sons, 892pp.

Jamieson, T. F. (1865)：On the history of the last geological changes in Scotland. *Geol. Soc. Lond. Quart. Jour.*, **21**, 161-203.

小林国夫 (1962)：第四紀（上），地学団体研究会，194pp.

Kuenen, H. (1950)：Marine Geology, John Wiley & Sons, 568pp.

Lewis, R. G. (1935)：The orography of the North Sea bed. *Geogr. Jour.*, **86**, 334-342.

湊　正雄 (1970)：氷河時代の世界，築地書館，259pp.

大森昌衛・茂木昭夫・星野通平 (1971)：浅海地質学，東海大学出版会，445pp.

太田陽子・海津正倫・松島義章 (1990)：日本における完新世相対的海面変化とそれに関する問題．第四紀研究，**29**, 31-48.

Saito, Y. (1991)：Sequence stratigraphy on the shelf and upper slope in response to the latest Pleistocene-Holocene sea-level changes off Sendai, northeast Japan, MacDonald, D. I. M. (ed), Sedimentation, Tectonics and Eustacy, special publication of Int. Ass. Sediment., 12, 133-150.

Shepard, F. P. (1963)：Submarine Geology, 2nd ed., Harper and Row, 557pp.

杉村　新 (1977)：氷と陸と海．科学，**47**(12), 749-755.

戸谷　洋 (1966)：氷河の消長に関する若干の問題．地理，**11**(3), 18-23.

Walcott, R. I. (1972)：Past sea levels, eustacy and deformation of the earth. *Quaternary Res.*, **2**, 1-14.

4. 気候地形

　気候は，植生や土壌に大きな影響を与えるだけでなく，地形を形成する営力として，地形にも大きな影響を与えている．この気候による地形形成作用は，単純なものでなく，いろいろな種類があり，また同じ種類の形成作用であっても強弱がみられる．地形への気候の影響は，地質条件・起伏条件が同じであっても気候条件が異なる地域で，どのような地形が形成されるかを観察することによって明らかになる．このような気候の影響をうけて形成された地形を「気候地形」とよんでいる．

　気候地形の生い立ち（発達史）を知るにはまず現在の気候条件下でどのように地形が形成されているか，あるいは地形がどのように変化しているのかを知る必要がある．この知識を基礎として，レリックとして地形に含まれている過去の気候情報を読みとり，古気候，古環境を復元することが可能になる．しかし現状では，気候地形学の研究の歴史は，まだ日が浅く十分な資料が蓄積されているとはいいがたい．

　気候地形の研究では，地形を面的にとらえ，同種の地形形成作用をうけている地域を「気候地形帯」とよんでいる．ビューデル（Büdel, 1974）は，世界全体を10の気候地形帯に区分している．大きくみると，各気候地形帯は，ほぼ緯度に平行に広がっている．しかし細かくみると，海洋と季節風や卓越風の影響をうけ，同緯度であっても大陸の東岸と西岸で異なる気候地形帯が現れる場合もある．図4.1に示したこの気候地形帯の図は，世界の気候帯の図，たとえばアリソフ（Allisow）の気候図（図2.11参照）とたいへんよい対応を示している．ビューデルの気候地形帯の区分は，高緯度・中緯度地帯の地形のとらえ方としてはたいへん優れたものであるが，低緯度地帯の地形のとらえ方については，二，三の問題点も指摘されている．

　次に典型的な気候地形として，日本でみることのできない気候地形帯，温暖乾燥帯，熱帯中心帯の中から，乾燥地域と湿潤熱帯地域の地形，そして氷河帯，亜

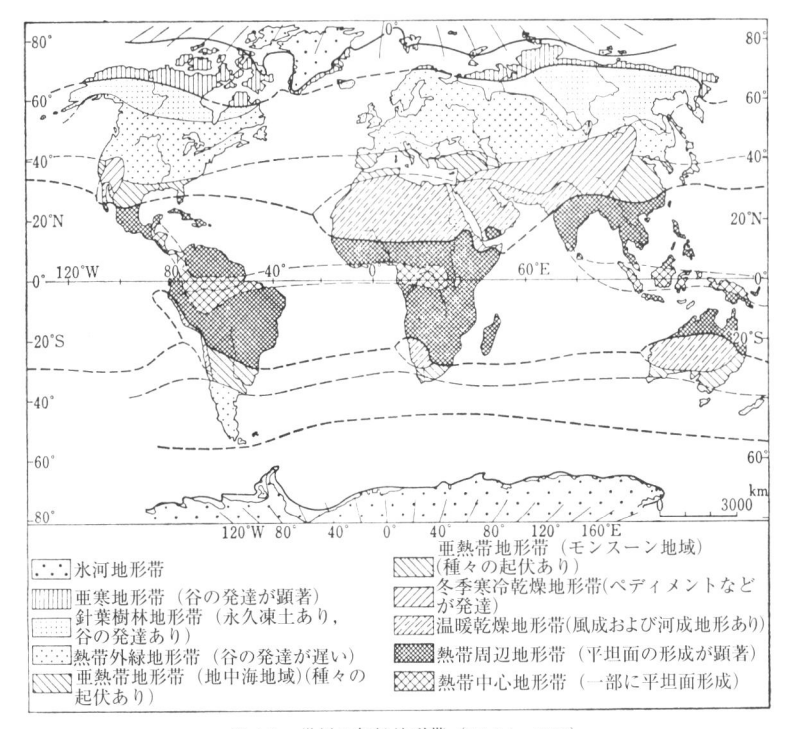

図4.1 世界の気候地形帯（Büdel, 1977）

寒帯に相当する地域として氷河地域，氷河周辺地域の地形をとりあげて述べることにする．

4.1 湿潤地域の地形

湿潤地域は，ある季節に凍結作用のみられる湿潤温帯地域と，凍結作用の全くみられない湿潤熱帯地域とに分けられる．湿潤温帯地域では機械的風化としての凍結融解作用が地形形成に大きな役割をはたしている．ここではあまり知られていない湿潤熱帯地域の気候と地形について，赤道直下に位置するインドネシアの東カリマンタンとアマゾンを例としてとりあげる．

a. 湿潤熱帯の気候

湿潤熱帯地域は，ケッペン（Köppen）の気候分類ではAf気候，アリソフの気候分類ではEE気候（図2.11参照）に分類され，1年中多雨な地域と考えられているが，赤道直下の東カリマンタンでは，年降水日数は90～150日程度で，毎日

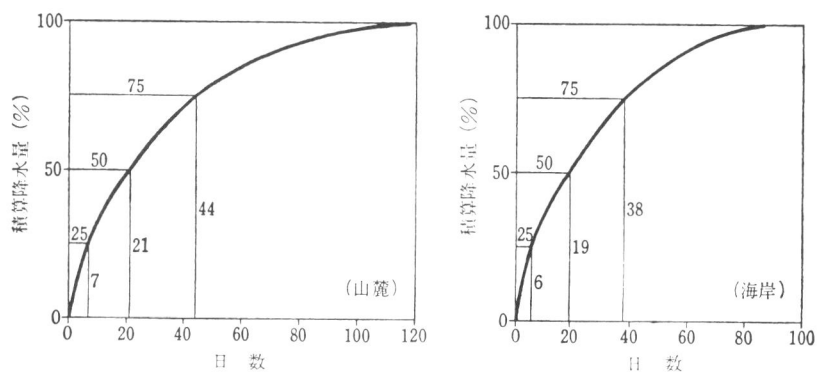

図4.2 湿潤な熱帯（東カリマンタン）における積算降水量と降水日数（田渕原図）

降水があるわけではない．また年降水量は，1500～4500 mm 程度で東京より降水量の少ないところも Af 気候となっている．しかし降水強度は非常に大きく，一雨の降雨時間は30分から1時間程度である．これは梅雨季の日本の雨とは，大きく異なる．

図4.2は東カリマンタンにおける降水日数と日降水量の積算降水量との関係を示したものである．山麓部では年降水量の50％が年降水日数のわずか17.8％（21日）でもたらされ，海岸部でも年降水量の50％が22.1％（19日）の日数でもたらされている．しかし一方で，日降水量を少ない方から積算すると，年降水日数の50％でもたらされる降水量は，山麓部で全年の14.8％，海岸部で20.5％であり，雨季，乾季によって降水強度に大きな違いがみられる．

降水量は標高が高くなると多くなるだけでなく，起伏の大きなところでも降水強度は大きくなっている（図4.3）．

b. 欠床谷地形

熱帯の森林でおおわれた山地では，雨水による側方侵食や洗掘力は密に茂った植生によって弱められるが，風化が著しくすすんでいるために，地表の風化物質層は河谷の下方侵食に対してもろく，時には100 m以上にも達する風化層が刻まれ，谷密度の高い欠床谷地形が形成される（図4.4）．

c. 多湿な熱帯地域の河川

多湿な熱帯地域では，温帯地域にみられるような平衡状態（平行縦断面形）を示す河川は少なく，至るところにゆるやかな勾配の水流と，滝，早瀬からなる急流の部分が交互に現れるのが大きな特徴である．

4. 気候地形

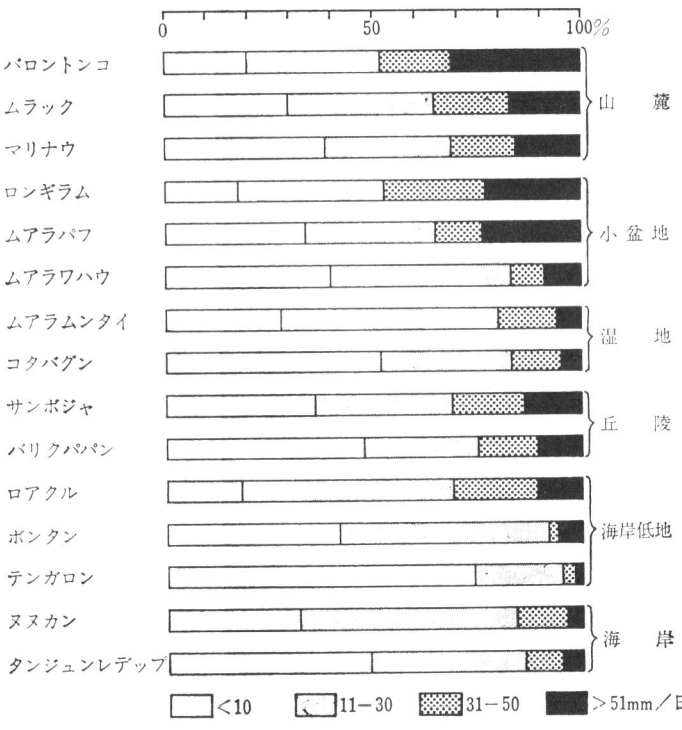

図4.3 湿潤な熱帯（東カリマンタン）の日降水量に対する地形の影響（田渕原図）

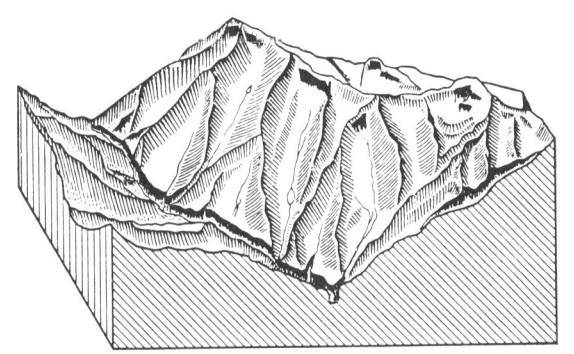

図4.4 ニューギニアのセピック川流域における欠床谷地形（Behrmann, 1921）

　また植生が流出や河谷の形成に大きな影響を与えている．河川の縁の，時には人間の通過さえ困難な茂みが河川の側方侵食を弱めており，「森林回廊」とよばれている（図4.5）．風化がすすんでいるために，布状洪水によって斜面から岩屑

図4.5 東カリマンタン，マハカム川の森林回廊（乾季）（田渕撮影）

が供給されることもなく，河床で機械的な侵食の研磨材の役割をはたす礫がなく，その結果として滝や早瀬は，ほとんど変わらずに存在する．

しかし熱帯では降水強度が大きいために，いったん植物被覆が人為的に破壊されると，流水は斜面にガリー（gully）をつくり（図4.6），谷底を削り，洗掘し，また蛇行を発生させたりする．浅瀬や岩石からなる河床に甌穴（ポットホール，pot hole）が形成されることもある．

河川が山地から出たところには扇状地が形成され，中流部では自然堤防が形成され，現河川は自然堤防の間を流れている．アマゾンではアンデス山麓から大西洋に至る長さ3760 kmの間で高低差はわずか180 mであり，東カリマンタンのマハカム川でも河口から直線距離で約200 kmの地点で，自然堤防上の標高は3 mである．

これらの河川の水位変動は意外に大きく，アマゾン中流部で16〜20 m，下流部では，5〜7 mである（図4.7）．マハカム川でも中流部で雨季には水位が数 m高くなり，時には自然堤防上の集落が床上まで浸水する（図4.8）．

しかし東カリマンタンでは，エルニーニョの発達した1982〜83年に数十年来の異常少雨年となり，異常乾燥によって熱帯降雨林で山火事が発生し，半年以上も燃え続けた．このように熱帯多雨地域でも，年々の降水量変動は想像以上に大きく，このような異常年が地形形成に大きな意味をもっている．

図4.6 東カリマンタン，バリクパパンの土壌侵食（田渕撮影）

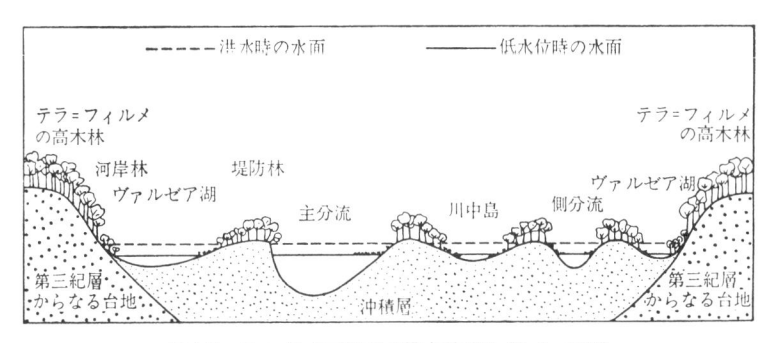

図4.7 アマゾン川下流部の模式断面図（Sioli, 1956）

d. 日降水量のドライスペル

インドネシアの東カリマンタン州は，赤道直下に位置している．9年間の気候資料をケッペンの気候区分によって分類すると，東カリマンタンのすべての地点が1年中多雨な熱帯多雨気候（Af）である．しかし，このおもな気象観測地点の

図4.8 東カリマンタン，マハカム川中流の自然堤防上の集落（田渕撮影）

　年々の降水量をケッペンの気候区分で分類すると，意外に熱帯モンスーン気候（Am）やサバンナ気候（Aw）の出現頻度が高い．これが湿潤熱帯の実態である．アフリカや東南アジアの広い範囲に典型的なエルニーニョ現象の現れた年として知られている1972～73年には，東カリマンタン州でも半数以上の観測地点がサバンナ気候となった．

　20世紀最大といわれた大規模なエルニーニョ現象の現れた1982～83年には，熱帯雨林の至るところで森林火災が発生し，多くの作物に干害をもたらした．また，その煙はカリマンタンだけでなく，シンガポールやクアラルンプールで航空機の発着を妨げた．

(1) 東カリマンタンのドライスペル　図4.9は，東カリマンタン州のおもな気象観測点について，1年間の日降雨量の有無を調べ，日降雨量が1mm未満の日を無降雨日とし，その無降雨日が4日以上連続した場合，その日数を黒帯で示したものである．この図はドライスペル（dry spells）とよばれている．なお，ここでとりあげた1979年は降雨量が平均的な年であった．

　ドライスペルの図は，東カリマンタンでは熱帯前線（ITCZ）が北上する時期と南下する時期が雨季であること，とりわけ熱帯前線が南下する時期が明瞭な雨季であることを示している．またドライスペルの図は，地形が降雨日数に大きく影響していることを示している．山麓では，降雨量，降雨日数ともに多い．しかし，海岸では降雨量はさほど多くないが，降雨日数はかなり多い．湖水地方とよ

図 4.9 東カリマンタンの15地点のドライスペル (1979年) (田淵, 1983)

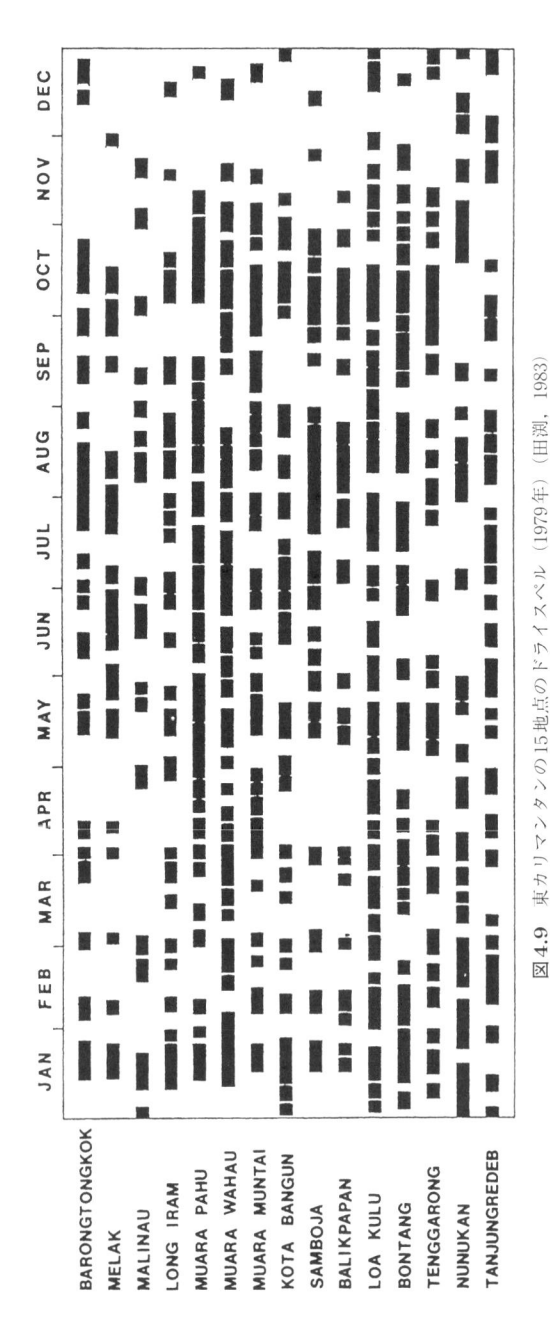

この図からは2回の雨季が確認できる．ITCZの北上する4月，ITCZの南下する12月が雨季となっている．この図を上から下にみると，地形による降雨の違いが読みとれる．

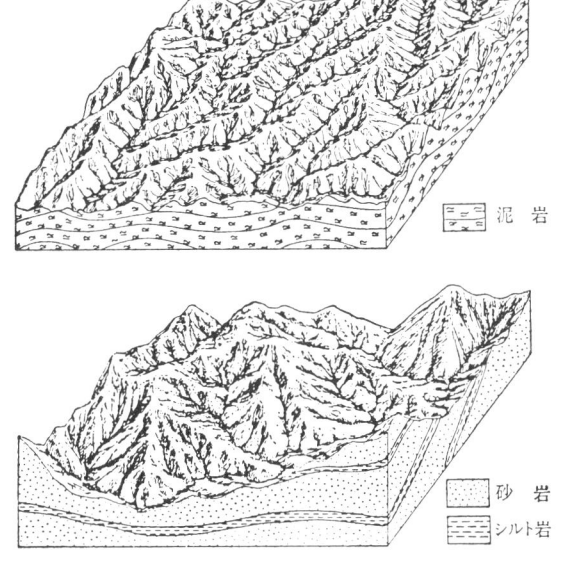

図 4.10 岩石の透水性の違いによる谷密度の差 (Löffler, 1977)

ばれている内陸の湿地帯では，降雨量，降雨日数ともに少ない地域で，干害が発生しやすい地域である．

e. 岩質の差による地形

多湿な熱帯では，降水量が多いだけでなく，降水強度が大きいために，基盤の岩石の透水性の違いによって地形が形成される．すなわち透水性のよい砂岩からなる地域では表流水が少ないために谷の発達がわるく，一方透水性のよくない粘土やシルトからなる地域では表流水が多く，谷が発達する（図4.10）．東カリマンタン東部では透水性のよい砂岩の部分が尾根や台地となり，透水性のわるいシルト岩の部分が谷となっている．このような差別侵食による地形は，多湿な熱帯地域の特徴ある地形の一つである．

4.2 乾燥地域の地形

a. 乾燥地域

乾燥地域とは降水量が少ないために森林の成立の困難なところをいう．これには植物被覆の乏しい砂漠と，草原の成立しうるステップが含まれるが，両方をあ

わせると陸地の約3分の1という広大な面積を占める．乾燥地域はITCZもポーラーフロントも到達しない部分（亜熱帯高圧帯）や大陸内部，山脈の風下側，沖合に寒流の流れているところに現れ，高緯度地方では低温のため蒸発量が減少するので出現しない．乾燥地域の位置は第四紀を通じてかなり変化したが，その面積は第三紀と比べると，山地の隆起や氷床の形成による海面の縮小のために，全体として増加したと考えられている．

b. 乾燥地域の地形形成作用

乾燥地域では水分が少ないため，化学的風化作用は微弱になり，機械的風化作用や風のはたらきが卓越する．しかし，その一方では植生が乏しいため，流水のはたらきも無視できない作用となっている．

（1） 風化作用と岩屑の生産　　機械的風化作用のうち最も代表的なものは日射風化である．これは，岩石の表面と内部との間や造岩鉱物同士の熱膨張率が異なるため，日中の太陽熱による加熱と夜間の冷却が繰り返されるうちに岩石が破壊されるものである．日射風化のほかには塩類風化や凍結破砕作用がある．塩類風化は塩類の結晶が成長する際の圧力で岩石を破壊するもので，プラヤ（playa）の周辺や水路沿いなど塩類の集積しやすいところで起こりやすい．水の凍結破砕作用は本来周氷河地域の地形形成作用であるが，冬季気温が0℃以下に下がるような地域では，砂漠であっても重要な作用となっている．

以上のような風化作用の結果，乾燥地域の山地斜面では，岩屑が生産されるが，その量は場所や岩質により異なっている．新しい岩石が多く，断層などによる破砕をうけている造山帯では，多量の岩屑が生産され，その結果，山麓部に扇状地が発達したり（たとえばアメリカのデスバレー），ペディメント（pediment）が厚い岩屑でおおわれたりしている．一方，古くて硬く，もまれていない基盤からなる安定大陸では，礫の生産は少なく，ペディメントが発達しやすい．

（2） 風によるはたらき　　風のはたらきは流水などと同じく，侵食，運搬，堆積の三つの作用に分けることができる．まず風による侵食には，強風が細粒物質を地面から吹き飛ばしてしまう風食と，風に吹き飛ばされた砂が岩石などに衝突したときにはたらく，すり磨き作用とがある．

風食によってできる地形にはデザートペーブメントなどがあるが，近年，半砂漠，ステップ，森林などでの人為的な植生破壊がすすむにつれて，風による土壌侵食が起こり，社会問題化しつつある．1934年にアメリカ西部に発生した砂嵐

は，アメリカ東部を襲ってこの地方を大混乱に陥れ，1928年4月26～28日に南東ヨーロッパに発生した砂嵐は，100万km^{2}の土地から1500万tの土を巻き上げたといわれている．ポーランドでは風に吹き払われるレスの厚さが，局地的に100mm/年以上に達したところも生じている．サハラ南縁でも砂嵐の頻度が増している．

　一方，すり磨き作用によってできる地形には，三稜石（ドライカンター，dreikanter）や岩石表面のエッチング（etching）がある．エッチングは岩石の弱いところを選んで強く行われるからハチの巣状構造や，とい状の地形のほか，ヤルダンとよばれる，基盤の構造をむき出しにしたような大規模な侵食地形ができることもある．

　風による運搬作用は物質の粒の大きさによってはたらき方が異なる．細砂やシルト，粘土は強風で吹き上げられ，砂嵐（正確には塵埃嵐）となって長時間浮遊するが，砂粒になると浮遊は困難で，飛び跳ねるようにして移動する．また飛んできた砂の落下の際の衝突で砂が動かされ，移動していく．砂粒が大きくなると，砂粒は地表をひきずられるようにして動くが，粒径がさらに大きくなるともはや風の力では動かなくなる．

　風によって運ばれた細粒物質は堆積して砂砂漠（エルグ，erg）をつくる．わが国では砂漠というと砂砂漠のイメージが強いが，砂砂漠の占める割合はサハラ砂漠で20%以下，アラビア砂漠でも30％にすぎず，一般に考えられているよりもせまい．そのほかの部分は基盤が露出したり，巨礫が散らばったりしている岩石砂漠（ハマダ，hammada）と礫がおおう礫砂漠（レグ，reg）である．砂砂漠の砂は基盤の花崗岩や砂岩が風化してできたものだと考えられてきたが，近年，ワジの運んだ砂に起源する砂砂漠の多いことが明らかになり，砂丘に代表される砂砂漠は砂漠の中でも流水のあるような，比較的雨の多いところにできる地形だろうと考えられるようになった．砂砂漠の代表的な地形は砂丘である．これには三日月状砂丘（バルハン，barchan），横列砂丘，縦列砂丘などがある．前の二つは砂の供給の多いところに発達する．砂丘の表面には風紋のみられることが多い．砂丘の特殊な形として，塩生植物が砂を食い止めてつくった小マウンド群（ネブカ，nebkha）がある（図4.11）．

　（3）　**流水のはたらき**　　乾燥地域においては，降水はきわめてまれであるが，降る場合は豪雨となることが多く，侵食力・運搬力とも予想以上に強い．そ

図4.11 飛砂が塩生植物によって食い止められてできた小砂丘群（ネブカ）．シリア砂漠パルミラ盆地（小泉撮影）

のため砂漠の内部であっても流水は地形形成作用としてきわめて重要な役割をはたしている．植生が乏しいため，水は広がって布状洪水を起こしやすく，降水が谷筋へ集中する湿潤地域とは異なった地形をつくり出している．

c. 乾燥地域の地形発達

乾燥地域では谷系の発達がわるいため，山塊は解体されにくく，周辺部から徐徐に後退していく．山地の縁では図4.12に示したように斜面形が形成され，山地斜面は勾配を変えずに後退していって，前者に緩斜面をつくり出す．乾燥地域でまず目につくのは，このような山地の縁の地形である．

山地斜面は最上部に急崖（free face）があり，その下部に傾斜30°前後の斜面ができる．そして明瞭な傾斜変換線を境にして，傾斜6°前後の緩斜面が続く．急崖は岩屑が生産されてもすぐ重力の作用で落下するため，基盤が常に露出している急斜地である．これに続く斜面は岩屑がおもにマスムーブメント（mass movement）の作用で移動する斜面で，砂礫におおわれて崖錐状を呈することが多いが，ところによっては砂礫を欠き，ほとんど基盤が露出する．傾斜変換線か

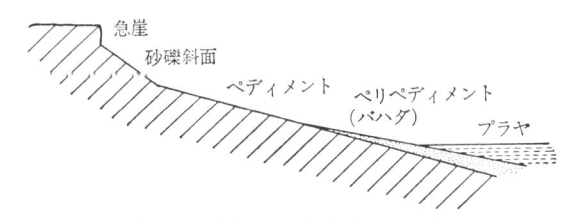

図4.12 乾燥地域の地形（赤木, 1978）

図4.13 乾燥地域の斜面形（手前の平坦地がペディメント）．シリア砂漠（小泉撮影）

ら下方の緩斜面がペディメントとよばれる部分で，岩屑が面状に広がった流水によって運ばれる斜面である．堆積物は乏しく，典型的なものでは全く基盤が露出している．長いペディメントの下方では運搬力が弱まるため，岩屑はもはや移動しなくなり堆積が起こる．この部分はペリペディメントあるいはバハダ（bahada）とよばれている．ペリペディメント（peripediment）から下方では水は集まってワジとなる．

プラヤは乾燥地域の内陸盆地の中心部にみられる平坦地で，シルトや粘土などの細粒物質と塩化ナトリウム，石こうなどの塩類が堆積している．植生はほとんどみられない．プラヤは，豪雨時にのみ冠水するのが一般であるが，湛水期間が長くなると塩湖ができ，乾季にはそれが干上がってプラヤに似た平坦地ができる．プラヤのまわりには，プラヤから吹き飛ばされた砂やシルト，塩類が堆積して砂丘ができることが多い．

以上のように乾燥地域の地形は，山地から堆積地域に至るいくつかの単位からでき上がっているが，侵食がすすんで山地が縮小してくるとペディメントが広がり，合体して広い平坦地をつくり出す（図4.13）．しかしこの段階に至っても山地斜面の急傾斜は保たれるから，あたかも海上に小島が点々と浮かぶような景観ができ上がる．この段階の山地はインゼルベルク（Inselberg，島状丘，島山）とよばれ，アフリカやオーストラリアに広く発達している．インゼルベルクも消滅すると，ペディメントが全面をおおい，ペディプレーン（pediplain）とよばれる，平坦な平原が形成される．なお，アフリカやオーストラリアの花崗岩地や片麻岩地ではインゼルベルクの特殊な形として，図4.14に示したようなボルンハルト（Bornhardt）とよぶ禿山ができる．

図4.14 ボルンハルト地形. ナイジェリアのサバンナ（小泉撮影）

4.3 氷河と氷河地形

簡単に定義すると，氷河とは地上に存在し，連続して流動する氷と雪の集合体である．現在の地球上では，淡水の80％以上は氷の状態で存在する．存在する氷の量の70％以上は氷河として存在しており，全陸地面積のほぼ10％が氷河におおわれている．そのうちの83％は南極に，12％はグリーンランドに存在し，そのほかの場所（山岳地帯）には残り5％が存在するにすぎない．

以下では，環境変動の研究にとって重要な手がかりとなる氷河変動に関する事項を中心に説明していく．

a. 雪線と氷河の形成

降雪が十分ある地域では地面は積雪におおわれる．気温が上昇する低所または低緯度側では積雪は存在できない．このような，ある瞬間の積雪と地面との境（積雪の下限または水平的な限界）を雪線（snow line）という．したがって雪線は時々刻々と変化する．夏の終わり，あるいは乾季の終わりには雪線は最も高い位置，あるいは高緯度に達する．一般に，ある地域の雪線高度などと表現されるときの雪線は，このような限界に達した雪線を意味することが多い．

雪線以下あるいは外側の部分では，年間を通してみると雪はとける一方であるが，雪線以上あるいは内側の地域では，降り積もる雪の量の方がとける雪の量より多く，雪はどんどん蓄積されていく．厚く積み重なると，下層の積雪は上にのった雪の重みで氷化し氷河氷が形成される．氷河氷は斜面や谷を下方へゆっくり流れ下る．あるいは自重によって厚さの薄い方へと流動する．このようにして氷体は雪線の下方・外側までのびる．このような雪線をまたいで流動する氷体が一般的には氷河とよばれる（図4.15）．すなわち，氷河は雪線より上流の部分で雪

図4.15 ネパール，クンブヒマラヤのチュクン（Chukhung）氷河（左の山腹氷河）とアマダブラム（Ama Dablam）氷河（右側のモレーンでおおわれた谷氷河）（ネパールヒマラヤ氷河学術調査隊提供）

を供給されて（氷河の涵養）形成され（氷河化），流れること（流動）によって雪線より下流の部分に達し，やがてとけ去る（氷河の消耗）．

b. 氷河の質量収支

ある一つの氷河全体を考えた場合，ある期間の全涵養量が全消耗量を上まわれば，氷河全体としての質量が増加したことになり，逆の場合は減少したことになる．このような氷河の涵養と消耗のバランスを，氷河の質量収支といい，質量収支がプラスであるとかマイナスであるなどと表現する．氷河上で年間を通じて質量収支がプラスになる区域を涵養域，マイナスになる区域を消耗域という．涵養域と消耗域の境界を氷河の平衡線といい，谷氷河では氷河の中流部に，極地の氷床では末端付近に位置する．もし流動しない氷河があるとすれば，涵養域は大きくなる一方であり，逆に消耗域は小さくなる一方で，ついには消耗する．ところが，重力の影響のもとに氷河は涵養域から消耗域へと流動し，その外形は外的条件が変わらなければ一定に保たれる．理想的にバランスのとれた氷河では，涵養域での涵養量と，流動によって平衡線を通過する量と，消耗域での消耗量とは相等しくなる（図4.16）．

c. 涵養域での氷河氷の形成

氷河の涵養はおもに降雪によるが，周囲の山腹からのなだれや，風で周囲から

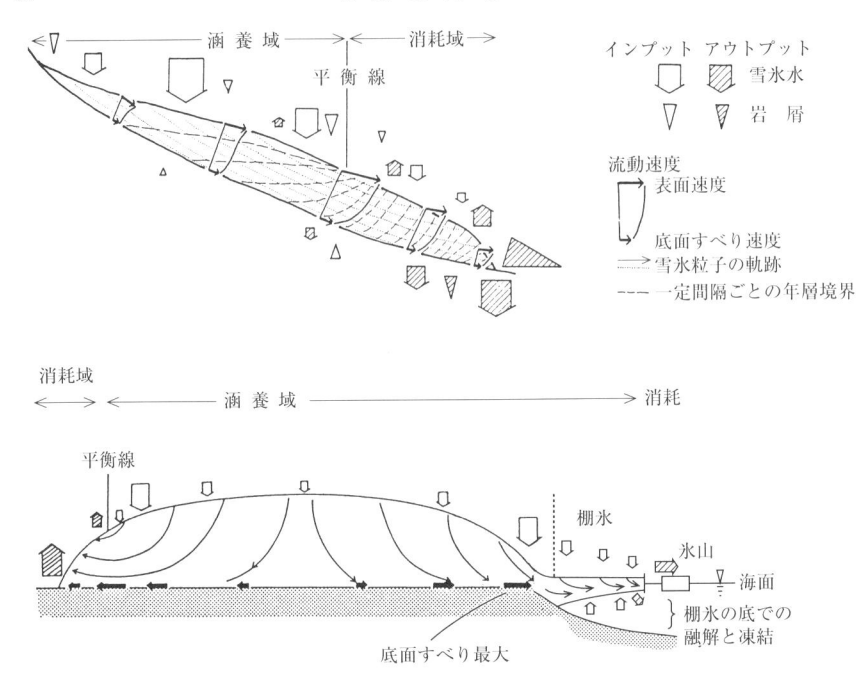

図4.16 氷河における物質の出入りおよび流動のモデル．上：谷氷河，下：氷床（岩屑の出入りは省いた）（岩田原図）

飛ばされてくる雪（飛雪）によって涵養される氷河もある．降ったばかりの雪は軽くフワフワしているが（密度0.1 g/cm^{3}程度），風の作用，日射による融解と再凍結，上に積もった雪の重量などによって雪の粒が大きくなり密度が大きくなる（0.4〜0.5 g/cm^3）．年々積み重なる雪は，上に積もった雪の重量で圧縮され再結晶を繰り返し氷化する．密度がおよそ0.83 g/cm^{3}以上になったもの（氷の中の通気性がなくなる）を氷河氷とよぶ．氷河氷の形成には，圧密による氷化のほかに氷河表面から浸透した融雪水が下層の低温の氷と接して再凍結する現象も重要な役割をになっており，このようにしてできた氷をスーパーインポーズドアイス（superimposed ice，上積氷）とよんでいる．

　雪線以上の地域全体に氷河氷が形成されれば氷床となる．氷床は大陸規模の氷体で極地に形成される．氷河自体が形態をつくっており，ドーム状の形態をもつ．これに対して山岳地帯の氷河（山岳氷河）は下の地形の影響をうけた氷河となる．起伏の小さい場所には氷原が形成されるし，雪の溜まりやすい凹地や谷底にだけ氷河氷が形成されると谷氷河や山腹氷河になる．

d. 流　　動

　氷河の流動は，涵養と消耗のバランスの上に成り立っているから年間の涵養量と消耗量とがともに大きい氷河では流動速度も大きい．多くの谷氷河の流動速度は10～200m/年であるが，とくに急な部分であるアイスフォール（ice fall，氷瀑）では1000～2000m/年に達することもある．南極やグリーンランドのような大きな氷床そのものの流速は遅いが，それらから流出する氷河（アイスストリーム，ice streamとよぶ）では300～1400m/年という大きな値が得られている．

　氷は，固体であると同時に液体の性質もあわせてもつ粘弾性体であるので，徐徐に力を加えると液体的な性質を強く示して流動する．これを塑性流動という．塑性流動による流動速度の分布を縦断方向でみると，下流側に凸のプロファイルをもち表面で最も大きくなる（図4.16参照）．多くの氷河では氷河の底に水が存在し，このため氷河は基盤岩の上をすべることができる．あるいは氷河底の未固結堆積物の変形によってすべる．このような氷河底での氷河の移動を底面すべりという．氷河表面での流動速度は塑性流動と底面すべりをあわせたものである．氷河表面での流速は両岸近くで遅く中央部で速い．また源頭部と末端部で遅く，氷厚が最大になる平衡線付近で最も速い．縦断面でみた流線（雪氷粒子の軌跡）の方向から，涵養域では沈みこむ方向に流れ，消耗域ではわき上がる方向の流動をしていることがわかる．

　このような通常の流動のほかに，氷河によってはサージ（surge）とよばれる急速な流動をするものがある．サージとは，氷河上流部から多量の氷が通常の流速の10～100倍の速度で流下する現象で，数十年ごとに突然起こり短期間で終わる．サージの原因もその流動のメカニズムにも不明な点が多いが，氷体内部や底部の多量の水の存在が関係しているようである．

　氷河内部での流動速度の違いで生じる応力が氷の破壊強度をこえると，多くの割れ目ができる．これをクレバス（crevasse）という．谷氷河のクレバスの深さは30～50m程度であると考えられており，それより深くなると氷が塑性変形を起こすためクレバスが形成されることはない．

e. 消耗のプロセス

　氷河の消耗には，機械的な原因によるものと，熱的な原因で起こるものとの二つの過程がある．機械的な原因によるものはカービング（calving）とよばれ，南極やグリーンランドでみられるように氷河末端が氷山として分離したり，急斜

面にある氷河末端が氷河なだれとなって崩れ落ちたりするものがある．熱的な原因による消耗には，融解して水になり流出・蒸発する場合と，氷から直接昇華する場合とがある．氷河の消耗にかかわる各種の気候要素の強弱は地域によって大きく異なり，氷河と気候との関係を考えるうえで見逃すことができない．

f. 気候変化と氷河末端の位置変化

一般に，気候の寒冷化は氷河の成長と拡大，すなわち末端位置の前進をもたらし，温暖化は氷河の消耗と縮小，すなわち末端位置の後退をまねくと考えられている．しかし，気候の変化と末端位置の変化との関係は複雑である．長期間氷河の質量収支がプラスであれば氷河は前進し，マイナスであれば後退する．質量収支は涵養と消耗のバランスの上に成り立っているから，気候の変化が涵養と消耗の両方に与える影響を考えねばならない．たとえば，気候が温暖化して消耗域での融解量が増加したとしても，大気中の水蒸気量が増え降雪量が増えるならば氷河が前進することもありうる．また，気温が上昇して氷体温度が上がれば流動速度が増し，末端位置が前進することもある．氷河の形態（とくに面積の高度分布）も，氷河の質量収支に大きな影響を与える．雪線付近の高度に広い面積をもつ氷河は，雪線が少し上昇しただけで涵養域の面積が激減するのに対し，もっと高所に広い面積をもつ氷河は，多少の雪線の上昇には影響をうけない．また，氷体の大きさに比べて氷の流動量は一般に小さいから，気候の変化に対応して氷河全体があらたな安定状態に達するまでには，かなりの時間がかかる．それに要する時間は大きな氷河ほど長いといわれている．以上のような気候と氷河との複雑な関係にもかかわらず，気候変化に対する氷河の反応はかなり敏感であると考えられており，気候変化を監視するために世界各地で氷河の変動が継続観測されている．

g. 氷河の地形形成作用

氷河の形態は氷河形成前からそこに存在する地形によって決められるが，氷河自身も地形を変化させるので，長い目でみれば氷河は地形をつくりながら自分自身の姿を変えていくともいえる．氷河が地形を変化させる作用（地形形成作用）には，氷河の流動に伴うものと氷河の融解水によるものとがある．

氷河の底の部分（氷と基盤岩・堆積物の接点）には，岩屑や砂，粘土などを多量に含む厚さ数十 cm〜数 m の汚れた氷層が存在する（図 4.17）．これを基底氷（グレーシアソール，glacier sole）といい，ベルクシュルント（Bergschrund）

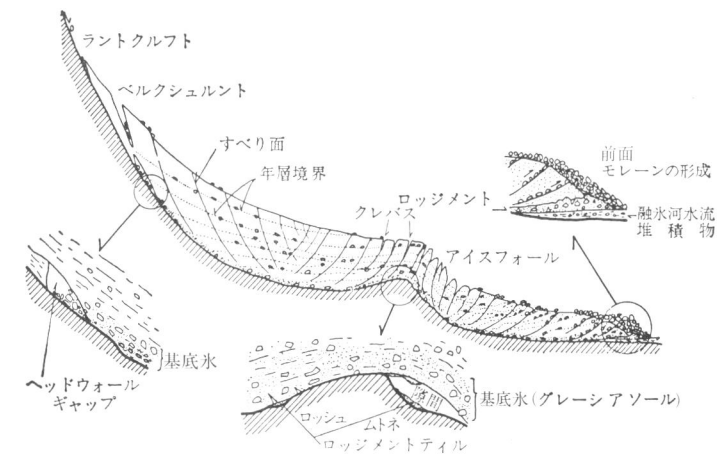

図4.17 谷氷河の構造の模式図（岩田原図）
基盤岩と氷河との関係を強調してある．平面形態は図4.18を参照されたい．

やラントクルフト（Rantkluft）からヘッドウォールギャップ（headwall gap）に落ちこんだ岩屑が氷に取りこまれることで形成される．あるいは，後述のように，氷河底で融解した水が再凍結して氷河底に貼りつくことで泥や岩片を取りこんで形成される．底面すべりが起こるとき，基底氷に含まれた岩片や砂粒は岩盤をひっかき擦痕（striation, striae）をつけたりすり減らしたりして基盤岩を摩耗（abrasion）する．繰り返して同じ場所が磨耗をうけるとなめらかな断面をもつ深い溝（groove）が形成される．基盤の小さな出っぱりを氷河氷がのりこえるとき，出っぱりの上流側では圧力が高くなるため氷がとけて水になり容易に通過でき，下流側では圧力が減少するから水は再凍結する（復氷現象）．このとき，突起の下流側の岩片が復氷に伴って基盤岩からはがされ，氷体に取りこまれることがある．突起の上流側で磨耗が起こり下流側で岩片がひきはがされれば，上流側に磨かれたなめらかな凸型の面をもち，下流側にゴツゴツした急な面を向けた小丘ができる．この地形は羊岩（ロッシュムトネ, roches moutonnée）とよばれ氷食地形に特有なものである．

背後に急な岩壁をもつ山地の氷河では，崩壊やなだれによって多量の岩屑が氷河上にもたらされる．それらの岩屑は涵養域では積雪の下に埋もれてしまうが，消耗域では氷河表面に現れる．岩屑は涵養域の周辺部に多く落下するから，消耗域の左右端に厚く溜まる．氷河表面や内部・底部で運搬される岩屑や砂，シル

ト，粘土などは，氷が融解するのにつれて氷河の周囲に取り残され独特の堆積地形をつくる．氷河から解放され直接堆積した岩片や砂，シルト，粘土などをティル（till，氷礫土）といい，基底氷に含まれていた物質が基盤との摩擦でひきはがされ，堆積する（ロッジメント（lodgement）作用）と変形ティル（deformation till）よばれる流動方向に礫がならんだ堆積物となる．一方，氷河表面や内部の岩屑は氷河の融解につれて氷河前面・側方の地面や氷河底のティルの上に積み重なる．こうして堆積したティルはロッジメントティルと異なって，巨大な角礫と砂，シルトが雑然とまじりあった層相を示す．ティルの堆積によって氷河の前面にできる堤防状の地形を前面モレーン（frontal moraine），側面にできる同様の地形を側方モレーン（lateral moraine）という．氷河が後退していくときにはティルは平らなシート状に堆積し，氷底モレーン（ground moraine）とよばれる．表底のティルには，氷河の流動のために流線形の小丘ができることがあり，ドラムリン（drumline）とよばれる．

　前面に多量のティルを堆積させた氷河が後退すると，きれいなリッジ（ridge）をもつモレーンをつくる．一方，サージの急激な前進・後退によって，通常の前進によるのと同じようなモレーンが形成されるかは，まだよくわかっていない．

　多くの氷河では，氷河表面や内部・底部を多量の水が水路をつくって流下している．これを融氷河水流とよぶ．その結果，氷河氷の下でも水流による激しい侵食や堆積が起こっている．これらの氷河の融水による地形形成作用をまとめて融氷河水流の作用（fluvioglacial process）とよぶ．この作用は基本的には川の作用と変わらず，運搬され堆積する物質は円礫や砂である．融氷河水流によって，氷河の底に形成された蛇行するトンネルの内部に堆積した砂礫は，氷河消滅後に，うねうねと続く砂礫堤として残されエスカー（esker）とよばれる．氷河の前面では，アウトウォッシュプレーン（outwash plain）とよばれる広い平野や，バレートレイン（valley train）とよばれる網状流が発達する谷の中の平地をつくる．

　これらの作用の組み合わせによって形成される地形は，同じ氷河地形とはいえ，もとの地形，氷河のタイプ，基盤岩の種類，氷食の期間などによってさまざまに変化する．谷氷河や山腹氷河をもつ急しゅんな山地で形成される地形の例を図4.18に示し，平野や広い台地をおおった氷床の下と周辺で形成される地形の例を図4.19に示した．

4.3 氷河と氷河地形

1. 谷氷河
2. アイスエプロン
3. カール氷河
4. アイスキャップ
5. なだれ涵養型氷河
6. ニッチ氷河
7. 岩石氷河
8. ベルクシュルント
9. クレバス
10. アイスフォール
11. オーギブ
12. メディアンモレーン
13. 側方モレーン

14. 前面モレーン
15. 表面モレーンにおおわれた氷舌
16. アウトウォッシュプレーン
17. U字谷
18. カール
19. バレーステップ(グラダン)
20. ロッシュムトネ(羊岩)
21. 切断山脚
22. 氷底モレーン
23. エスカー
24. ケーム

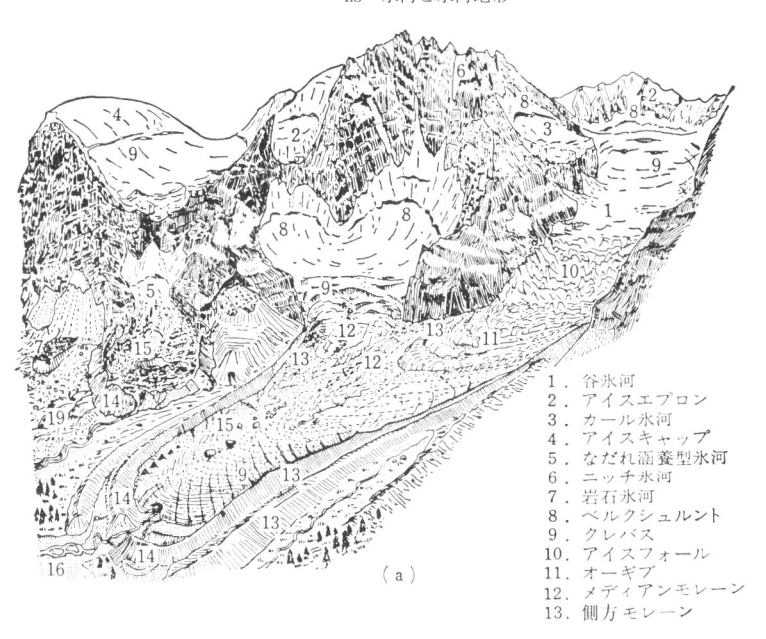

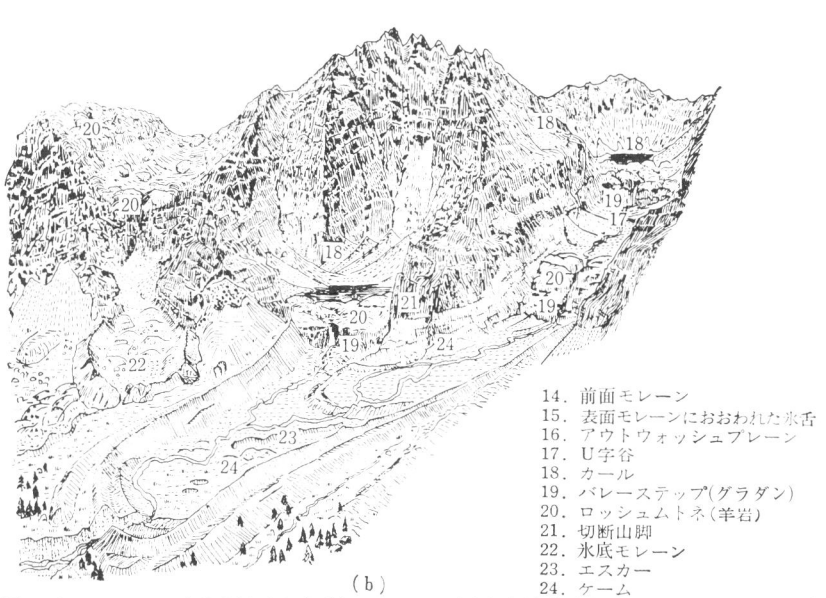

図4.18 いろいろの山岳氷河 (a) とそれによってつくられた地形 (b) (Streiff-Becker, 1947をもとにして岩田作図)

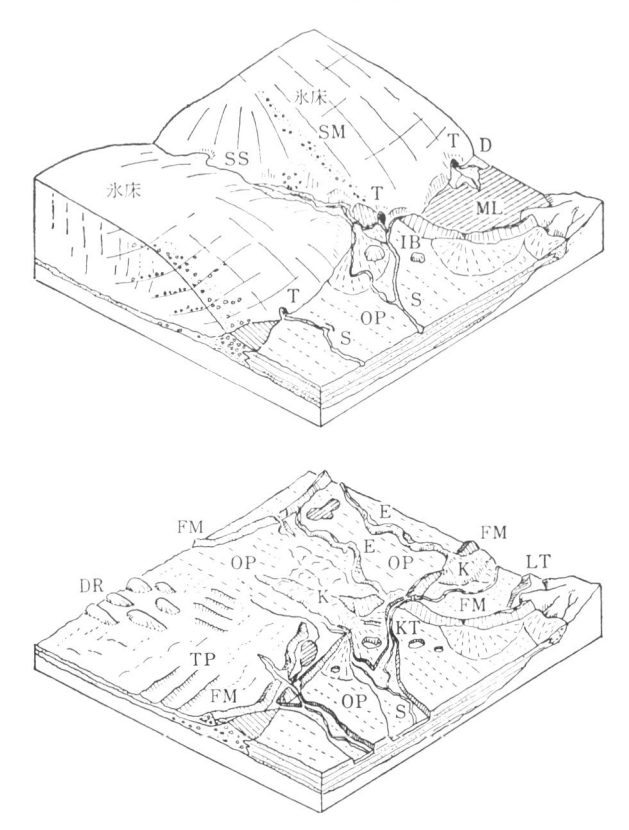

図4.19 大陸氷床周辺部の地形（岩田原図）
上の氷河前面右側は停滞氷化している．下は消滅後．T：トンネル，S：水路，OP：アウトウォッシュプレーン，IB：氷塊，ML：外縁湖，D：デルタ，SM：表面モレーン，SS：氷河表面を流れる水路と堆積物，FM：前面モレーン，TP：ティルプレーン（氷底モレーン），DR：ドラムリン，E：エスカー，K：ケーム，LT：湖岸段丘，KT：ケトル．

4.4 氷河周辺地域の地形

a. 氷河周辺地域

　高緯度地方や高山のような寒冷地では，十分な降雪があれば氷河が発達する．しかし，降雪の十分な供給がなかったり，寒冷の度合がやや低下したりすれば，そこでは氷河の生成は困難になり，代わりに凍土層や雪田の形成，あるいは土壌

の凍結融解といったような現象が起こる．

このような地域は氷河と森林限界の間の広い部分を占めており，ツンドラあるいは寒冷荒原になっているが，この地域に特有のさまざまの地形や地形形成作用がみられることから，一つの気候地形帯として独立させることが妥当と考えられるようになった．この地域を氷河周辺地域（periglacial region）または周氷河地域とよび，現在では氷河の周辺だけでなく，それと似た自然条件をもつ地域全体についてもこの語を用いている．また，この地域で形成される地形を氷河周辺地形，または周氷河地形とよび，地表付近に生ずる小規模な現象を周氷河現象とよんでいる．

氷河周辺地域は現在では北極沿岸や高山地域など陸地の20%を占めるにすぎないが，氷期には著しく拡大し，中部ヨーロッパから旧ソ連の大部分を含んでいた．日本においても北海道から東北地方北部がこの地域に含まれていた．その痕跡は現在，各地で発見されている．

b. 氷河周辺地域の地形形成作用

（1） **永久凍土**　この地域を特徴づけるのはまず永久凍土である．これは低

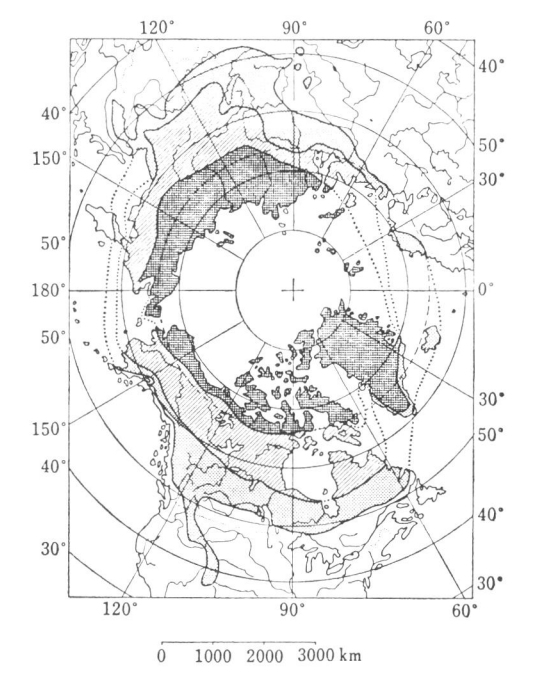

図4.20　永久凍土の分布（Black, 1954）

温のために土層が硬く凍結したもので，図4.20に示したように北極圏を中心に広く分布しており，地表はおもにツンドラと極地砂漠になっている．永久凍土は年平均温度0～-2℃で出現し，-6～-8℃以下では連続的永久凍土となる．凍土層の最も厚いところは，シベリアで600m以上，アラスカで400m以上に達することが確認されているが，全体としては融解傾向にあるとされており，シベリアのタイガの下にある凍土層などは最終氷期につくられた，レリックの凍土層だろうと考えられている．ここでは夏季に表層2mほどが融解するため，樹木はその部分に浅く根を張って生育しているが，樹木の存在はそれ以上の凍土の融解を食い止めており，凍土層を保存している．よく調べないで森林を伐採したり，森林火災が起こったりすると，凍土の融解が連鎖的に起こり，広い湖ができてしまうことがある．凍土の融解により強力な温室効果ガスであるメタンが大量に放出されることが近年明らかになり，シベリアでの森林伐採が地球温暖化を加速するのではないかと危惧されている．

わが国では1970年代に，大雪山と富士山で永久凍土が発見され，話題になった．周氷河地域ではないが，北海道では冬季，土壌が深さ1～2mまで凍結して季節的な凍土層ができる．その際，土壌中に霜柱や氷のレンズができることがあるが，これができると地面をその分だけ押し上げるので，鉄道線路や建物が被害をうけることがある．これが凍上とよばれる現象である．凍上は融解時には不等沈下を起こし，二重の被害を与える．

永久凍土地帯で-20℃をこえるようなところでは，表土が低温のため収縮して，大規模な割れ目が発生する．割れ目は径10～30m程度の亀甲形をつくるが，夏季の融氷がこの割れ目の中に入り，冬は凍結するため，「氷のくさび」ができる．このくさびをアイスウェッジ（ice wedge）とよぶ（図4.21）．アイスウェッジは永久凍土が消滅しても，砂礫で満たされた形で残り（これをアイスウェッジキャストという），かつて永久凍土の存在したことの証拠となる．

凍結した地面の表層にはインボリューションという現象も起こりやすい．夏季に融解した層（活動層）は冬季に再び表面から凍り始めるが，下部の融解層が凍結するときに生じた体積の膨張分はこのため出口を失い，内部で変形して乱層をつくる．これがインボリューション（図4.22）で，氷袋土とよばれる袋状の構造をもつものもある．これも化石周氷河現象の一つとして，過去の周氷河環境の指標となる．永久凍土地帯にはこのほかピンゴとよばれる，高さ数十mに達する

図4.21 アラスカ・フェアバンクス北方のアイスウェッジ（小泉撮影）

図4.22 オホーツク海岸，浜頓別のインボリューション（小泉撮影）

ような盛り上がりができることがある．

(2) **凍結破砕作用と岩屑の生産**　岩石の割れ目や節理の間に入りこんだ水は冬季の低温で凍結し，岩石を破壊して岩屑をつくり出す．この作用を凍結破砕作用とよぶ．これは種々の機械的風化作用の中でも，最も強力な作用である．わが国でも，高山の稜線沿いの強風地ではこの作用によって形成された礫原をみることができる．またカールの内側などには落下した岩屑が堆積してできた崖錐がみられる．凍結破砕作用のはたらき方は岩石の種類によって著しく異なり，生産された礫の大きさも違っている．たとえば，流紋岩や蛇紋岩は現在の高山帯の気候下で細かく破砕され，径5～6cm程度の小さい礫をつくり出しているが，花崗岩地や花崗斑岩地では，現在岩屑の生産は乏しい．これらの岩石の分布地では，最終氷期に径数十cm～数mに達するような粗大な岩塊が生産され，それらは現在，一部がハイマツなどにおおわれた化石周氷河斜面あるいは岩海となって残っている（図4.23）．

(3) **ソリフラクションと融凍攪拌作用**　凍結破砕作用でつくられた岩屑は，主としてソリフラクション（solifluction）によって下方へ移動していく．ソリフラクションというのは，夏季に凍土の表層がとけて水分過剰の状態になり，もっぱら重力の作用でゆっくり下方へ移動していく現象で，周氷河地域に特有の地形形成作用である．この作用はわずか2～3°の緩傾斜地でもはたらき，斜面物

図4.23 中央アルプス木曽駒ヶ岳の岩塊斜面とそれをおおうハイマツ（小泉撮影）

図4.24 非対称山稜の一例（小泉撮影）
稜線をはさんで左側が西向き強風斜面で砂礫地になっており，右側は雪田があり凹地になっている．北アルプス白馬岳北方，鉢ヶ岳．

質が全体として動くため，きわめて重要な地形形成作用となっている．周氷河地域では凍結破砕作用やソリフラクションが斜面全体に面的にはたらくため，削剥量はきわめて大きくなる．対して河川による岩屑の運び出しは小さいため，谷埋めが起こり，全体としてなだらかな地形が発達する．また斜面上には階段状構造土やガーランド（girland）あるいは岩塊流，岩屑流などとよばれる微地形ができやすい．

　日本の山では高山の西側強風地でソリフラクションが起こりやすく，緩傾斜の凸型斜面をつくり出しており，東側の雪食または氷期の氷食でできた，急傾斜の凹型斜面と著しい対称を示している．このような地形を非対称山稜とよび（図4.24），日本アルプスの各地でみられる．

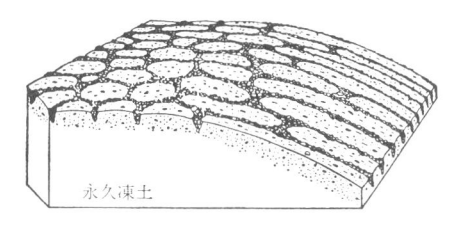

図4.25 構造土（Sharpe, 1938）
平坦地では多角形ないし円形だが，傾斜地では条線状に変わる．

　一方，比較的なだらかな部分では，凍結と融解の繰り返しや霜柱の作用で表土の攪拌が起こり，その結果，あらい礫と細粒物質とが振るい分けられて表面に規則正しい模様ができることがある．これを構造土という．構造土は平坦地では多角形状ないし円形を呈するが，傾斜が増すにつれて条線状に移り変わっていく（図4.25）．日本の高山では構造土は径15 cm～2 m程度のものが普通にあるが，スピッツベルゲンなど北極周辺では径5～30 mに達する大規模なものがみられる．

4.5　気候変化と地形

　氷期，間氷期の交代は気候帯のずれとなって現れたが，その結果，前とは異なった気候が支配するようになった地域では，それ以前につくられた地形を破壊して新しい地形が形成されることになった．そのような地域では形成の時代と成因を異にしたいくつかの地形をみることができる．このような地形を多成地形とよぶが，世界の多くの地域の地形はこの多成地形であり，単一の地形だけからなる地形はむしろ珍しいといえる．

　多成地形の代表的な例は，たとえば乾燥地域にみられる．西アジアのシリア砂漠にはパルミラ盆地という，中央に塩湖をたたえた内陸盆地があるが，この盆地を囲む山地から中央の塩湖にかけては，最終氷期から現在にかけての気候変化を反映したさまざまな地形がみられる．まず山麓部には開析された崖錐とペディメントがあり，その下端はやはり開析された堆積段丘に連続する．これらの地形の形成時期は段丘堆積物に含まれる石器により，最終氷期だろうと推定された．当時の環境を復元してみると，岩屑の生産の多さから周氷河地域に近い寒冷な気候下にあったことが推定され，降水量も現在よりは多かったらしい．降水量の増加

は，現在砂やシルトしか搬入されない塩湖に，当時は礫が運びこまれていたことから推定できる．ペディメントは岩屑の供給の増加と降水量の若干の増加という条件の下で形成され，その際，寒冷気候下でのマスムーブメントも重要な役割をはたしたと考えられる．

一方，現在では山地でも岩屑の生産はきわめてわずかになり，崖錐やペディメントの形成はストップしている．これらはワジのガリー侵食によって破壊されつつある．ワジは下流にたどっていくと，山地を離れたところで氾濫を起こし，面状に広がって礫以上のあらい物質をすべてそこへ置き去ってしまう．この部分は現成の扇状地に相当しており，新旧の河床の交叉がみられる．すなわちここより上流では古い地形面はすべて段丘化しているのに対し，ここより下流では氾濫原下に没している．つまり氷期には現在よりも河床勾配が大きかったのである．

パルミラ盆地は現在，年降水量が100 mm程度の半乾燥地域に属し，冬にしか雨がみられない．そのため乾季には，盆地中央の塩湖はどんどん縮小していき，跡に砂やシルトと塩類におおわれたプラヤを残す．プラヤの周辺には砂丘と図4.11に示したような風成の小マウンド群が多数みられるが，これらは明らかに現成である．ワジによって山から運ばれてきた細粒物質が風に吹き飛ばされて再堆積したわけで，氷期には，このような地形はみられなかったに違いない．

一方，日本列島は氷期，間氷期を通じて常に多雨地域であり続けたから，多成地形は発達しにくいように思われるが，実際はそうではない．たとえば，第10章で述べるように，氷期には北海道や東北地方北部，あるいは標高の高い山地は氷河周辺気候の支配下に入り，さまざまの周氷河地形が形成されたほか，多量の岩屑の供給をうけて，河谷の著しい埋積が起こった．現在では周氷河地形の大部分は化石化し，谷を埋めた厚い堆積物は侵食の復活によって比高の大きい堆積段丘に変化している．

このように，気候地形に関する知識が増えるにつれて，地域ごとのくわしい地形発達が編まれるようになってきた．これらの研究は逆に各地の第四紀の気候変化について多くの知見を与えている

文　献

赤木祥彦（1978）：乾燥地域の地形，地理，**23**(1)-(6)．

Behrmann, W. (1921)：Die Oberflächenformen in den feuchtwarmen Tropen. *Zeit. Ges. für*

Erdlunde, 44-60.
Benn, D. I. and Evans, D. J. A. (1998): Glaciers and Glaciation, Arnord, 734pp.
Black, B. F. (1954): Permafrost—A review. *Bull. Geol. Soc. Am.*, **65**, 839-856.
Boulton, G. S. (1970): On the origin and transport of englacial debris in Svalbad Glaciers. *Jour. Glaciology*, **9**, 213-229.
Büdel, J. (1977): Klima Geomorphologie, Gebruder Borntraeger, 304pp.
Cooke, R. and Warren, A. (1973): Geomorphology in desert, Batsford, 374pp.
Davies, J. L. (1969): Landforms of Cold Climates, M. I. T. Press, 200pp.
Evenson, E. B. (1971): The relationship of macro and micro-fabric of till and the genesis of glacial landforms in Jefferson County, Wisconsin, Goldthwait, R. P. (ed.), Till, a symposium, Ohio State Univ. Press, 345-364.
French, H. M. (1976): Periglacial Environment, Longman, 309pp.
Flint, R. F. (1971): Glacial and Quaternary Geology, John Wiley & Sons, 892pp.
藤井理行・小野有五編 (1997): 基礎雪氷学講座 氷河, 古今書院, 312pp.
Grove, J. M. (1988): The Little Ice Age, Methuen, 498pp.
Hambrey, M. J. (1994): Glacial Environments, UCL Press, 296pp.
東　晃 (1974): 氷河, 中央公論社, 202pp.
五百沢智也 (1967): 登山者のための地形図読本, 山と渓谷社, 404pp.
小疇　尚 (1961): 日本の化石周氷河現象の研究. 駿台史学, **11**, 172-196.
小疇　尚 (1974): 凍結・融解作用のつくる微地形—日本の構造土—. 科学, **44**, 708-712.
小林国夫 (1955): 日本アルプスの自然, 築地書館, 258pp.
Löffler, E. (1977): Geomorphology of Papua New Guinea, Australian National Univ. Press, 195pp.
Meier, M. F. and Post, A. S. (1969): What are glacier surges?. *Canadian Jour. Earth Sci.*, **6**, 807-817.
Sharpe, C. F. S. (1938): Landslides and Related Phenomena, Columbia Univ. Press, 137pp.
Sharp, R. P. (1960): Glaciers, Univ. Oregon Press, 78pp.
Sioli, H. (1956): Über Natur und Mensch in brasilianischen Amazonasgebiet. *Erdlunde*, **10**, 89-109.
Streiff-Becker, R. (1947): *Jour. Glaciology*, **1**, 64-65.
Sugden, D. E. and John, B. S. (1976): Glaciers and Landscape, Edward Arnold, 376pp.
トリカル, A.・カユ, A. (谷津栄寿・照田宥子訳) (1962): 気候地形学序説, 創造社, 307pp.
田渕　洋 (1983): 東カリマンタン (インドネシア) の日降水量に対する地形の影響. 法政大学教養部紀要 (自然科学編), **44**, 57-71.
若浜五郎 (1978): 氷河の科学, 日本放送出版協会, 236pp.
Washburn, A. L. (1973): Periglacial Processes and Environment, Arnold, 320pp.
ウィルヘルミー, H. (谷岡武雄・北野善憲訳) (1980): 気候地形学, 地人書房, 412pp.

5. 第四紀の気候変化

　第四紀は今から約200万年前に始まり，現在までに何回もの温暖期と寒冷期が繰り返し訪れた．しかし地形的な，すなわち目でみることができる証拠の多くは，最終氷期にかかわるものであり，簡単に200万年間の変化をみるのはむずかしい．

　第四紀全体の気候変化を知るためには，図5.1に示した深海底コアがよく用いられる．このようなコアには，古地磁気情報が残されており，地磁気編年の方法によってその堆積した時代を知ることができる．そしてこの海底堆積物中の有孔虫殻による酸素同位体比値曲線によって，気候の変化を読みとることができる．この12m以上に達するコアから230万年間に何度となく気候変動が繰り返されたことがわかる．

　それでは次に，われわれの今日の生活にかかわりの深い最終氷期，完新世，歴史時代の順に各年代の気候変化の特徴をみていく．

5.1　最終氷期の気候変化

　① 自然界に存在する水には，酸素 ^{16}O より重い安定同位体 ^{18}O がおよそ0.2％含まれている．② ^{18}O の量は一定ではなく，環境によって変化することが1950年代に発見された．$^{18}O/^{16}O$ の値を酸素同位体比という．③ $^{18}O/^{16}O$ は，標準となる水試料（標準平均海水）の比からのずれで表され（次式），^{18}O のδ値とよばれている．

$$\delta^{18}O = \left\{ \frac{(^{18}O/^{16}O)\ 試料 - (^{18}O/^{16}O)\ 標準平均海水}{(^{18}O/^{16}O)\ 標準平均海水} \right\} \times 1000$$

　④ 海水が蒸発するとき，軽い ^{16}O から先に蒸発するので，多くの海水が氷床にたくわえられていた氷河期には，海水中のδ値は重くなる．したがって，δ値の変動は陸上の氷床量を示し，氷期－間氷期の変化を知ることができる．図5.1のδ^{18}O のカーブは，氷期－間氷期の変化を示している．

5.1 最終氷期の気候変化　　73

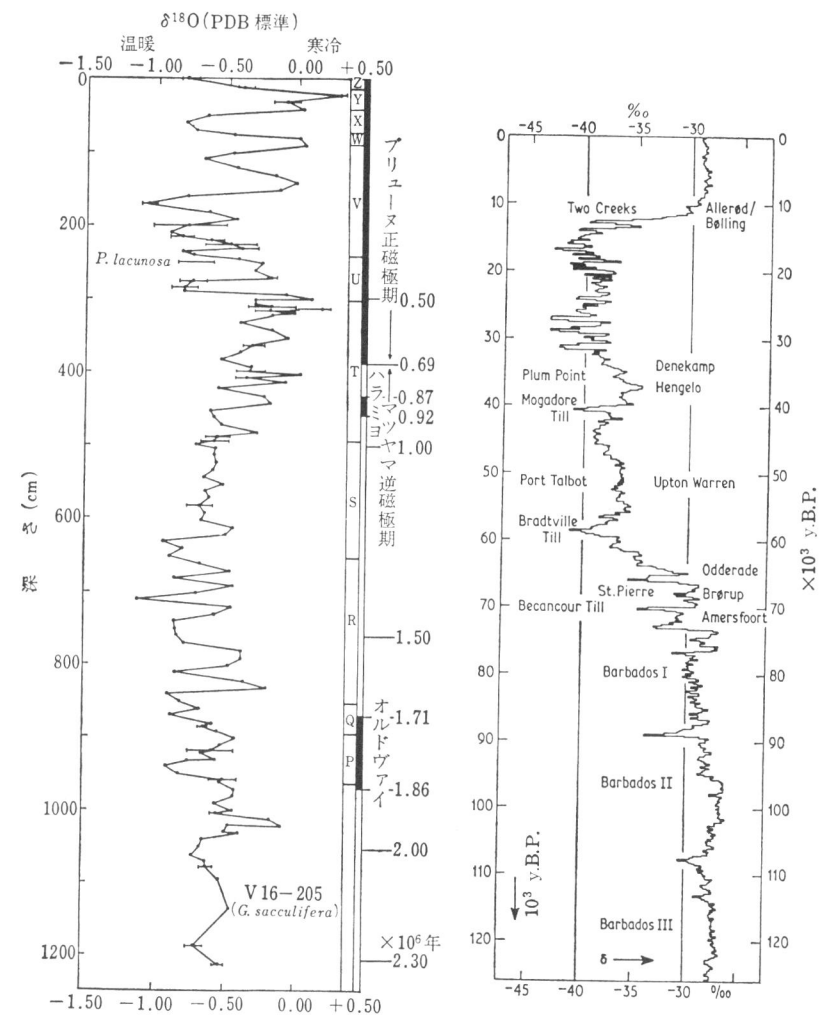

図5.1 深海底コア（大西洋：15°24′N，43°24′W，深度4045m）が示すδ値の変化（van Donk, 1976）
浮遊性有孔虫（*G. sacculifera*）を使用，堆積速度は約0.5cm/1000年．

図5.2 北西グリーンランドのice coreからの$^{18}O/^{16}O$比（Dansgaard, 1971）

　一方，降水・降雪中の^{18}Oの量の目安である$^{18}O/^{16}O$の比δ値は，雪や雨が生成されるときの温度に依存しており，温度が低いときほど低い値（負の値で絶対値は大）となる．たとえば，南極のδ値は-50であるのに対して，ハワイなどの温

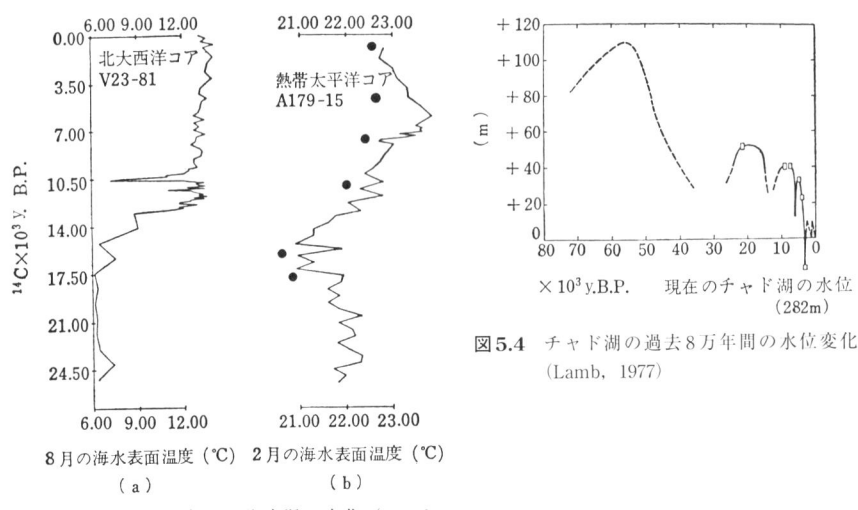

図5.3 過去2万5千年間の海水温の変化（Lamb, 1977より引用）
コアV：23〜81, 54°15'N, 16°50'W, コアA：179〜15, 24°48'N, 75°55'W.

図5.4 チャド湖の過去8万年間の水位変化（Lamb, 1977）

暖なところでのδ値は0に近い高い値となる．この原理によってδ値を求めれば，雪が生成・堆積したときの季節がわかるだけでなく，季節変化から極地の氷床の年層を決定することも可能になっている．氷床δ値の変化を深部まで連続的に測定することによって，過去の気候変動を知ることができるようになった．グリーンランド（キャンプセンチュリー）の深さ1368mの氷床の底に達するコア試料から得たδ値（図5.2）は，氷期が7万3千年前に始まったこと，この氷期中に大きないくつかの変動があったことを示している．またこの値は，ほかの指標による気候変動の傾向と時期がよく一致している．

海底コアの試料を分析することによって過去の表面海水温の変動を知ることもできる．図5.3(a)は54°15'N, 16°50'W（深度2393m）でとられたコアによる8月の海水温であり，(b)は24°48'N, 75°55'W（深度3110m）でとられたコアによる2月の海水温である．この北大西洋と南太平洋から得たコアサンプルの分析結果は，およそ400年，1300年，2600年の三つの明瞭な規則的な変動を示している．ラム（Lamb）は，この変動がグリーンランドの氷床から得た氷に，また他地域の氷河の前進期に一致していることを指摘している．また，マッキンタイアー（McIntyre）は海洋底のコアを研究し，現在の状態を基礎にして最終氷

期の北大西洋の海水温の分布図を作成している．世界の最終氷期の海水温は，現在より4～5℃低かったといわれている．

一方，低緯度地方で氷期の気候変化を知るのによく用いられるのが，湖岸段丘などの地形を用いて求められた湖の水位変化の記録である．

チャド湖　過去10万年間の中でメガ・チャド湖は，およそ5万5千年前に最も拡大していた．その当時の汀線は，現在の400mの等高線に一致している．この高かった水位によって，10°N近くのコンゴ盆地とチャド湖の分水嶺であるカメルーン山脈の北まで，赤道降雨帯はほとんど移動することがなかったと推定できる．

チャド湖には，2万2千年前の最終氷期の最寒期を示す明瞭な湖岸段丘が発達している．またメガ・チャド湖は，現在のカスピ海に匹敵する大きな内陸湖で，その当時の水面は標高330mで，現在よりもおよそ50m高かった．

これは氷期，あるいは氷河の前進した時期に曇りと降雨をもたらす熱帯前線（ITCZ）の活動範囲が，現在よりも幅が広かったことを示している．チャド湖の最終氷期以降の水位変動を細かにみると（図5.4），最近1000年は，水位は最低（281～282m）であった．また900～1550年の間にも水位は最低となったが，1550～1800年の小氷期の極大期には，水位は高くなり286mに達した．

このような湖の水位変化にみられた気候変化は，後氷期においてもブッツアー（Butzer）によって東サハラにおける降水量の変化として明らかにされている（図5.5）．アフリカにおいてサハラ，ナイルの谷，ナイル川と紅海の間の現在の砂漠地域などでみられる動物を描いた岩壁画（rock drawing）は，B.C.5000～3000年あるいはそれ以降の時代のものだと考えられている．

ブッツアーはこれらの絵画に登場してくる動物，エジプトのナイルの谷ではゾウ，キリン，ダチョウが描かれているが，その動物が王朝時代の芸術に現れていないこと，また岩壁画にしばしば現れるライオン，野ウシなどもエジプト王朝の絵画に描かれていないことを指摘した．図5.5中のチベスチ（Tibesti）やフェザン（Fezzan）でも，サハラの他地域と同様に，B.C.5000～4000年ごろの絵画にゾウ，キリン，ダチョウ，サイ，カモシカが現れ，オアシスには野ウシ，カバ，ワニが現れている．そしてこれらの動物の大部分は，その後いなくなっている．ブッツアーは，この原因を地下水面の低下に伴ってこの地域で乾燥化のすすんだこと，オアシスが縮小したことによると考えた．そしてブッツアーは，ゾウ，キ

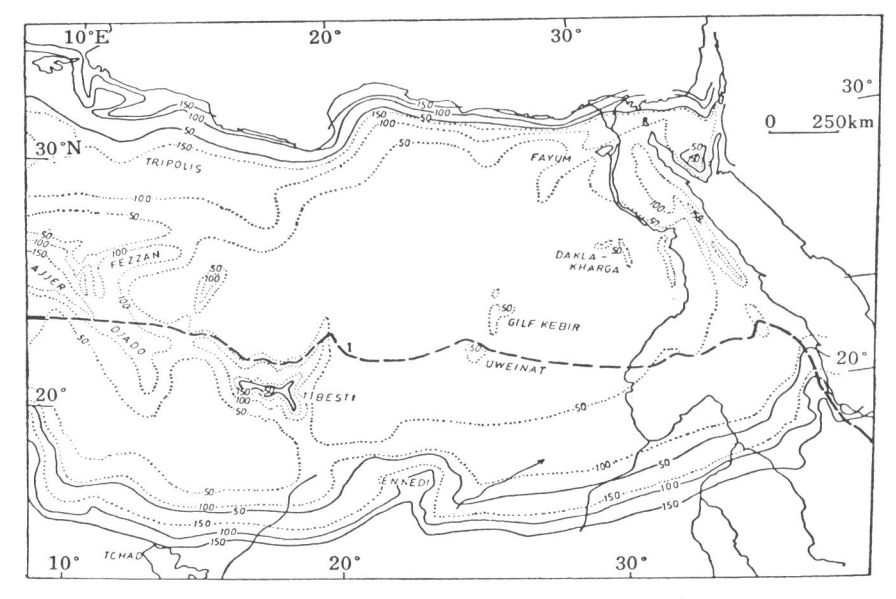

図 5.5 東サハラにおける年平均降水量（Butzer, 1964）
実線：現在の値，破線：B.C.5000〜3000年の値，太い破線：現在の夏雨の北限．

リン，カバ，サイなどの現在の生息範囲が年降水量によって決まると指摘し，その結果として 5000〜7000 年前の年降水量を推定し，緑のサハラを復元した．この図からはその当時のサハラでは，夏に ITCZ が現在よりも北上し，冬にはポーラーフロントが現在よりも南下していたと推定できる．

5.2 完新世の気候変化

a. 縄文海進と気候変化

最終氷期最盛期の大陸氷河が融解するのに伴い，1万5千年前から6000年前までの間に起こった 100 m にも達する海面上昇は，世界的に後氷期海進とか，フランドル（Flandre）海進とよばれている．フランドル海進という名称は，ベルギー西部からフランス北東部にかけてのフランドル地方で，後氷期の海面上昇によって沖積層が堆積したことが明らかにされている．

日本では縄文時代の貝塚が，このフランドル海進に対応して現在の海岸線よりかなり内陸に入った台地の縁辺に分布しており，とくに縄文早期〜前期の貝塚の分布がフランドル海進の最盛期に対応しており，「縄文海進」とよばれている．

この縄文海進時の旧海岸線復旧図は，気候変化があまり注目されていなかった1926（昭和元）年に東木竜七によって報告されていた（図11.9参照）．また1909（明治42）年に東京の有楽町の地下で海成の沖積層（有楽町層）が発見されたことから，この縄文海進は「有楽町海進」ともよばれている．

この縄文海進時の気候，とくに海水温を示すものとして，房総半島南端，館山の沼のサンゴ化石がある．日本の現在のサンゴ礁の北限は琉球弧では屋久島の南の吐噶喇海峡，伊豆－小笠原弧では小笠原諸島にある．サンゴ礁の広域分布の限界を規定するのは最低表面海水温であり，北限は最寒月の水温18℃前後である．これらの結果から5000〜6000年前の海水温が現在よりかなり高かったことが推定できる．その他の貝の調査からも，その当時は現在ほぼ銚子沖にある黒潮と親潮の境界が，仙台湾周辺沖にあったと推定されている．

b. 植生の変化と気候変化

海岸では貝化石，サンゴの化石などが当時の気候を復元するのに役立ったが，陸上では植物花粉化石が過去の気候を知るのにたいへん有効である．花粉はその膜が化学変化に対してたいへん強く，木材や植物繊維よりも，また生物を構成している有機物よりも強くて分解しにくい．そのために湖底堆積物，湿原堆積物として地層中に残されている花粉遺体を調べること（花粉分析）によって過去の植生，環境などを明らかにするのに役立つ（図5.6）．図5.7は北陸地方の海岸地域での花粉分析によって明らかにされた後氷期の気候変化である．花粉分析によっ

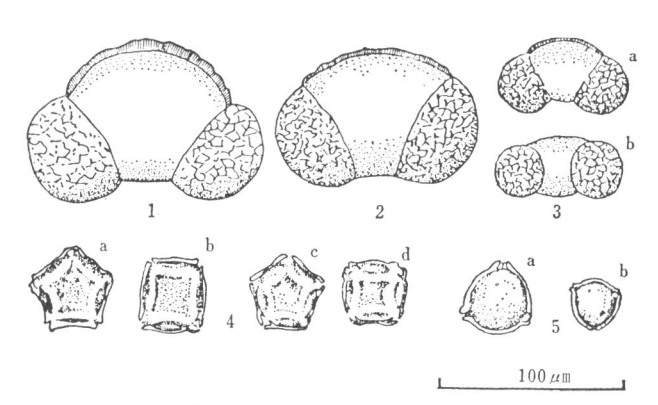

図5.6 花粉のスケッチ（湊, 1970）
1：モミ Abies, 2：トウヒ Picea, 3：マツ Pinus, 4：ハンノキ Alnus, 5：カバ Betula.

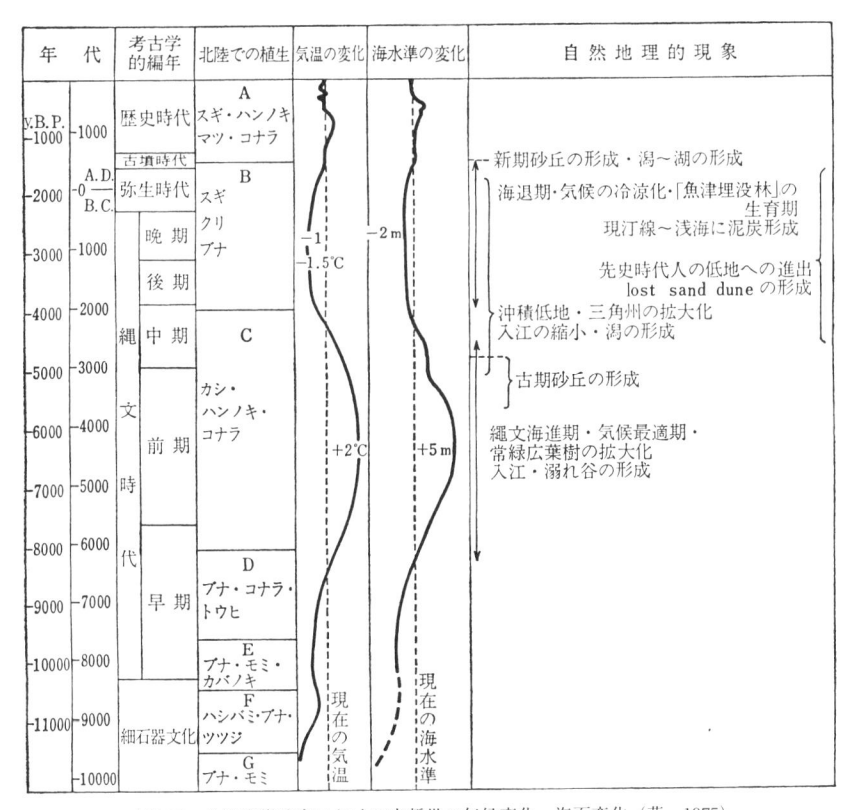

図5.7 北陸海岸地方における完新世の気候変化・海面変化（藤，1975）

て植生が明らかにされ，植生の変遷から気温の変化が明らかになっており，この気温変化曲線は海水準変化と非常によい対応を示している．

図5.8は，カリフォルニアのホワイト山脈における樹木限界の垂直変動を示したものである．カンピト（Campito）山とシープ（Sheep）山の樹木限界の垂直変化は，両山とも約B.C.1500年以前がかなり温暖であったことを示している．しかし図をよくみると，同じ山脈中の二つの山から得た樹木限界の変化には相違が認められる．カンピト山の樹木限界上限は，低温と降水量の減少とによって低下し，一方のシープ山の樹木限界は，1年の半分を占める夏の気温に支配されている．カンピト山の記録は，この地域の夏の気温と降水量がB.C.4000～2000年にかけて多少増加したらしいことを示しており，それ以後この地域の樹木限界上限の低下は，B.C.1500年ごろ，B.C.600～400年そして1100～1500年の3回にわ

5.2 完新世の気候変化

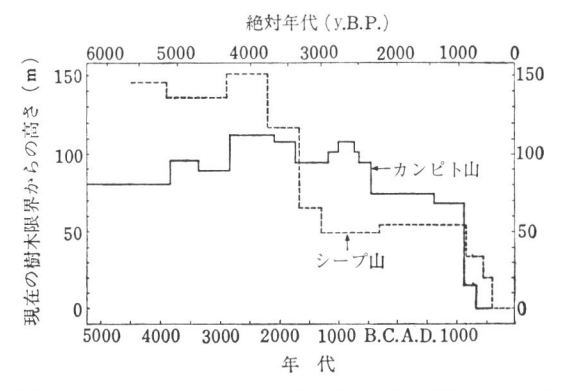

図5.8 カリフォルニア，ホワイト山脈での樹木限界上限の変化
(LaMarche, 1973b)

たって階段状に低下している．この中で最初と最後の低下は，明らかに気温の低下を示している．これは乾燥化を伴ったものと思われる．これに対して，B.C. 500年ごろの変化は明らかに降水量の減少が原因と思われる．

森林帯の水平移動については，ニコルス (Nichols) が北アメリカで報告している．北アメリカでは氷床の急速な衰退に伴って，ハリモミの森林帯は，B.C.6000年ごろから北へ移動し始め，B.C.4500年ごろには森林帯の北限は，現在の北限よりも北にあった．そしてB.C.4000〜1500年には，現在よりも北へ250〜300km移動していた．その当時の気温は，61°N，101°Wのキーワーチンで，夏は現在よりも3〜3.5℃高かった．アメリカ合衆国南部から南の森林帯が北方へ前進するのは，乾燥地域の東方への拡大のために，後氷期の初期の1000年間に限られた．この時期には偏西風の影響が増し，草原地帯が増加した．そして7200年前には，草原の増加は最大に達し，ミシガンの南部まで到達した．ライト (Wright) は，この時期は温暖で乾燥していたと報告している．

c. ネオグレシエーション

最終氷期後半の北半球の氷床の拡大期 (MIS 2) のピークは1万8千〜2万年前であるが，その後，氷床は急速に縮小した．一方，山岳氷河は1万4千年前までには急に縮小し，現在以上に後退したらしい．スカンジナビア氷床とローレンタイド氷床 (北アメリカ大陸北部の氷床) の縮小が山岳氷河より遅れた理由は，氷体の大きさが大きくなるほど気候変化に対する氷体の反応が遅れることによると考えられている．8000年前ごろになると北アメリカやスカンジナビアの氷床も

非常に小さくなり，世界全体が温暖な時期（ヒプシサーマル）になった．

5000年前ごろになると寒冷化がすすみ氷河が拡大した．後述の「小氷期」も含めて，ヒプシサーマル（氷床消滅以後の温暖期）以後のこのような氷河の拡大期をネオグレシエーション（neoglaciation）とよぶこともある．「小氷期」のモレーンの外側にあるモレーンの時代は，2000〜3000年前ごろと4000〜5000年前ごろの二つの時期であることが多かったので，ヒプシサーマル後のあらたな氷期のはじまりという意味で，ネオグレシエーションとよばれた．

ネオグレシエーションのピークは何回かに分かれるが，そのうちのどの時期に氷河が前進したかは地域によって異なる．アルプスやアラスカでは「小氷期」の前進が最大である．しかし，コロラド・ロッキーや南半球のパタゴニア，ニュージーランドでは古い方の前進量が大きい．アラスカやノルウェーでは，谷氷河は「小氷期」の方が前進量が大きいが，アイスストリームでは古い時期の方が前進量が多いといわれている．

5.3　歴史時代の気候変化

歴史時代にも後氷期と同じような気候変動があり，何回かの温暖期と寒冷期が訪れた．アルプスでは，その中でも12世紀ごろの温暖期と19世紀中ごろをピー

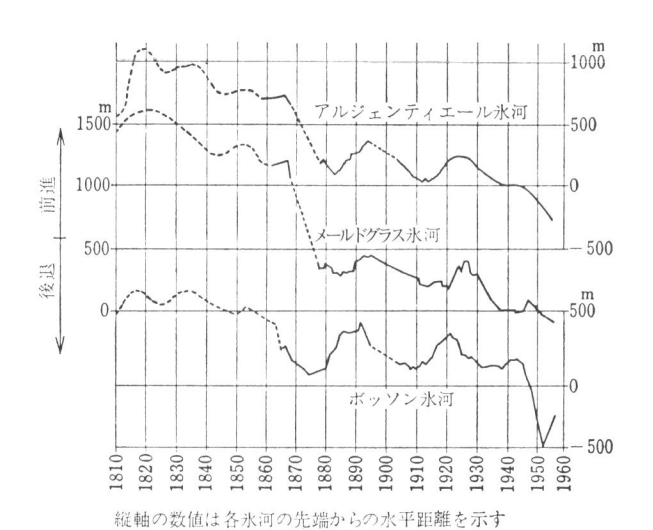

縦軸の数値は各氷河の先端からの水平距離を示す

図 5.9　シャモニー氷河の前進と後退（Lliboutry, 1965）

クとする小氷期がよく知られている.

a. 小 氷 期

アルプス山中では，16世紀半ばごろからそれまで暖かかった気候が寒くなり始め，谷の奥にあった氷河の前面位置がどんどん前進して，時には村の水道やホテルが使えなくなるということが起こった．しかし，1820～1830年をピークに氷河は前進を止め（図5.9），1900年代に入ると急に後退した（図5.10）．その結果，氷舌端があった位置には小規模な前面モレーンが残された．この氷河前進期が「小氷期」(the Little Ice Age) とよばれている.

この「小氷期」はアイスランドの海氷の記録に明瞭に現れている（図5.11）．海氷の増減は，漁獲高にかかわる海水温，穀物や牧草の生育と関係が深いために，古くから細かい記録が残されている．図5.11の気温は，1920年から1969年

図5.10 アルプス，アルジェンティエールの氷河の消長（Ladurie, 1967）
（上）：Flammarion写生（1850～60），（下）：Ladurie撮影（1966）.

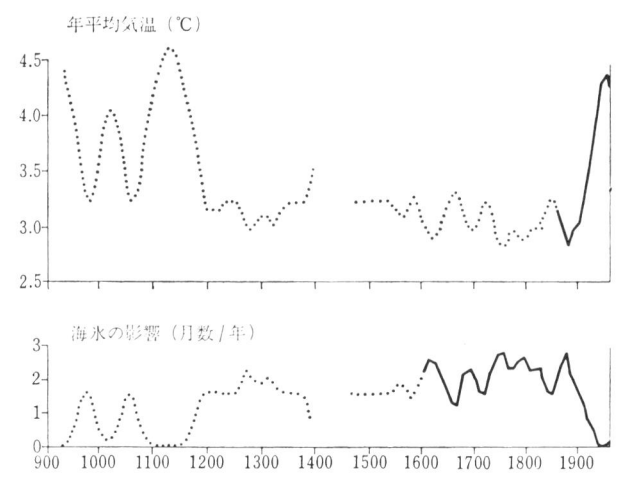

図5.11 アイスランドの海氷（月/年）と年平均気温の関係（Bergthorsson, 1969）

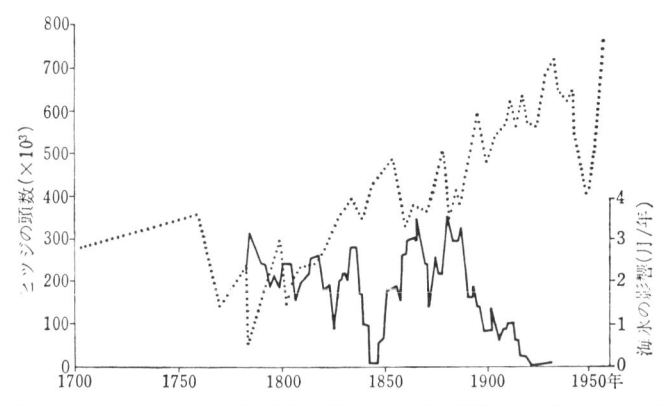

図5.12 アイスランドにおける海氷の盛衰とヒツジの頭数（Fridriksson, 1969）

にかけての気温と海氷との相関を求め，1920年以前の気温を復元したものである．図5.11によれば，小氷期に先だつ「温暖期」に比較して小氷期には，約1.5℃の気温低下があった．

アイスランドの農牧業に対する小氷期の影響をみてみると，12世紀に島内で広く栽培されていたオオムギは，1350年代には島の南の2～3か所に限られ，16世紀末には完全に消滅した．また1750～51年は夏は短く牧草がほとんどとれず，続いて厳しい冬となり，40戸の農家がウシを失って北アイスランドを離れた．

表 5.1 アイスランドにおける成年男子の平均身長（Lamb, 1977より）

年代 (A.D.)	平均身長 (cm)	サンプル数 (人)
874～1000	173.2	39
1000～1100	171.8	55
1100～1563	172.0	17
1650～1796	168.6	23
1700～1800	166.8	7
1952～1954	177.4	1463

表 5.2 アイスランドにおける年代別人口（Lamb, 1977より）

年代 (A.D.)	人口	備考
1095	約77520	税の記録による
1311	72420	〃
1703	50358	
1784	約38000	
1801	47240	
1901	78470	
1960	177292	

1750年代になるとヒツジも急減している（図5.12）．

アイスランドの小氷期の気候は，人間（表5.1，5.2）および生活様式に大きな影響を与えた．小氷期に人口は海岸に移り，タラ・鯨油・魚油の輸出量が，穀物輸入のために増大している．

b. 冬季の気候指標となるバルト海の海氷

スウェーデンとフィンランドに囲まれたバルト海の最北部は，ボスニア湾とよばれている．このボスニア湾の湾奥部では，1年のうち5～6か月は海氷におおわれる．海氷の厚さは最大でおよそ1mで，冬季には凍結した海面上をバスやトラックが往来している．ボスニア湾の湾奥にある都市オウルと沖合にあるハイルオト島の間には，氷上に道路標識がたてられている．

図5.13はバルト海における非常に厳しい寒さの冬（1970年）と，温暖な冬（1975年）の海氷の分布を示したものである．一方，1900～75年かけての毎年の分布状態を示したものが中央のヒストグラムである．

1900～75年にかけてのヒストグラムは，毎年海面を被覆している氷の面積を求め，冬の気候をⅠ：温暖な冬，Ⅱ：平均的な寒さの冬，Ⅲ：厳しい冬，Ⅳ：非常に厳しい冬，に分類している．1970年の冬は370000 km^{2}にわたって氷でおおわれた．一方，1975年の冬は穏やかであり，海氷はボスニア湾最北部とフィンランド湾最東部にしか分布しなかった．この図は，開水面の有無，氷の新鮮さ，氷の厚さ，その連続性，押し上げられた氷かどうか，などによって4段階に分類している．寒さの厳しい冬（1970年）には，海氷はデンマークのユトランド半島まで達した．

日本における小氷期は1750～1850年が中心であり，天明（1782～87年），天

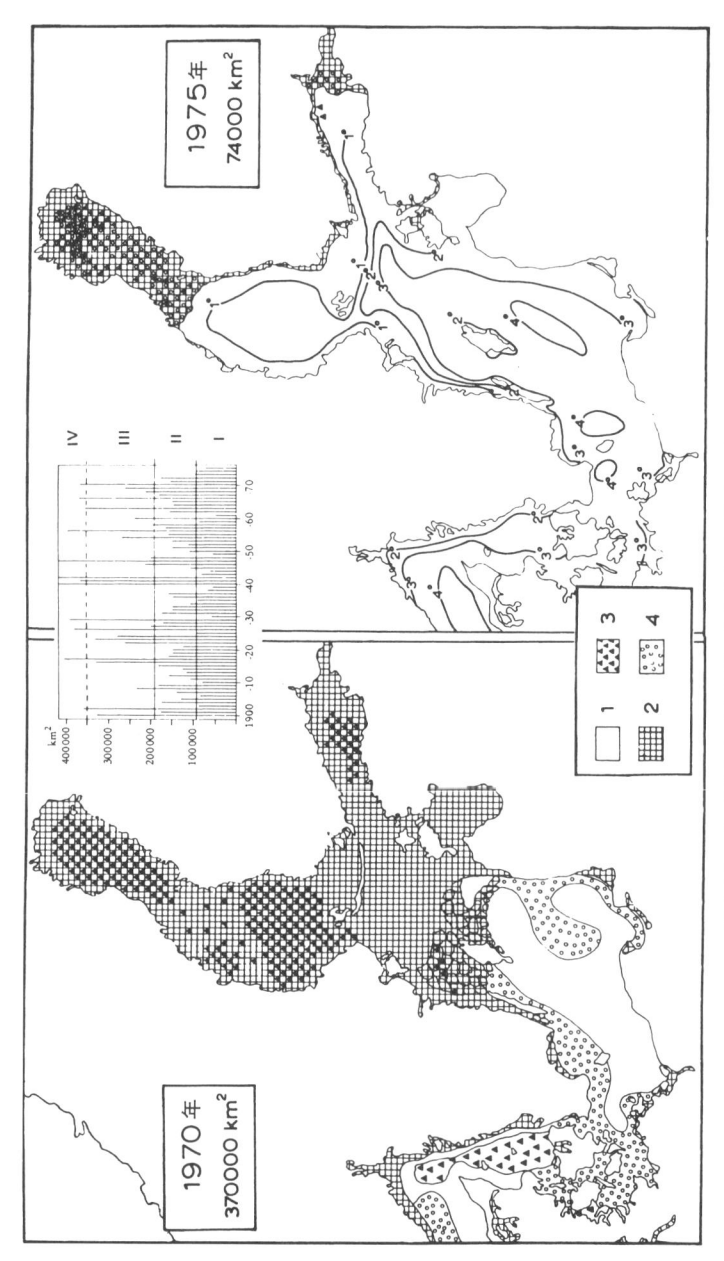

図5.13 バルト海における冬期の海氷分布の比較 (1970年と1975年)
Ⅰ：温暖な冬，Ⅱ：平均的な寒さの冬，Ⅲ：厳しい冬，Ⅳ：非常に厳しい冬．

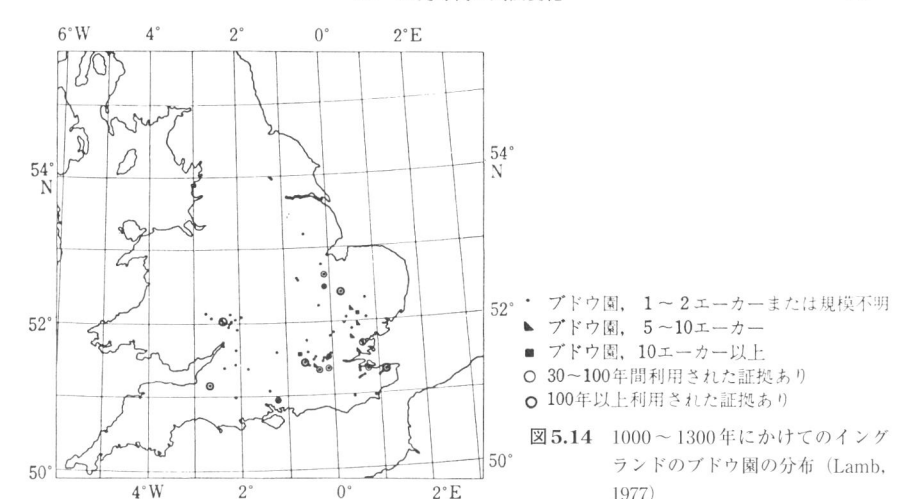

図5.14 1000〜1300年にかけてのイングランドのブドウ園の分布 (Lamb, 1977)

・ ブドウ園，1〜2エーカーまたは規模不明
▲ ブドウ園，5〜10エーカー
■ ブドウ園，10エーカー以上
◦ 30〜100年間利用された証拠あり
◎ 100年以上利用された証拠あり

保（1833〜39年），慶応・明治（1866〜69年）の三大飢饉にみまわれた．いずれも夏涼しく多雨であった．天明と天保の飢饉の間の時期には冬も寒く，両国川や淀川が結氷したことがよく知られている．ほぼ同じ時期にイギリスでは，テームズ川が全面結氷し，氷上でフロストフェスティバルをやっていた記録がある．

c. 中世の温暖期

中世の温暖期は，先に示したアイスランドの海氷の記録にも現れているが，1000〜1300年当時のイングランドのブドウ園の分布（図5.14）もこれを裏づけている．

中世において，イングランドでは，53°N以南のイングランド中央部，南部，東部でブドウの栽培が盛んであった（図5.14）．ラム（Lamb）はこの資料を用いて，その当時の気温を推定している．その当時の北限は，フランス，ドイツにおける現在の北限からみて約500km北にあったと思われる．

同様に中央ヨーロッパにおいても，中世のブドウ園は，現在よりもはるか北へのびていた．1128〜1437年の間，ブドウは東プロシア（55°N）においてさえ，またブランデンブルグ，南ノルウェーでも栽培されていた．ドイツのシュバルツバルト（黒い森）地方では，ブドウ園は海抜780mまで達していた．現在ドイツで一番高度の高いブドウ園は，ボーデン湖で560mに達している．

ブドウの栽培記録以上に歴史時代の気候を復元するのに有効な指標は年輪であ

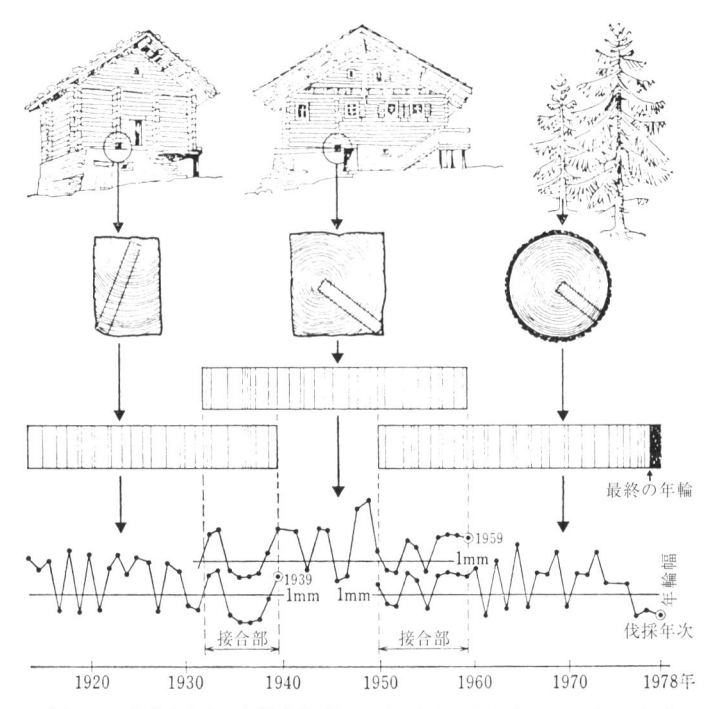

図5.15 年輪からみた気候変化 (Schweizerische Verkehrszentrale, 1979)

る．図5.15は年輪の利用方法をモデルで示したものである．年輪は立木以外に丸太小屋の柱も利用できることを示しており，樹齢の短い年輪も有効に利用できることを示している．

図5.16は樹齢の大きい年輪で，1000年以上の古気候を読みとることができる．ラマルシェ（LaMarche）によるカリフォルニアのホワイト山脈での樹木限界上限のbristlecone pine（*Pinusaristata*）の年輪成長量は，ラムによるイングランド中央部の年平均気温と非常によく対応している．またラマルシェは，ホワイト山脈の樹木限界の上限と下限との年輪成長量の変化から，過去1200年間（800～1960年）の気候変化，とりわけ気温と湿度の変化を明らかにしている．

図5.16の樹木限界の上限，下限でともに年輪成長量がよいのは，温暖で湿潤な時期を示しており，また上限で年輪の成長がよいのに下限で成長がわるいのは，温暖でも乾燥した時期であったことを示している．温暖期の前半は湿潤であったが，後半になると乾燥し，小氷期になると再び湿潤になっている．一方小氷期に

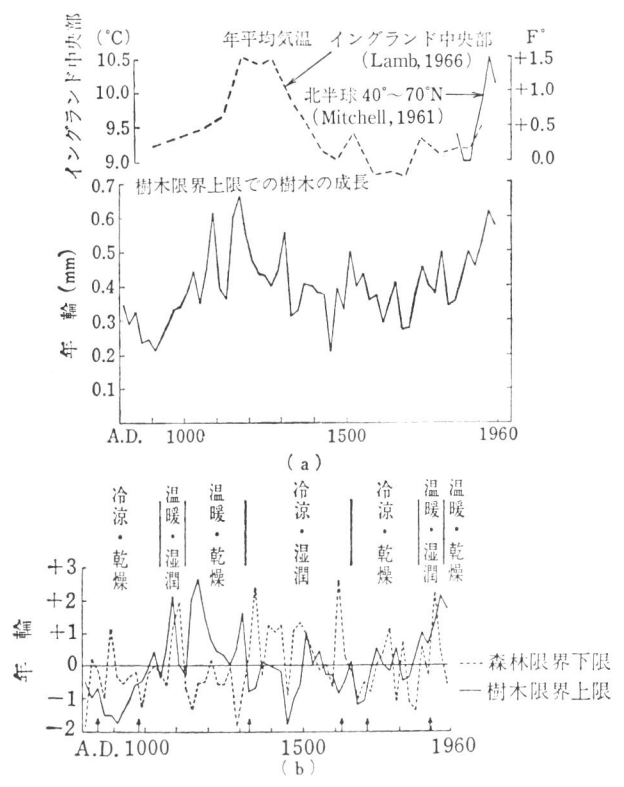

図5.16 800年以降のカリフォルニア，ホワイト山脈での樹木の成長およびイングランド中央部の年平均気温 (LaMarche, 1973b)

は，この地域では寒冷で乾燥していたことになる．

c. 最近100年の気温変化

たとえば，イギリスでは，西風が吹くと暖かい気候となり，北風が吹くと冷たい気候になる．そこで西風の吹きやすい環流型の出現日数を指標にすると気候変化がよくわかる．図5.17によれば，1880年ごろから1920〜30年にかけて偏西風型が増し，極大に達したころが気候の温暖化と一致している．その後，偏西風の出現日数が減り始め，1960年ごろは1880年ごろと同じ出現日数になっている．1960年代前半になると，イギリスの偏西風型の日数は，1880年代よりも減り，雨量も10％少なくなっている．また，冬の平均気温も1℃前後低くなっており，

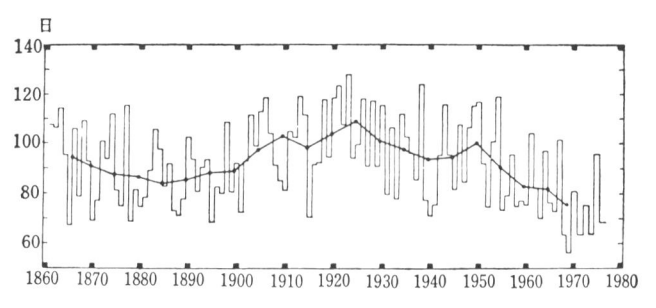

図5.17 イギリスにおける偏西風型天候日数の変化 (Lamb, 1977)

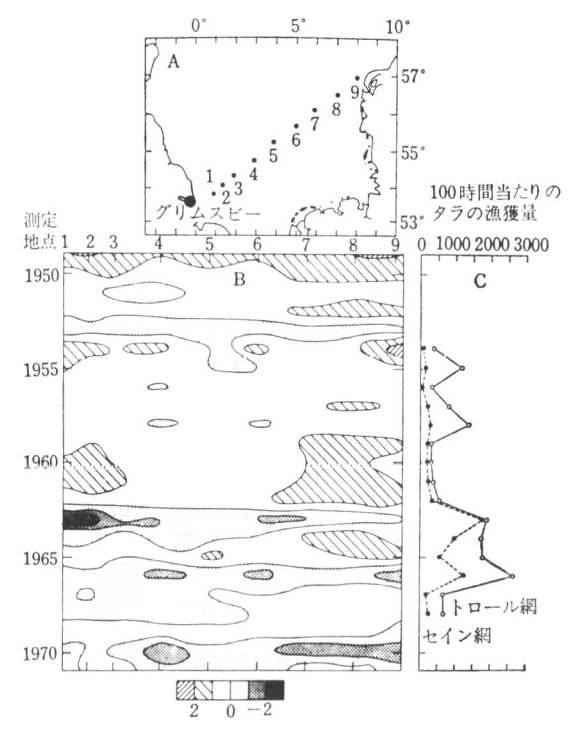

図5.18 北海におけるタラの漁獲量と海水温 (Dickson and Lee, 1972)
A：北海を横断する海水温の測定地点，B：冬季の平均海水温，C：タラの漁獲量．

1938～61年の平均に比べると1.3℃も冬は寒くなっている．

　ヨーロッパで1960年代になって大気の環流に大きな異変が生じたことに対してラムは，高緯度地方に偏西風を妨げる高気圧が発生し，その影響で温帯地方の

5.3 歴史時代の気候変化

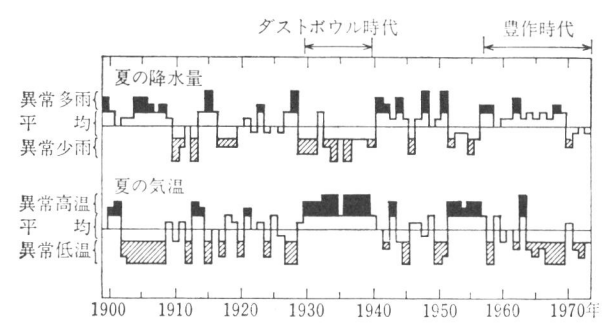

図5.19 グレートプレーンにおける夏の気温と降水量 (Beltzner, 1976)

偏西風が弱まり，気温が低下し，降水量分布が変わってきたと指摘している．

この1960年代の寒冷化は，北海で海水温低下として現れている（図5.18）．そして海水温の低下はタラの漁獲高に反映している．

気候の温暖化は人々の生活によい影響だけを与えるだけでなく，著しく大きい被害をもたらすこともある．ラムの図（図5.17参照）では，1930年代は温暖期であるが，この1930年代はアメリカでは「魔の30年代」または「ダストボウル時代」とよばれた．この時期には北半球の中緯度地帯のあちこちで異常気象が頻発した．日本の北日本の冷害，旧ソ連南部の穀倉地帯の旱ばつなどがこれにあたる．

図5.19は北アメリカのダストボウルを示している．この1930年代に北アメリカの大平原，テキサス，オクラホマ，カンザスは，強い熱波に焼かれた．この当時の農村の様子は，スタインベックの『怒りの葡萄』(1939) に詳細に描かれている．気温が平年値より2℃高く，雨量が平年値の6〜7割だと旱ばつが発生し，気温が平年より3〜4℃高く，雨量が平年の半分以下のときには大旱ばつとなる．1930年には最大で気温が7℃も高かったといわれている．

文　献

Beltzner, K. ed. (1976)：Living with climatic change. Science Council of Canada.
Bergthorsson, P. (1969)：*Jökull*, **19**, 94-101.
Butzer, K. W. (1964)：Environment and Archeology, Aldine Publishing Company, 524pp.
Dansgaard, W. (1971)：Climatic record revealed by the Camp Century ice core. Turekian, K. K. (ed.), The Late Cenozoic Glacial Ages, Yale Univ. Press, 37-56.
Dickson, R. R. and Lee, A. J. (1972)：Recent hydrometeorological trends on the North

Atlantic fishing grounds. *Fish Industry Rev.*, **2**(2), 1-8.
Fridriksson, S. (1969): *Jökull*, **19**, 146-157.
藤　則雄 (1975):北陸の海岸砂丘．第四紀研究, **14**, 195-220.
Ladurie, R. (1967): Histoire du Climat depuisl'anmil, Flammarion, 377pp.
LaMarche, V. C. (1973a): Holocene climatic variations inferred from treeline fluctuations in the White Mountains California. *Quaternary Res.*, **3**, 632-660.
LaMarche, V. C. (1973b): Accuracy of tree ring dating of bristlecone pine for calitration of the radiocarbon time scale. *Jour. Geophys. Res.*, **78**, 8849-8858.
Lamb, H. H. (1977): Climate—present, past and future— 2, Methuen, 835pp.
Liboutly, L. A. (1965): Traité de Glaciologie.
湊　正雄 (1970):氷河時代の世界，築地書館, 259pp.
Parry, M. L. (1978): Climatic Change Agriculture and Settlement, Dawson, 214pp.
Schweizerische Verkehrszentrale (1979): Die Schweiz und ihre Gletscher, Verlag Kümmerly + Frey, 191pp.
van Donk, J. (1976): O^{18} record of the Atlantic Ocean for the entire Pleistocene epoch. *Geol. Soc. Am. Mem.*, **145**, 147-163.
Wright, H. E. (1971): Late Quaternary vegetational history of North America, Turekian, K. K. (ed.), The Late Cenozoic Glacial Ages, Yale Univ. Press.

6.——生物群の変化

　第四紀における氷河時代の到来は，生物にも大きな影響を与えた．たとえば，植物では極地や高山のような寒冷地に適応した植物群があらたに出現し，北方針葉樹林も一つの森林帯として分かれたと考えられている．また乾燥地域の拡大に伴って，イネ科の1年生草本を中心とする，草原の植物群も発達した．動物では人類のほか高等な哺乳類，とくにゾウ，ウマ，ウシが著しく進化し，第四紀の後半にはマンモスなども現れたが，これは草原やツンドラの拡大に対応するものだと考えられている．第四紀には，このように主として高等な動植物の進化が著しく，新しい生物群が次々と出現したが，第三紀以来生存していた生物群のこうむった変化も小さいものではなかった．気候の大変動に応じて生物は生育の場を変えざるをえず，何回もそれを繰り返しているうちに，種の滅亡などにより，生物群の構成も大きく変化していったのである．

　本章ではこうした生物群のうち，現在の温帯の植生のもとになった周極第三紀植物群をとりあげ，その変遷をさぐる．またわが国の生物相の形成についても簡単にふれたい．

6.1　周極第三紀植物群

a．貧弱なヨーロッパの植生

　ヨーロッパの森林はきわめて単純である．森林をつくるような樹種は全部あわせても30種程度ときわめて少なく，一つの森が単一の樹木でできている場合も少なくない．四手井（1968）によれば，イギリスには針葉樹というものはたった3種しか天然分布せず，しかも高木になって森林らしくなるのはヨーロッパアカマツ1種だけだという．スカンジナビアではさらに減り，マツ，トウヒ各1種が分布するだけである．中部ヨーロッパでも高木になる針葉樹はマツが2種，トウヒ，モミ，カラマツが1種ずつしかない．広葉樹でも森林らしい森林になるものはナラ2種，ブナ1種，カンバ2種にすぎない．カエデやトネリコなどは局所的

に森林をつくるだけである．ヨーロッパの森林は，低木がほとんど生えないのも特徴である．ドイツなどでは家畜の林内放牧も行われているため，下生えがなく，林内はどこでも簡単に歩くことができる．

このようにヨーロッパの森林は種組成，階層構造ともごく単純であるが，気候的には東北日本とほぼ同じ気候帯に属するから，この異常ともいえる単純さは現在の気候では説明できない．

この現象もやはり氷河時代の影響である．氷期には北ヨーロッパとイギリスは氷床の下になり，ヨーロッパの大部分は氷河周辺の寒冷気候の支配下に入った．このため森林をつくるような高等植物は，南や東の無氷河地域に逃避しようとしたが，南はアルプスとピレネーの氷河にさえぎられ，絶滅する植物が多かった．そして何回も氷期が繰り返すうちに残った植物はごく少なくなってしまったのである．氷期が終わり，気候が温暖になると，植物は再び北上してきたが，アルプスやピレネーの山脈はこの際にも植物の移動を妨げ，そのため乾燥化し始めた地中海の気候に適応できずに死滅した植物も少なくなかった．こうしてヨーロッパでは，かつての種類の豊富な森林が現在のような単純な森林になってしまった．

b. 豊富な日本列島の森林

ヨーロッパの森林とは対照的に，日本列島の森林は種類が多く，階層構造も発達している．一つの地区で樹木だけでも300～400種を数え，草本やシダ類を入れると800～1000種に達する．地区が違えばさらに新しい植物が現れ，日本全土では5300とも6000ともいわれる植物があるとされている．熱帯を除けば，日本列島は世界中で最も植物の豊富なところといえよう．日本列島では氷期の気候の寒冷化はそう著しくはなく，その上列島が南北に長く，海面低下で陸橋ができたため，植物は分布を南へ移すだけで，絶滅する植物はごく少なくてすんだ．逆に高山植物がつけ加わるなど，氷期はむしろ植物相を豊富にする方向にはたらいたのである．

c. 周極第三紀植物群

ヨーロッパの森林も日本列島の森林も起源は同一で，第三紀の植物群にまでさかのぼる．温暖な第三紀の中ごろには，北半球では中緯度から北極海の周辺まで，現在の東北日本でみられるような温帯林が成立していた．おもな構成樹種はブナ，ナラ，トチ，クルミ，カエデなどで，これにトウヒやモミなど，現在亜寒帯に分布している樹種やカシ類などの照葉樹，それにイチョウやメタセコイアが

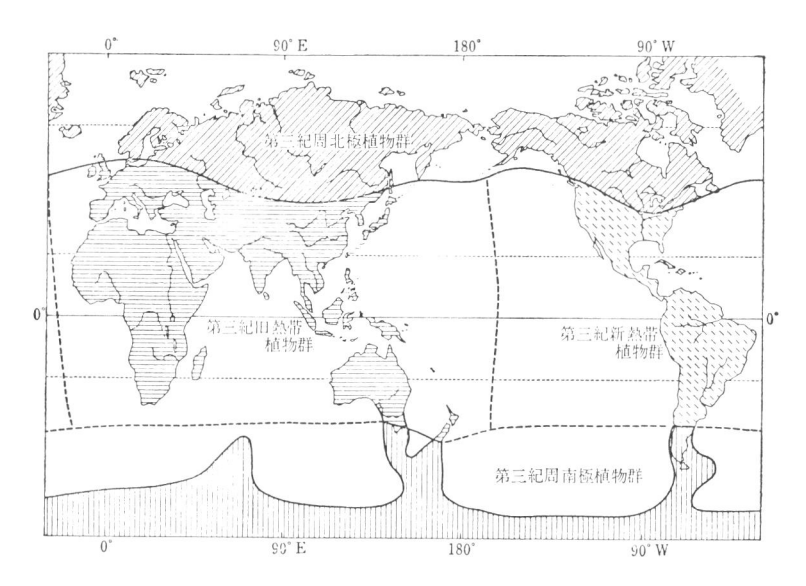

図 6.1 古第三紀における化石植物群の分布（Axelrod, 1952；堀田, 1974による）

混生していた．この北極を取り囲むように分布していた植物群を周極第三紀植物群あるいは第三紀周北極植物群とよぶ（図6.1）．

この植物群は，第三紀の後期から気候が寒冷化するにつれて次第に分布域を南に後退させ，北方針葉樹林を分化させていくが，南下の結果，かつてひとつながりだった分布域は砂漠や海洋によって隔てられ，ヨーロッパ，東アジア，北アメリカ東部に分かれることになった．そしてこのうちヨーロッパでは氷期に多くの種が滅亡し，単純な森林に変化してしまうのである．これに対して東アジア，北アメリカ東部では滅亡した種は比較的少なく，周極第三紀植物群は原形にかなり近い形で保存された．とくに氷床の発達しなかった東アジアでは，これが顕著であった．東北日本のブナ林はその代表的なもので，森林全体がいわば生きた化石であり，モクレンやトチ，ブナなど原始的な形質を保った植物を多数含んでいる．これほどの森林はほかにはみられず，世界的にみても貴重なものである．またメタセコイアやイチョウ（中国），あるいはスギやヒノキ，コウヤマキ（日本）などといった固有種の多いのも東アジアの特徴で，いずれも起源の古い植物である（図6.2）．なお生きた化石として有名なメタセコイアは，わが国でも100万年ほど前まで残存していたが，その後ついに絶えてしまった（図6.3）．イチョウはヨーロッパでは第三紀の植物化石として知られており，日本からのイチョウの紹

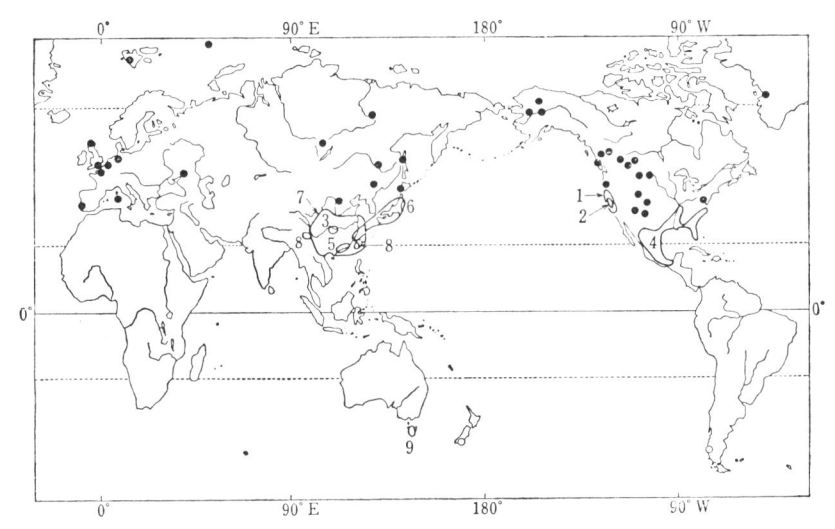

図6.2 スギ科Taxodiaceaeの分布（堀田，1974による）
1．セコイア属 *Sequoia*，2．セコイアデンドロン属 *Sequoiadendron*，3．アケボノスギ属 *Metasequoia*，4．ヌマスギ属 *Taxodium*，5．ミズスギ属 *Glyptostrobus*，6．スギ属 *Cryptomeria*，7．ランダイスギ属 *Cunninghamia*，8．タイワンスギ属 *Taiwania*，9．ミナミスギ属 *Athrotaxis*，●中生代のスギ科の化石産地，○中生代のミナミスギ属の化石産地．
スギ科の植物は典型的な周極第三紀植物群の要素で，ヨーロッパやアラスカでは絶滅してしまったが，東アジアと北アメリカには残存している．

介がシーボルトの来日を促したことは有名である．

　周極第三紀植物群の考え方をはじめて提出したのは，アメリカの植物学者グレイ（Gray）で，ダーウィンの『種の起源』の出版される1年前の1858年のことであった．彼は日本列島と北アメリカ東部の植物に共通またはごく近縁のものの多いことに着目し，その説明のために共通の祖先としての周極第三紀植物群を考えたのである．グレイのもっていたデータはケンペルやツュンベリー，シーボルトなどの資料のほか，1852年，ペリーの黒船が来航した際，上陸した乗員が付近の植物を採集，押葉標本をつくってグレイのところに送ったものである．植物の分布を説明するのに，地質時代の環境の変遷を結びつけて考えたのは，当時の学問レベルから考えると驚くほどの卓見で，グレイの説はその後，北極圏の島々から彼の予想したとおりの植物化石が多数発見され，裏づけられた．

6.2　日本の動物相の成り立ち

　日本の動物相の成り立ちも，氷河期の到来による動物群の南下と間氷期におけ

6.2 日本の動物相の成り立ち

図 6.3 大阪層群にみられる生物群の変遷（市原，1975 を一部改変）

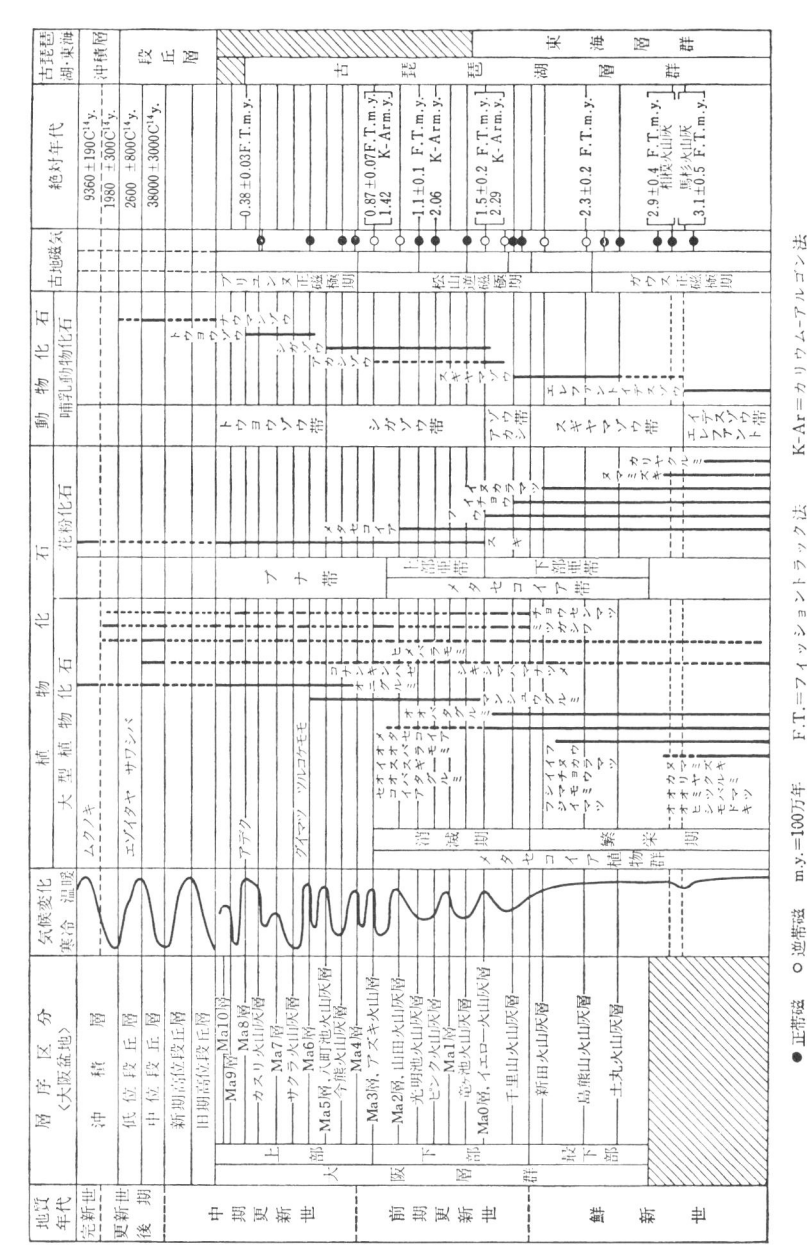

● 正常磁 ○ 逆常磁　m.y.＝100万年　F.T.＝フィッショントラック法　K-Ar＝カリウム-アルゴン法

るその北上といった条件を抜きには考えることができない．ただその場合問題になってくるのは氷河性海面変動による海峡の閉鎖と開口で，動物群が移動しようとした時期の海峡の状況により，移住が可能になったり，逆に隔離されたりし，それによって現在の分布が決定されることになった．たとえばヒグマやシマリス，クロテン，ナキウサギなどは北方から移住して北海道にすみついたが，津軽海峡によって本州への南下が妨げられた動物群だと考えられており，カモシカやニホンオオカミ，キツネ，ライチョウ，イワナ，ヤマメ，ウスバキチョウ，トワダカワゲラなどは本州まで南下した北方系の動物群だとされている．

一方，イタチやタヌキ，ムササビ，テンなど本州の山に普通にみられる動物の大部分は，朝鮮半島経由で渡来したと考えられているが，津軽海峡によって北上が阻止されたため，シカを除いて北海道まで分布域を拡大したものはない．

このほかわが国には氷期あるいは間氷期に渡来しながら，その後減亡してしまったものも少なくない．代表的なものはナウマンゾウで，9000年ほど前までは生存していたことが明らかになっている．また北海道には最終氷期にマンモスが渡ってきており，本州ではトラやヒョウ，オオツノジカなども棲息していたが，いずれも後氷期までに減亡してしまった．

少し時代がさかのぼるが，13万年ほど前の最終間氷期には日本列島は現在よりもはるかに温暖で，ゾウやキリン，サイ，ワニ，スイギュウなどが横行し，あたかも現在の熱帯を思わせるような動物相であった．しかし，これらはその後すべて減亡してしまった．ただ下北半島のサルのみは，その後の寒冷化に耐えてそこに踏みとどまったのだろうと考えられている．

文　献

Axelrod, D. I. (1952)：Variables affecting the probabilities of dispersal in geologic time. *Bull. Amer. Mus. Nat. Hist.*, **99**, 177-188.
堀田　満（1974）：植物の分布と分化，三省堂，400p.
市原　実（1975）：大阪層群と大阪平野．アーバンクボタ，11号，26-31.
ジョージ，W.（吉田敏治訳）（1968）：動物地理学，古今書院，224pp.
河野昭一（1969）：種と進化—適応の生物学，三省堂，190pp.
河野昭一（1974）：種の分化と適応，三省堂，407p.
四手井綱英（1968）：ヨーロッパの自然をみて．科学朝日，1968年3月号，87-93.
塚田松雄（1974）：古生態学II—応用編，共立出版，231pp.

II. 第四紀の日本

7. ―山地の生い立ち

7.1 小規模な日本の地形

a. モザイク構造

　日本の国土の60％近くは山地で占められている．この山地は太平洋をめぐる造山帯（変動帯）の一部を構成しており，見方によっては弧状の日本列島全体を，太平洋底からそびえたつ大山脈の海上部分と見なすことができる．山地は高く険しく，列島の中央部を背骨のように連なっている．

　しかしもう少し細かくみると，日本の山地はいくつかの山塊に分かれていることがわかる．飛驒山脈とか紀伊山地とかよばれる山脈や山地がそれで，一つ一つの山塊は全体として細長い輪郭を示すことが多く，平地とは明瞭に区別される．

　人間の主要な生活の場である平野や盆地は，これらの山地と山地の間を埋めるような形で離れ離れに分布している．山地と平野・盆地は交互に出現し，全体として布キレをはりあわせたようなモザイク構造を形づくっている．山地や盆地の長軸の向きはそろっており，両者が成因的に密接な関連をもっていることを推測させる．

　このように日本の山地や平野はごく小規模であり，大陸地域の地形はもとより，イギリスのような島国の地形に比べてもはるかに小さい．これが日本の地形の第一の特色である．

b. 地塊山地と地塊盆地

　日本列島の地形が小規模なモザイク状を示しているのは，地殻表層部が断層によって断ち切られて，多数のブロックの集合体のような形になっているからであ

る．巨視的には一つ一つのブロックにあたるものが山地や平野・盆地で，山地と平野や盆地の境目には大断層が見出されることが多い．このような断層で境された山地や盆地をそれぞれ地塊山地，地塊盆地とよび，日本のおもな山地や盆地は大部分がこれに含まれる．また瀬戸内海もいくつかの地塊盆地が沈水して結びついたものと考えることができる．

アルプスやヒマラヤなどの大山脈はこれらとは異なり，大陸とプレート同士が衝突し，一方が他方の下に潜りこんだために隆起してできた山脈である．高くなるまでにははるかに長い時間と過程を経ている．日本では日高山脈がこの型の山脈である．一方，飛驒，木曽，赤石の三つの山脈をはじめとする日本の大部分の山脈は，プレートの沈みこみに伴う横からの圧力によって形成された山脈である．日本列島では三～四つのプレートが集まっているので，太平洋側からだけでなく，大陸側からも強い圧力をうけている．一つ一つの規模が小さいのはこのような山地のでき方の違いに由来している．

7.2 第四紀の地殻変動

a. 島弧変動

日本列島の地形を特徴づける小規模な山地と平野・盆地の形成は実は第四紀の地殻変動と深くかかわっている．日本列島では第四紀の半ばごろから断層を伴う地塊運動が激しくなり，各ブロックの範囲，またブロックごとの高度差などがはっきりするようになってきた．山地の形成は，基本的にはブロックの急激な隆起と，それに伴って強められた侵食作用に由来する．一方，沈降したブロックでは，隆起ブロック（山地）から供給された土砂による埋積が進行し，その結果，現在みられるような平野・盆地が形成された．山地と平野・盆地の形成はいわば表裏一体の関係にあり，そのうえ，両者の形成が新しいということも日本の地形の特色である．このように日本列島では第四紀を通じて起伏が増大してきたが，それは主として断層を伴う地塊運動によるものであった．この地殻変動を島弧変動または六甲変動とよんでいる（図7.1）．

b. 日本列島の基盤の形成

日本列島では第三紀以前に3回の造山運動（地質構造形成作用）が知られており，それによって列島の骨組みが形づくられてきた．最初の造山運動は本州造山運動とよばれる運動でヨーロッパのカレドニア造山運動に相当している．この造

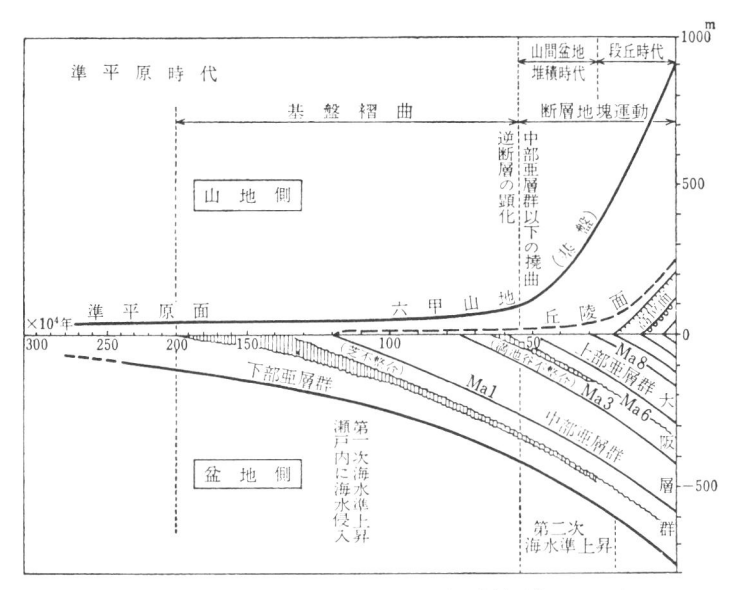

図7.1 近畿内帯における山地・盆地の発展曲線（藤田，1983）

山運動によって主として西南日本の骨格がつくられ，中央構造線が誕生した．次の造山運動はアルプス造山運動に相当する日高造山運動で，本州造山運動をうけた地域の外側の地向斜に発生し，主として日高山脈の地質構造をつくり出した．

　日高造山運動をうけた地域が隆起して，侵食地域に転ずると，その内側の東北地方の西側に堆積地域ができ，グリーンタフとよばれる中新統が堆積した．この地層は中新世から鮮新世にかけて変位し，隆起して奥羽山脈や出羽山地となった．この最後の造山運動をグリーンタフ造山運動とよんでいる．

　この運動は鮮新世末にほぼ完了し，日本列島は侵食がすすんで，全体がなだらかな地形となり，準平原が形成されたといわれている．そしてその後，この準平原を破壊するような形で島弧変動が起こったのである．すなわち，現在の山地や平野の枠組みをつくったのはこの島弧変動であるといえる．島弧変動は中央高地と近畿地方に激しく，ここに典型的なモザイク構造をつくり出したが，このように場所によって変動の現れ方が違っているのは，各地域がそれまでたどってきた歴史が違っているからだと考えられている．

　なお，この変動の進行につれて山麓部には扇状地や段丘ができ，その一部は隆起してすでに丘陵に変化した．隆起により山地の侵食は加速されたが，運動が新

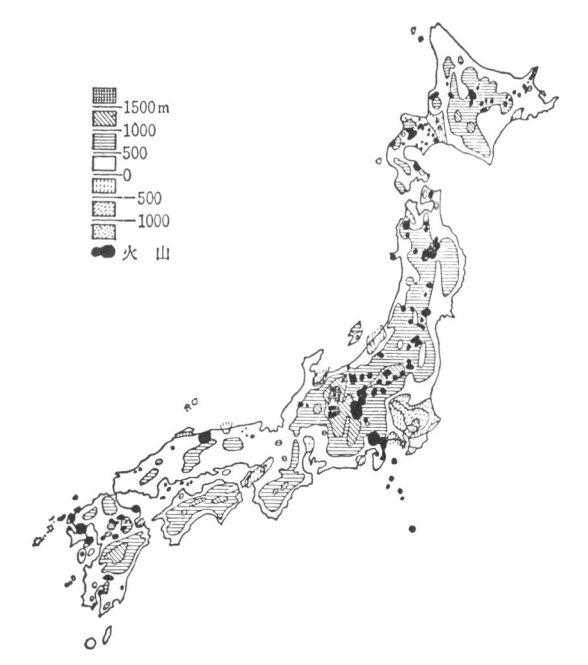

図 7.2　第四紀全期間の隆起量と沈降量の分布
（第四紀地殻変動研究グループ，1968；貝塚，1977）

しいため，各地の山の山頂部に準平原の遺物とみられる平坦面が残されている．

c. 第四紀地殻変動量図

図 7.2 は，第四紀地殻変動研究グループ (1968) が編集した，日本列島の第四紀地殻変動量図である．図には第四紀全期間を通じての隆起量と沈降量が示されており，変動の強弱と範囲が一目でわかるようになっている．図の値は第三紀末～第四紀初めに堆積した海成層の現在の高度や，第三紀末に形成されたと考えられている準平原の高度，あるいは第四紀層の厚さから推定したもので，いわば島弧変動による変動の量を示しているといえよう．

この期間に最も隆起量の大きかったのは飛騨山脈で 1500 m をこえ，木曽山脈，赤石山脈，三国山脈や四国山地，九州山地などの一部も 1000 m をこえている．一方，沈降量の最も大きかったのは関東平野で 1000 m 以上に達し，新潟平野や濃尾平野，大阪平野，石狩平野などもこれに近い値を示している．

このように，第四紀の地殻変動量は現在の地形とよく対応しており，とくに隆

起量は現在の山地高度が大きければ大きいほど，大きいという傾向が認められるが，これは日本の山地や盆地のおおよその形が，主として第四紀の地殻変動によってつくられたということを意味している．現在の高度からこの図に示された量を差し引けば，第三紀末ごろの地形の状態を復元することができる．なお，1960年代に主流であったこのような考え方に対しては，最近ではいくつかの疑問が出されている．

7.3 最近の地殻変動

　第四紀に山地や平野・盆地をつくり出した地殻変動は現在でもひき続いており，さまざまの変動地形をつくり出している．この新期の地殻変動は，地震との関連もあって注目を集めているが，最近では隆起・沈降といった垂直的な動きのほかに，水平的な動きも予想以上の大きさをもっていることが知られるようになってきた．

　ここでは，これまで地殻変動を知るために用いられてきた方法をいくつか紹介しよう．

a. 水準点・三角点の変位

　国土地理院では明治以来，数回にわたって国土全体の測量を行っており，数十年ごとの改測結果を比較すると，その間の土地の動きを知ることができる．このような動きは垂直的なものと水平的なものとに分類され，前者は水準点の変位，後者は三角点の変位によってわかる．

　こうして得られた土地の動きをみると，ごく大筋は山地の隆起と平野・盆地の沈降という，第四紀全体を通じての動きと一致しているが，一致しない部分もきわめて多い．これは一つには，地震の影響である．たとえば1900（明治33）年と1928（昭和3）年の水準点の資料を比較すると，房総半島の先端や三浦半島は1〜2 m隆起し，逆に丹沢山地は50 cmほど沈降しているが，これは，実は1923（大正12）年の関東地震の影響である．南関東や紀伊半島の先端，室戸岬など，太平洋に面する半島の先端は，大地震のたびに跳ね上がり，大地震と大地震の間は逆に徐々に沈下するという動きが知られている．南関東における1900〜28年にかけての水準点の変位には地震時の隆起・沈降がそのまま現れたのである（この地震の際，江ノ島は本州と陸続きになり，島の南側に広い隆起海食台が現れた）．なお同じ期間に室戸岬や紀伊半島の先端では14〜18 cm沈下している．

このような明らかに地震の影響とみられるところを除くと，隆起の最高値は赤石山脈で知られており，前記の28年間に12 cm上昇している．1年当たりに直すと4 mm強という値である．さらに，最近70年間についても同様な値が得られる．この値は，一見するときわめて小さな値にみえるが，もしも100万年継続すれば隆起量は4000 mに達するので，決して小さい値ではない．ただ「激しい地殻変動」などといっても，実際はこの程度であるから，われわれは地殻変動についての認識を改める必要があるし，地質時代の時間の長さの効果というものについても再認識する必要があろう．なお，ほかの隆起地域では年に1～2 mm程度の上昇が認められている．

　一方，沈降地域では同じ程度の大きさの沈降が期待されるが，かつて平野部では実際にはこれをはるかにしのぐ，最大年20 cmもの沈下が観測された．これはいうまでもなく「地盤沈下」によるもので，もっぱら人間の活動に起因するものである．この沈降量は自然に起こる沈降の数十倍～百倍に達しており，人間の活動というものがいかに強いものであるか理解することができる．この値を自然界では比較的変化の大きい方に属する，最終氷期の最大海面低下期（1万8千年前ごろの最終氷期最盛期）から完新世の縄文海進最盛期（6千年前ごろの高海面期）にかけての海面上昇速度と比較してみよう．このときの海面の上昇は1万2千年で100～140 mであるから，1年当たりに直すと1 cm程度となる．これは地殻変動の値よりも1けた大きいが，人間の活動に起因する地盤沈下の値に比べれば1けた小さいことがわかる．なお，地盤沈下は地下水くみ上げの規制により，1970年代後半からは沈静化している．

b. 活 断 層

　山地と盆地の境目には断層のあることが多いが，その中には第四紀に活動し，今後も活動する可能性をもったものがある．このような断層は活断層とよばれ，最近，その分布が詳しく知られるようになってきた．

　活断層の中には観測時代に入ってから実際に断層変位を生じたものも少なくない．たとえば1891（明治24）年の濃尾地震（M 8.4）のときには有名な根尾谷断層が生じ，道路や畑の境界などが左に食い違った．この北西-南東性の断層は，福井県と愛知県にまたがる全長80 kmの大断層であり，全体としては水平変位成分が垂直変位成分を上まわった．このとき水鳥付近に現れた断層崖（水鳥断層）は，高さが最大4～6 mに達する立派なもので，国の特別天然記念物に指定され

図 7.3 水鳥断層 (Koto, 1893)

ている(図7.3).また1930(昭和5)年の北伊豆地震(M7.0)の際には,当時建設中だった丹那トンネルが南北性の丹那断層の活動で左に食い違った.このときの水平変位成分は最大3.5 m,垂直変位成分は最大2 mであった.

一方,このように実際に変位が観測されなくても,地形その他の証拠から活断層が推定された例も多い.岐阜県と長野県の県境に近い木曽川沿いの坂下町付近では,同じ時期に形成された河岸段丘面が,北西-南東性の線を境にして左にずれ,高さも異なっているのが発見された.この付近には8段の段丘があるが,古い段丘ほど変位量が大きく,左ずれを伴う断層変位が長期にわたって累積してきたことを示している.この断層は阿寺断層とよばれ,その後,段丘形成期を通じての水平変位成分が垂直変位成分の5倍に達すること,起源は古くさかのぼり,第四紀全体を通じて活動して,累積垂直変位量800 m,累積水平変位量8 km,全長約60 kmに達する大断層であること,などがわかってきた.

北東-南西方向にのびる中央構造線は戦前から第一級の大断層であると考えられてきたが,1970年以降,研究がすすみ,地域によっては第四紀後期に右ずれを継続してきたことが明らかになった.たとえば,吉野川沿いには山脚や河川の一定方向への屈曲など,垂直変位成分より水平変位成分の方が顕著であったことを示唆する地形的証拠が多数みられる.

このような横ずれ断層の発見は,従来の断層地形の考え方に大きな変更をせまるもので,その後日本列島の第四紀地殻変動像が論議される重要な契機となった.なお,横ずれ断層に対し,垂直変位成分が卓越する断層を縦ずれ断層とよぶ.横ずれ断層は西南日本で卓越し,縦ずれ断層は東北日本で卓越する.武蔵野

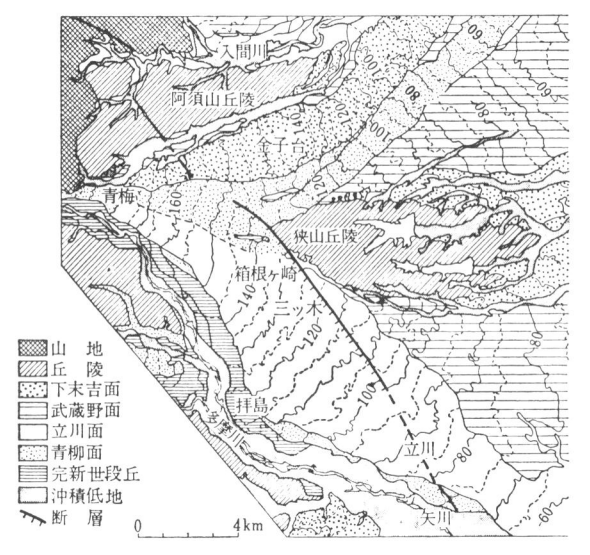

図7.4 武蔵野台地西部の地形図（山崎，1978に基づく）

台地の西部において，下末吉面から沖積面に至る各地形面を変位させてきた，北西-南東性の立川断層は，この縦ずれ断層の一例である（図7.4）．

c. 活褶曲

活褶曲とは現在でも活動が継続している褶曲のことであり，グリーンタフ地域で顕著な変形形態である．大塚（1942）は，日本海側の新第三紀層からなる山地で，褶曲軸を横切る河岸段丘と水準点が褶曲構造と同じ方向に変位していることを見出し，第四紀にも褶曲が活動を継続しているのだと述べた．この考え方はその後，杉村（1952）らによりくわしく検討され，古い段丘ほど変位量が大きいことから，段丘の形成期間中，褶曲運動が継続してきたことが明らかになった．活褶曲は小国川沿岸や信濃川下流の十日町盆地から長岡付近にかけての地域に，典型的なものが見出されており，信濃川下流域では山側へ逆傾斜する段丘，本流側へ著しく急勾配で傾く段丘，段丘面上のたわみと盛り上がりなどが観察されている．

7.4 山地の侵食

隆起した山地はただちに侵食のはたらきをうけて削られ始める．第四紀の地殻

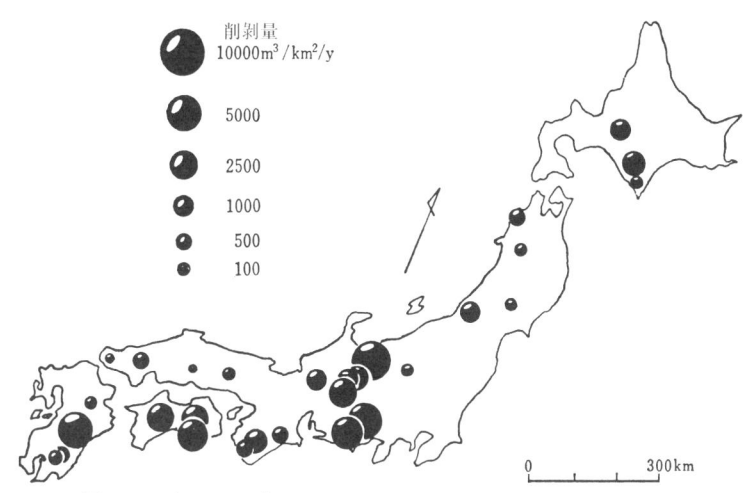

図 7.5 日本における年間 1 km² 当たりの山地侵食速度 (Ohmori, 1978)

変動により内陸部で急激に高度を高めたわが国では，谷の勾配は大陸地域に比べるとはるかに急であることが多い．そのうえ世界的にみてもわが国の降水量は多く，集中豪雨の発生頻度も高い．そして多量の降水が急勾配の谷を「滝」のように一気に流下するため，日本では流水の侵食作用が強く，山地からの削剝量はきわめて大きなものとなる．図 7.5 の山地の侵食速度はダムの堆砂量から推定されたものであるが，山地の高度（第四紀の隆起量：図 7.2）との関連が強く認められ，図 7.6 のように全体としてはヨーロッパなどでの削剝量に比べて 1 けた高い値となっている．

しかし，これらの膨大な土砂は必ずしも山地斜面全体が削られて出てくるのではなく，主として谷底が削られて出てくるものである．確かに台風・梅雨前線による集中豪雨あるいは大地震などのときには山腹の崩壊が起こり，一時に大量の土砂が供給されて，斜面の後退が起こるが，平時には厚い植生が斜面を保護しているために，降水は谷筋に集中し，谷底の侵食をひき起こしている．その結果，地表には樹枝状の V 字谷が発達し，とくに下刻が著しい場合には，黒部渓谷のような，両側が切りたった深い谷が生ずる．ウェストン (Weston, 1896) によって紹介された，日本アルプスの渓谷美はこのような作用の産物である．

世界的にみると，氷河周辺地域や乾燥地域をはじめとして，単調でゆるい起伏をもつところが多いから，わが国の細かく複雑な谷によって開析された地形はか

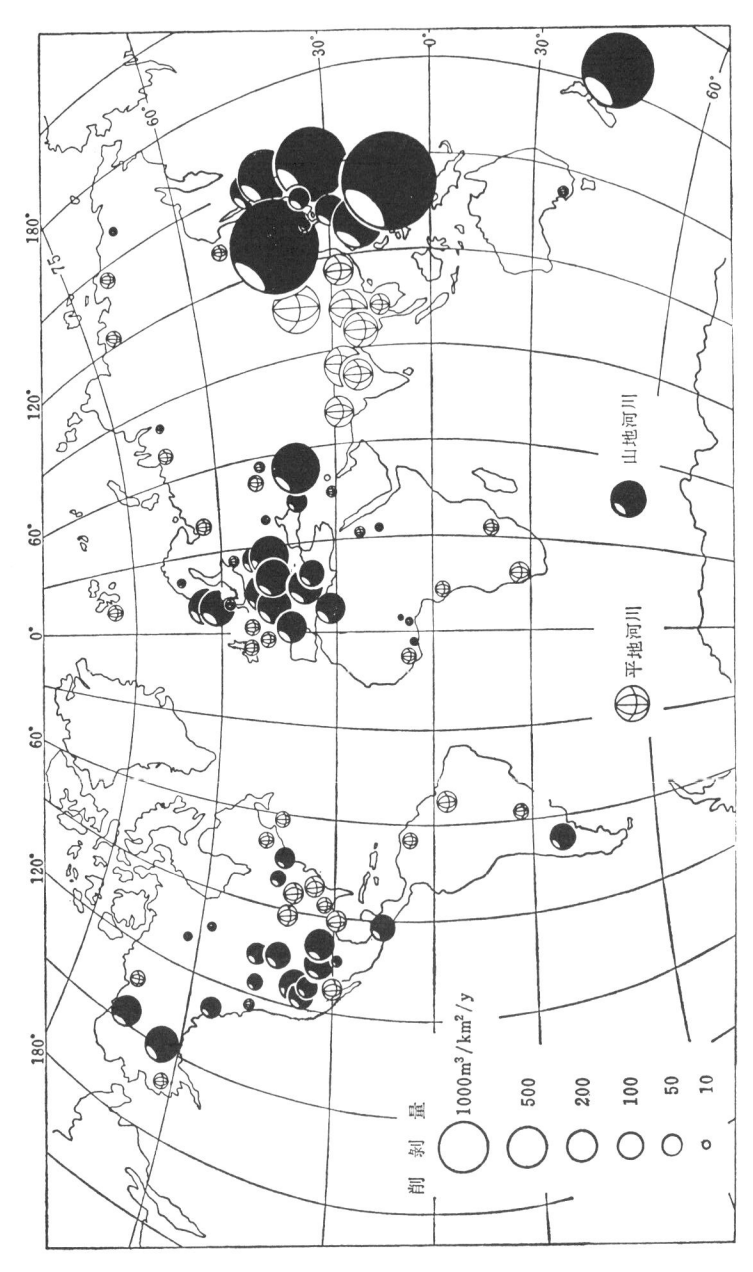

図7.6 世界における年間1 km²当たりの山地侵食速度 (Ohmori, 1983)

なり特異な存在であるといえる.

日本列島にはこのほか，日本海側の多雪山地に特徴的な地形が発達する．雪窪(ゆきくぼ)とよばれる凹地やなだれによってつるつるに磨かれた斜面はその代表であるが，このほか融雪に伴う地すべりや崩壊があり，細かい山ひだや地すべり地形をつくり出している．

文　　献

第四紀地殻変動研究グループ（1968）：第四紀地殻変動図．第四紀研究，**7**，182-187．
檀原　毅（1971）：日本における最近70年間の総括的上下変動．測地学会誌，**17**，100-108．
藤田和夫（1968）：六甲変動―その発生前後．第四紀研究，**7**，248-260．
藤田和夫（1983）：日本の山地形成論，蒼樹書房，466pp．
藤田至則（1973）：日本列島の成立，築地書館，258pp．
貝塚爽平（1977）：日本の地形，岩波書店，234pp．
活断層研究会編（1980）：日本の活断層，東京大学出版会，363pp．
Koto, B. (1893): On the cause of the great earthquake in Central Japan, 1891. *Jour. Coll. Sci., Imp. Univ. Japan*, **5**, 295-353.
桑原　徹（1968）：濃尾盆地と傾動地塊運動．第四紀研究，**7**，235-247．
松田時彦・岡田篤正（1968）：活断層．第四紀研究，**7**，188-199．
中村一明・太田陽子（1968）：活褶曲―研究史と問題点．第四紀研究，**7**，200-211．
中野尊正・小林国夫（1959）：日本の自然，岩波書店，203pp．
中野尊正（1967）：日本の地形，築地書館，362pp．
Ohmori, H. (1978): Relief structure of the Japanese mountains and their stages in geomorphic development. *Bull. Dept. Geogr. Univ. Tokyo*, **10**, 31-85.
Ohmori, H. (1983): Erosion rates and their relation to vegetation from the view point of world-wide distribution. *Bull. Dept. Geogr. Univ. Tokyo*, **15**, 77-91.
岡田篤正（1970）：吉野川流域の中央構造線の断層変位と断層運動速度．地理学評論，**43**，1-21．
太田陽子（1969）：地殻変動と地形，西村嘉助編，自然地理学Ⅱ，朝倉書店，29-54．
大塚弥之助（1942）：活動している褶曲構造．地震，**14**，46-63．
杉村　新（1952）：褶曲運動による地表の変形について．地震研究所彙報，**30**，163-178．
杉村　新（1971）：構造運動，羽鳥謙二・柴崎達雄編，第四紀，共立出版，237-268．
杉村　新（1973）：大地の動きをさぐる，岩波書店，236pp．
山崎晴雄（1978）：立川断層とその第四紀後期の運動．第四紀研究，**16**，231-246．
Yoshikawa, T. (1974): Denudation and tectonic movement in contemporary Japan. *Bull. Dept. Geogr. Univ. Tokyo*, **6**, 1-14.
吉川虎雄・杉村　新・貝塚爽平・太田陽子・阪口　豊（1973）：新編日本地形論，東京大学出版会，418pp．
ウェストン（1997）：日本アルプスの登山と探検，岩波文庫，岩波書店（原書は1896年刊）．

8. 第四紀の日本列島の火山活動

およそ3000万年前に起こったインド・ユーラシア両大陸の衝突によって東アジア地塊が東に移動した余波か，1500万年前ごろから日本海の生成・拡大が始まり，大陸から分離した日本列島は折れ曲がりつつ，太平洋側へと押し出されていった．その過程で伊豆・千島両弧の本州弧への衝突，日本海東縁新生海溝の形成などが起こり，現在の日本列島の概形がつくられた．現在，日本列島は四つのプレートの継ぎ目に位置している．日本列島の2000万年前以降の火山活動は日本海の拡大に関連したプレートの生成・拡大，沈みこみ，衝突などの動きに大きく支配され，変遷を遂げてきたが，基本的には太平洋プレートの沈みこみによる島弧的性格をもつ．第四紀火山の活動もそれを継承し，その活動は中心噴火，安山岩質マグマによる成層火山の形成，大規模珪長質火砕流の噴出，大カルデラの形成などの特徴をもち，玄武岩質溶岩を割れ目から流出する拡大軸上のアイスランドやホットスポット（hot spot）上のハワイなどの火山の活動とは性格が異なっている．

8.1 第四紀の日本列島の火山の地形・構造などの特徴

日本列島に第四紀火山は約350あるが，最近50万年前以降に活動し，形成時の地形をよく残した第四紀火山の数はおよそ200個ある．200個のうち成層火山は半数の130個をこえ，残りは大カルデラ火山の10個，小型単成火山の40個で，溶岩原・楯状火山は存在しない（図8.1）．典型的な沈みこみ帯の火山の特徴をもつ．

成層火山は数十万年の寿命の中でその活動様式は一定の変化を遂げる．噴出するマグマは玄武岩から安山岩，さらにデイサイト（dacite）・流紋岩へと変わると同時に，噴火は穏やかなものから爆発的な噴火へと遷移する．噴出物も初期にはスコリア（scoria）や薄い溶岩流が多いが，次第に厚い溶岩流・爆発角礫，さらには降下軽石や火砕流堆積物へと変化する．最終的に溶岩ドームが形成される

図 8.1 日本列島の火山体のタイプ
1：前期型成層火山，2：後期型成層火山，3：カルデラ火山，4：溶岩ドーム火山，5：小型楯状火山（スコリア丘火山），6：タフリング（マール），7：マグマ水蒸気噴火．

ことが多い．このような変化は，火山体の地下深部のマグマ溜り内の単一マグマの分化あるいは異種マグマの混合に起因すると考えられてきたが，近年，爆破地震などにより火山下の地下構造をさぐる探査が行われるようになり，日光・立山・御嶽・岩手などの火山で，マグマ溜り実在の証拠と考えられるS波反射面・P波異常減衰域が見出されている（図8.2）．

大カルデラ火山は体積40 km^{3}以上の大量のデイサイト・流紋岩質マグマを短時間内に噴出，中心部が陥没して径10 km以上のカルデラが生じ，マグマは大規模火砕流となってその周辺に広大な火砕流堆積面をつくる．その後，カルデラ内に小型成層火山が形成される．その噴火直前にはマグマ溜り上部に発泡したガスを多く含むマグマが存在したと考えられるが，最近爆破地震探査により，立山火山の直下数kmに非常に比重の小さい物質の存在を示す強いS波反射面が見つかっている（勝俣，1996）．これは上部にガスが濃集したマグマ溜りの存在を示唆し，大規模火砕流噴火に連なる可能性があることをも意味しているのかもしれない．

小型単成火山は1回の噴火イベントで形成された小さな火山体で，安山岩－デイサイト質溶岩ドームとスコリア丘（溶岩流を伴う）とがある．これらはある範

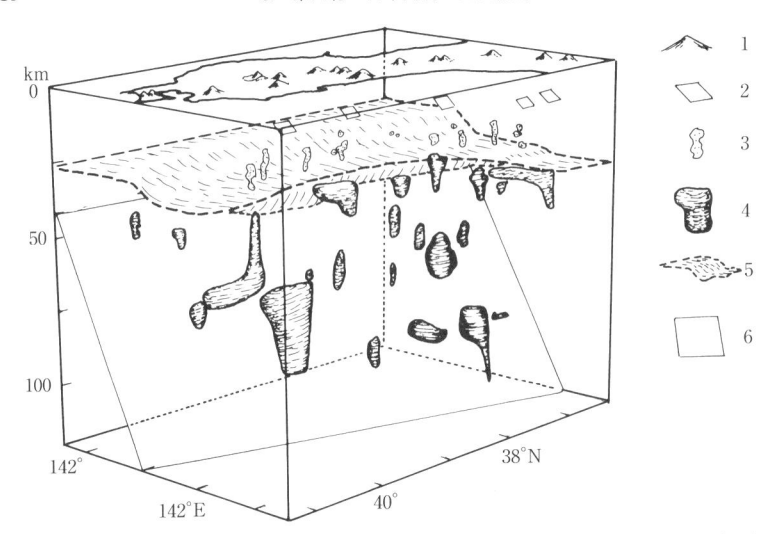

図8.2 地震波速度異常観測などから推定される東北日本弧の火山地下深部のS波反射面・マグマ溜り・ダイアピル(室・佐藤・長谷川・橋爪, 1997)
1：火山, 2：S波反射面, 3：マグマ溜り, 4：ダイアピル, 5：モホ面, 6：沈みこみスラブ上面.

囲（100 km^{2}程度）内に群生する場合が多い．

そのほか，沼沢火山など数個の小型カルデラ火山が日本に存在する．これは単に小型のカルデラ火山との見方と，成層火山の変形であるとの考え方もある．

8.2 火山の地理的分布と活動の変遷

太平洋プレートと拡大する日本海側のプレートに両側から強度に圧縮された東北日本弧と，太平洋プレートが横ずれしながら沈みこむ千島弧・伊豆－小笠原弧，フィリピンプレートとユーラシアプレートの横ずれが主体で顕著な沈みこみは起こっていないと考えられる西南日本弧，フィリピンプレートが沈みこむ琉球弧では，火山活動の強弱，その特徴などに差異がみられる．

ここ50万年間をとれば，火山活動は千島弧・伊豆小笠原弧・琉球弧で活発で，プレート運動の横ずれ成分の大きい西南日本弧では，目立って不活発である．

島弧が会合する北海道中央－南部，関東－中部，中国西部－九州北部は，周辺地域に比較して火山が密集する（図8.3）．

第三紀末から第四紀にかけての日本列島の火山活動の特徴・分布・推移などに

8.2 火山の地理的分布と活動の変遷　　　111

○ 1
● 2
◐ 3
■ 4
▲ 5
△ 6

図 8.3　日本列島の第四紀後半に活動した火山のタイプ別分布
1：前期型成層火山，2：後期型成層火山，3：小型カルデラ火山，4：カルデラ火山，5：小型楯状火山（スコリア丘火山），6：溶岩ドーム火山．

ついても，島弧別に概観しよう（図 8.4）．

a. 北海道の火山

　千島弧と東北日本弧の継ぎ目に近い北海道中央部および南部では，約 500 万年前から第四紀前半にかけて大規模珪長質火砕流が繰り返し噴出，複数の大型カルデラ火山が形成され，十勝・石狩などの平野部に火砕流が広がり，今なおその一部が台地として残っている．並行して全道的にピヤシリ・キトウシ・ウペペサンケ・標津（しべつ）・暑寒別（しょかんべつ）・札幌・室蘭などの成層火山が活動し，その概形を残している．

　第四紀後半には屈斜路・阿寒・支笏・洞爺の 4 大型カルデラ火山が活動し，周

○ 1
■ 2
▲ 3
△ 4

図8.4 日本列島の第四紀前半に活動した火山のタイプ別分布
1：成層火山，2：カルデラ火山，3：小型楯状火山（スコリア丘火山），4：溶岩ドーム火山．

囲に広大な火砕流台地を形成するとともに，知床五岳，大雪・十勝，羊蹄・ニセコ，駒ヶ岳などの成層火山が噴出，同時に然別・恵山溶岩ドーム火山，濁川小型カルデラ火山も形成された．これらの火山は，いずれもプレートの沈みこみに関連した火山と考えられるが，海溝から400 km離れた利尻成層火山は沈みこみと関係しないホットスポットの火山であるとの考えがある．

b. 東北日本の火山

東北日本では，日本海の生成前後からの火山活動が明らかにされ，第四紀の火山活動は1200万年前からの一連の活動の一部と考えられている．しかし詳細にみると，第四紀の中でも100万年前付近を境にカルデラ火山卓越期から，成層火

山が優勢な時期に変化しているようにみえる．八甲田・仙岩・会津-白河などの大型カルデラ・火砕流台地群は100万年以前に形成されたが，それらの地域では100万年前以降，磐梯・蔵王・岩手などの成層火山が形成されるようになった．一方で，八甲田カルデラは20万年前にも大規模珪長質火砕流を噴出，すぐ南に十和田カルデラが最近10万年ほどの間にあらたに形成された．また100万年以前にも，南八甲田・八幡平(はちまんたい)などの成層火山も活動していた．第三紀後半，東北地方全域に万遍なく分布していた火山が，100万年前以降，現在に向けて偏在化していったことが知られるようになった．

これらの火山活動の変化と並行して，100万年前以降，それまで比較的ゆるやかであった地形が断層・褶曲運動により，山地・盆地に分化し，起伏が増大していった形跡があり，千島-伊豆衝突による東北日本の南北方向の圧縮，さらには日本海側新生海溝の形成による東西圧縮など，東北日本全体のテクトニクスに大きな変化が生じ，それが火山活動にも反映したことを示しているのかもしれない．

c. 関東-中部地方の火山

太平洋・フィリピン・ユーラシア・北アメリカの4プレートが接したこの地域は複雑な構造をもち，日本で最も多くの火山が密集する．

北陸-中部地方では，600万年前から100万年前にかけて，大日山・願教寺などの九頭竜成層火山列が活動した．150万年前には大型カルデラ火山も存在し，大規模火砕流を噴出した．これらの火山活動はフィリピンプレートの沈みこみと関連したとの考えがあるが，その詳細はまだよくわかっていない．300万～100万年前に，現在の立山付近，焼岳・乗鞍岳付近，赤城山・榛名山・妙義山付近にも大規模珪長質火砕流を噴出した大カルデラ火山が存在した．その後の飛騨山地などを隆起させる地形変動や激しい侵食作用により，カルデラ地形は消失，火砕流台地のみが残った．

第四紀後半に入って噴出した火山は，日光男体山・赤城山・榛名山・浅間山・八ヶ岳・富士・箱根・天城などの火山フロントをつくる成層火山と，それらを取り巻くようにその内弧側に並ぶ3火山列（毛無・苗場・草津白根・四阿(あずまや)火山列，妙高・黒姫・飯綱火山列，立山・白馬大池・鷲羽岳・焼岳・乗鞍・御嶽火山列）に2大別される．前者は太平洋プレートの沈みこみと直接関係した成因をもつと考えられるが，後者はより古いテクトニクスの名ごり，またはリソスフィア(lithosphere，岩石圏)上半部の圧縮テクトニクスの結果のいずれかに起因する

と思われる．

この地域には赤城・榛名・八ヶ岳・箱根など後期の発達段階まで進化した成層火山が多い．これは進化を促進する要因，たとえば地殻の破砕度が大きいことなど，この地域が四つのプレートが接している複雑な構造をもつことの一つの現れとみることができよう．

d. 伊豆–小笠原弧の火山

大室山(おおむろ)をはじめとする伊豆単成火山群から大島・三宅島・八丈島など，いわゆる伊豆七島，西之島新島・明神礁・ベヨネーズ列岩などの岩礁，さらに300余個を数える海底火山が約1000 kmの長さにわたって分布する．その多くは玄武岩質溶岩流やスコリアを主体とする成層火山であるが，海底からそびえる火山体の大きさは，日本の陸上火山で最大の富士山の400 km^3をこえるものが少なくない．三宅島は体積500 km^3をこえる日本最大の成層火山である．日本列島の陸上成層火山の平均体積が40 km^3であるから，1けた大きい．海底では，陸上のように侵食・爆発的噴火で噴出物が火山体から取り去られることがないので，大きな火山体に成長することを考慮しても大きすぎる．神津島・式根島・伊豆新島のように流紋岩質溶岩ドーム群からなるものもある．海底火山の中には，明神礁・ベヨネーズ列岩などのように，カルデラ火山と考えられる地形・岩石的特徴を示すものもある．これら玄武岩質–流紋岩質マグマという，性質が非常に異なる両極端のマグマが噴出し，東北日本弧のように安山岩質マグマの活動が顕著でないのは，火山が島弧盆内の中立あるいは弱い張力場に噴出したためと考えられる．

プリニー式噴火（Plinian eruption，プリニアン噴火）を深海底で行った場合，どのような火山体が形成されるかなど，海底火山についてはなお不明な点が多い．

e. 西南日本弧の火山

南海トラフから250 km離れた火山前線に沿って，西南日本の日本海沿岸に火山が並ぶが，その数と噴出量は他島弧に比べ少ない．また火山のタイプも他島弧と異なり，神鍋(かんなべ)・阿武(あぶ)など小型のスコリア丘・溶岩ドーム群が多く，成層火山である大山(だいせん)・氷ノ山（須賀ノ山）・扇ノ山(ひょうの)は例外的存在といえる．

この地域の火山岩はアルカリが高く，直接プレートの沈みこみと関係せず，日本海の拡大に伴ってマントルの比較的深部から湧昇したマグマに由来するとの考えもある．

大山火山は初期に斑晶が少ない安山岩質溶岩流を主体とする成層火山をつくったが，その後火砕流の噴出期を経て，初期の山体はほぼ破壊され，広大な火山麓扇状地が形成された．最新の溶岩ドームがその中心部を占めている．

f. 北九州の火山

現在の雲仙-別府地溝帯地域は日本では珍しい正断層が多くみられる張力場にある．ここでは600万年前から火山活動が始まり，最近の九重山・阿蘇山・雲仙岳噴火まで継続している．成立当初，安山岩質の成層火山・溶岩ドームを主体とする活動であったが，およそ200万年前に圧縮場から張力場に転換，東西方向の正断層崖群の間に無数の溶岩ドームが群生した．この地域の火山・テクトニクスの特徴は，くさび状地塊の西進による局部的張力場の形成によるとの考えと，張力場にある琉球内弧海盆が上陸した地域にあたるとの考えがある．

第四紀後半のここ数十万年間では，阿蘇火山が40万～50万年前から数個の中型成層火山群が形成されていたが，35万年前から7万～8万年前にかけて4～5回にわたる大規模珪長質火砕流の噴出と大型カルデラの形成が繰り返された．それ以降，小型成層火山の集合体である阿蘇五岳が活動を続けている．九重火山では火砕流の噴出，カルデラの形成の後，溶岩ドームが群立した．雲仙火山は数十万年前から東西方向の正断層群が走る地溝内で溶岩ドームの形成を続けている．五島列島・壱岐島には玄武岩質溶岩流とスコリア丘からなる単成火山群が存在する．

g. 南九州と吐噶喇列島の火山

川内地域の玄武岩質溶岩流，川内・鹿児島湾周辺地域のデイサイト質火砕流堆積物の存在などから，300万年以上前から活発な火山活動があったことが知られる．第四紀後半には霧島・姶良・阿多・鬼界カルデラ火山が活動，無数の大規模火砕流を噴出した．ここ10万年以降は霧島・桜島・開聞岳などの成層火山の活動が活発であるが，2万5千年前の姶良火砕流，6300年前の鬼界カルデラからの火砕流など，大規模珪長質火砕流の噴出もあった．

九州の南には口之永良部島・口之島・中之島・諏訪之瀬島などの吐噶喇火山列島があり，安山岩質成層火山が海上に頭を出している．

8.3 テフロクロノロジー

テフロクロノロジー (tephrochronology) とは，爆発的噴火で生じたテフラ

（téphra，火砕物）が短時間内に広い範囲をおおって堆積することを利用して，地形・堆積物・遺跡などの相対年代を決定する方法である．

第二次世界大戦後，日本では平野部の第四紀研究が活発に行われたが，その中で段丘など地形面の区分は主要な研究目的の一つであった．たまたま西方に火山が存在した関東平野・十勝平野などでは，地形面上に堆積するテフラ層が活用され，その方法がテフロクロノロジーとして確立された（図8.5）．したがって，初期の段階では調査範囲が火山体中心部に限られていた火山研究と，火山体周辺部に限られていたテフロクロノロジー的研究とは互いに独自の道を歩んでいた．その後，富士・箱根火山のテフロクロノロジー的研究を皮切りに，両者が密接な関係をもつようになった．

大規模なプリニー式噴火や巨大火砕流噴火では，放出された軽石の大部分が火山体をつくらずに遠方まで広く堆積する．そのため火山体より離れた平野部や海底での調査により多くのデータが得られている．平野部や海底の地形・堆積物との関係も密接で，それらを総合して噴火以外にも，気候・海面変化など，第四紀の環境の変遷をたどる研究に，地形・地層の対比，年代値を与える点などに大きく貢献した．

6300年前に南九州の海底カルデラ形成に伴って噴出したアカホヤ火山灰（Ah）は縄文早期のヒプシサーマル期の示準テフラ層として，また2万5千年前に鹿児島湾奥から噴出した姶良火山灰（AT）は最終氷期の示準テフラ層として，大きく貢献した代表例である．その他，5万年前の大山倉吉（DKP），7〜9万年前の御嶽軽石（Pm-1），3万2千年前の箱根火山からの東京軽石（TP），3万年前の赤城山からの鹿沼軽石（KP），3万5千年前の支笏カルデラ形成時に噴出した支

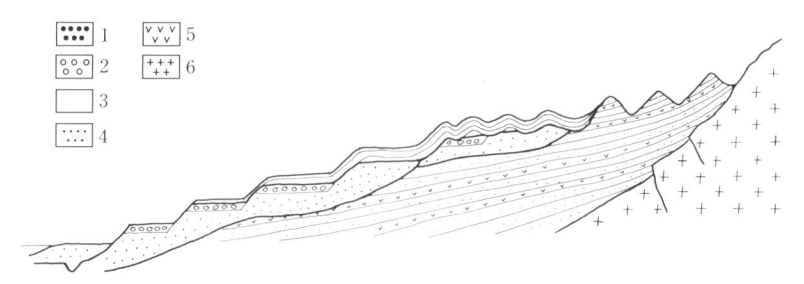

図8.5 降下火山灰層と段丘・丘陵などの地形面・堆積物との関係
1：砂質海成層，2：段丘礫層，3：テフラ層，4：丘陵構成砂質堆積物，5：第四紀前半のテフラ層，6：山地構成基盤岩．

8.3 テフロクロノロジー

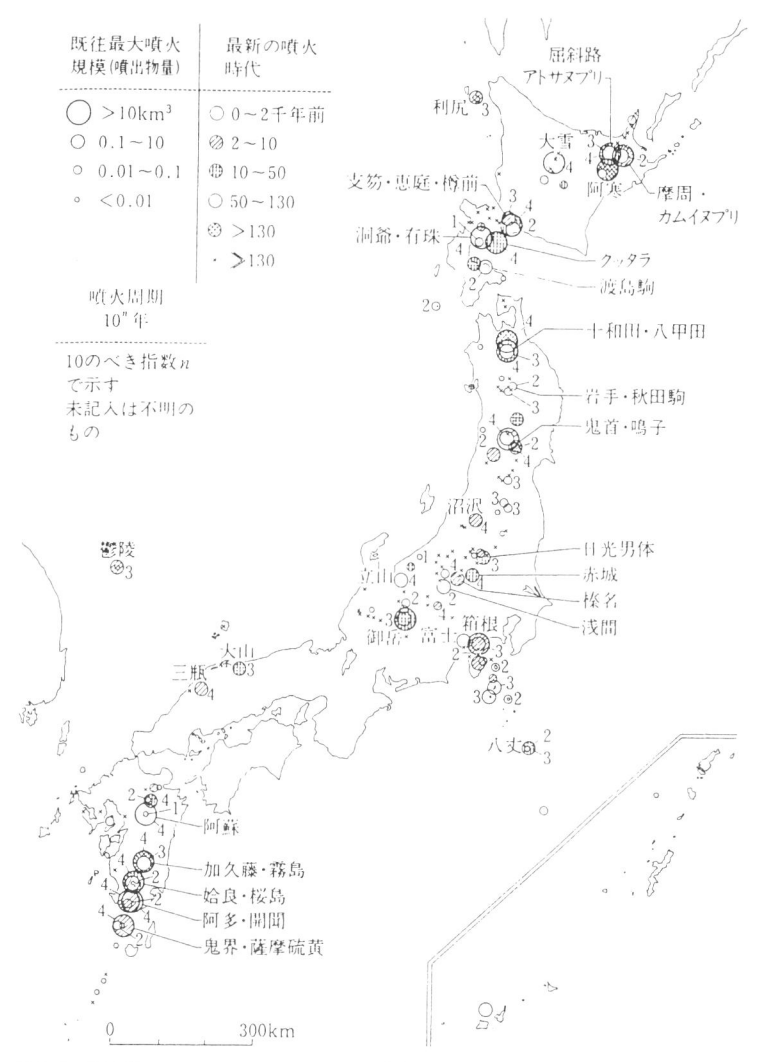

図8.6 第四紀テフロクロノロジーからみた噴火規模，時代，頻度などによる日本と周辺の火山の分類（町田，1987）

笏軽石（Spfa）など，多くの大規模テフラが第四紀研究に貢献した（図8.6～8.8）．近年は100万年より古い大規模テフラや，火山頂周辺のみにしか分布しない小規模噴火にも研究が行われ始め，水蒸気噴火・ブルカニアン噴火，ストロンボリアン噴火の実態，噴火の周期・推移などに関するあらたな情報が得られつつ

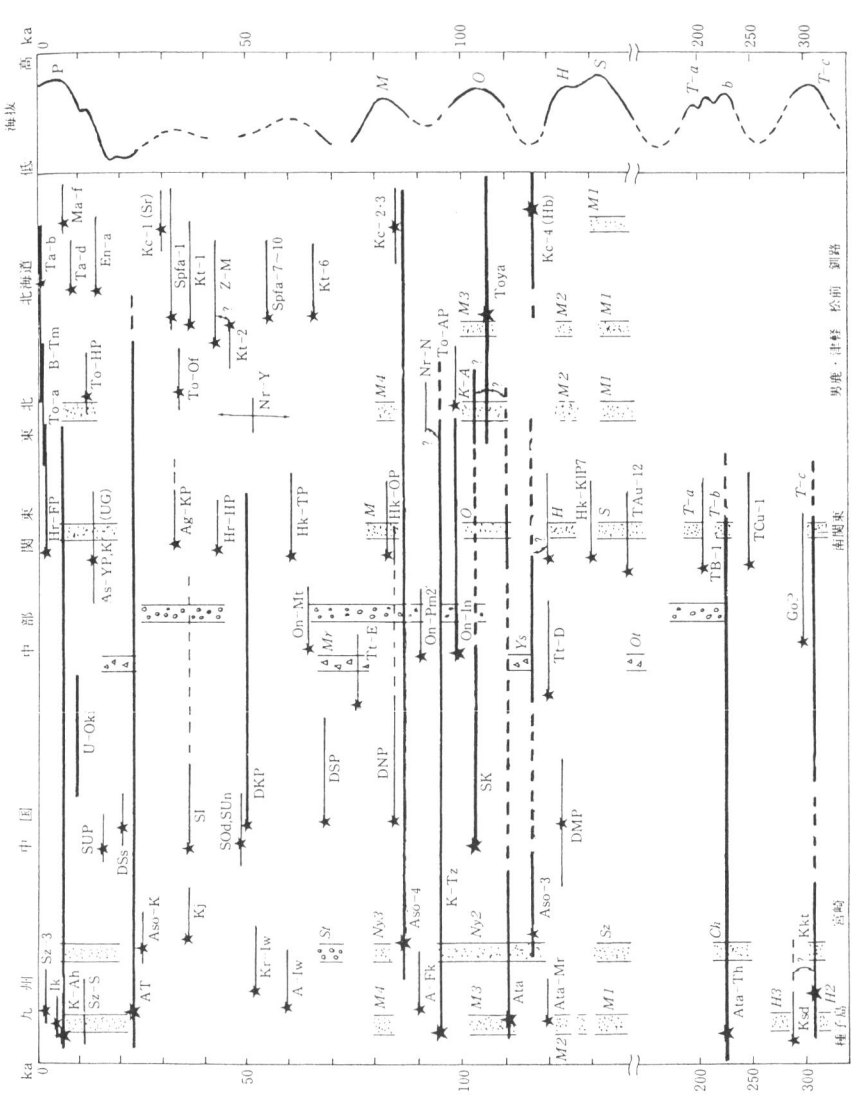

118　　　　　　　8. 第四紀の日本列島の火山活動

図 8.7 広域テフラを中心とした過去約 30 万年間の日本列島の編年図（町田・新井, 1992）

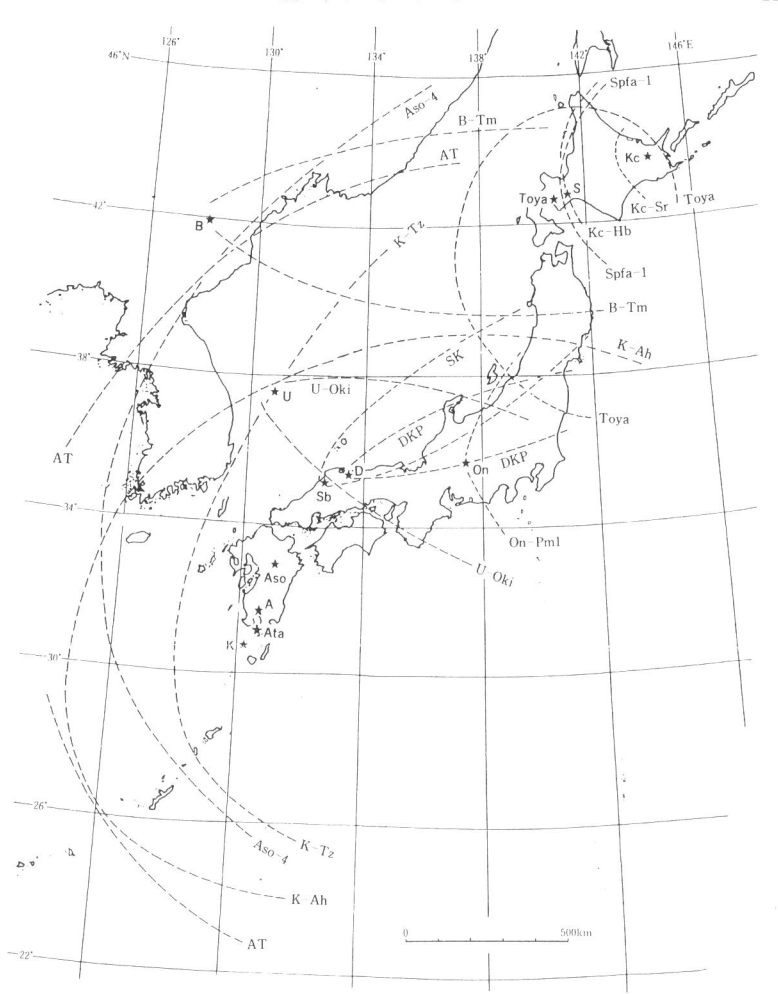

図 8.8 日本列島およびその周辺地域の第四紀後期の広域テフラの分布（町田・新井，1992に一部加筆）．肉眼で認定できるおよその外縁を破線で示す．AT：姶良 Tn テフラ（約2万2千〜2万5千年前に噴出），K-Ah：喜界アカホヤテフラ（約6300年前に噴出），Aso-4：阿蘇4テフラ（約7〜9万年前に噴出），K-Tz：喜界葛原テフラ（約7万5千〜9万5千年前に噴出），U-Oki：鬱陵隠岐テフラ（約9300年前に噴出），DKP：大山倉吉テフラ（約4万3千〜5万5千年前に噴出），SK：三瓶木次テフラ（約8〜10万年前に噴出），On-Pm1：御嶽第1テフラ（約8万〜9万5千年前に噴出），B-Tm：白頭山苫小牧テフラ（約800〜900年前に噴出），Kc-Sr：屈斜路庶路テフラ（約3万〜3万2千年前に噴出），Spfa-1：支笏第1テフラ（約3万1千〜3万4千年前に噴出），Toya：洞爺テフラ（約9〜12万年前に噴出），Kc-Hb：屈斜路羽幌テフラ（約10〜13万年前に噴出）．
給源火山・カルデラ　Kc：屈斜路，S：支笏，Toya：洞爺，On：御嶽，D：大山，Sb：三瓶，Aso：阿蘇，A：姶良，Ata：阿多，K：鬼界，B：白頭山，U：鬱陵島．

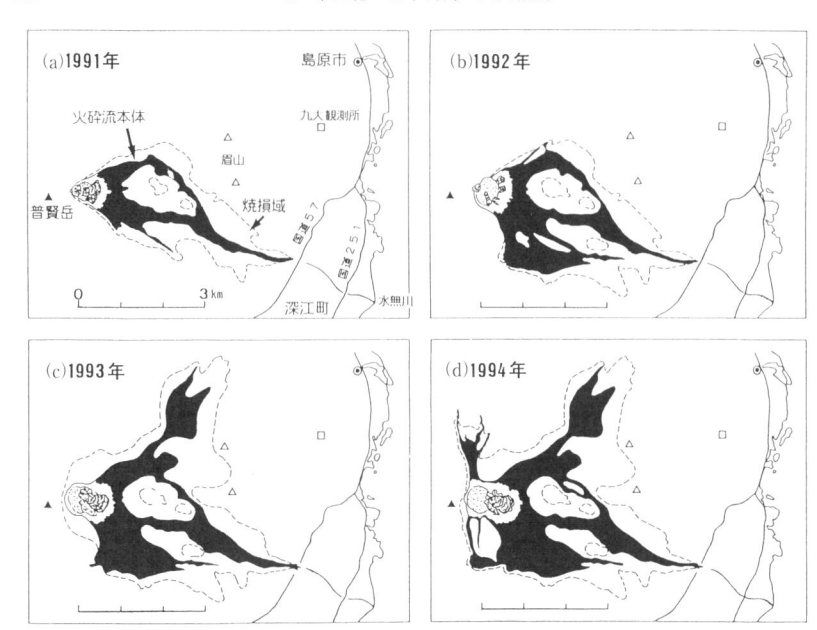

図8.9 雲仙火山1990～95年噴火における火砕流到達範囲(黒色部)と熱風焼損区域(破線内)の拡大(太田,1997)

ある.

広域テフラや海底テフラの研究がすすむにつれ,テフラ層の同定の方法が,初期の岩相・鉱物の肉眼・顕微鏡鑑定から,電子顕微鏡・質量分析計などを用いた鉱物の微細構造の観察や化学分析などへと精密化した.テフラ分析方法の進歩に伴って風化がすすんだ第四紀前半の大阪層群・古琵琶湖層群・東海層群や房総半島・北陸・新潟地方の相当層中のテフラ層についても,同定・対比がすすみ,起源・分布・活動度などに新知見が得られつつあり,今後の大きな成果が期待される.

8.4 最近の火山活動とその災害・予知・対策

雲仙火山の1990(平成2)～95(平成7)年噴火は小規模水蒸気噴火から始まったが,噴火は溶岩ドームの形成からドーム崩壊による火砕流の流出へと発展,土石流の流出なども加えて,性格の異なる多様な被害が生じた(図8.9).4年以上にわたる活動の長期継続は,地元住民に多くの苦難を与えた.その避難生活

や，その維持に対する自治体・国の対応に多くの問題を残した．

　岩手火山の1998（平成10）年以降の地震活動は噴火の危険性を示し，多くの機器設置など対策がとられているが，起こるかどうか不確定の状況下での対応など，予知技術の向上がかえって新たな問題をひき起こしている．

　宝永噴火（1707（宝永4）年）以来300年近く眠っている富士山が噴火し，東海道新幹線・在来線・東名高速道・国道1号線・中央線・中央高速道が分断された場合，それが日本の大動脈であるだけに，単に静岡・山梨県の地方的問題にとどまらず，日本全体の経済・社会が麻痺状態に陥ることが心配される．また予想される大量の火山灰が東方に広く降り積もる場合も，3000万人の住民がいる首

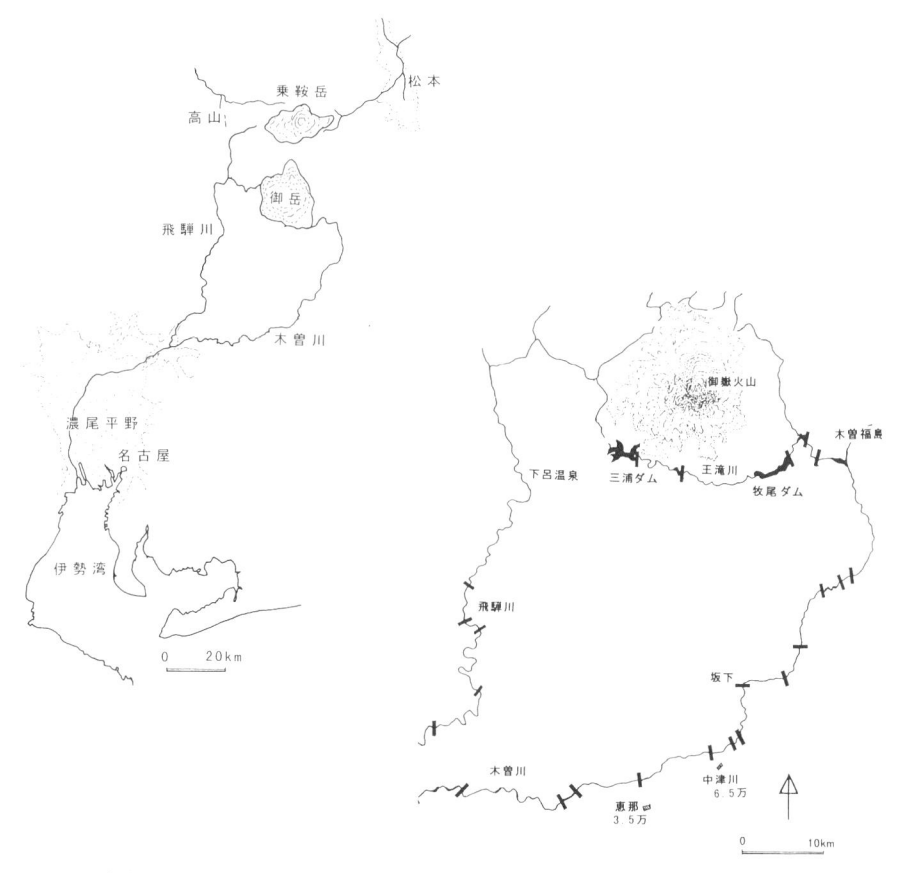

図8.10 御嶽火山の噴火で発生する大規模の火砕流・岩屑なだれ・土石流による倒壊の危険性をもつ木曽川・飛騨川の大型ダム（貯水量$10^7 km^3$以上）（守屋，1999）

都圏の混乱についても対策をあらかじめ講じておく必要がある．

火山が噴火し，山麓に火砕流・岩屑流・火山泥流が流下したとき，ダムを倒壊させ，大洪水を下流にひき起こす心配がある．日本ではこのような惨事はまだ起こっていないが，対策を検討しておく必要がある．たとえば御嶽・乗鞍火山に噴火が起こったとき，木曽川・飛驒川沿いに30個近いダムがあり，もしこれらが将棋倒しとなった場合，濃尾平野の低地帯に住むおよそ200万人の住民に大きな被害が生ずることになる（図8.10）．

文　献

荒牧重雄（1983）：概説―カルデラ．月刊地球，**5**，64-72．
Armijo, R., Tapponnier, P. and Tonogin, H. (1989): Late Cenozoic right-lateral strike-slip faulting in southern Tibet. *JGR*, **94**, 2787-2838.
長谷川昭・松本　聡（1997）：地震波から推定した日光白根火山群の深部構造．火山，**42**，特別号，S147-S155．
松本　聡・長谷川昭（1997）：日光白根火山周辺域におけるS波反射面の分布．火山，**42**，127-139．
堀修一郎・長谷川昭（1999）：恐山直下の上部マントルに見出された顕著なS波反射面．火山，**44**，83-91．
池田安隆（1979）：大分県中部火山地域の活断層系．地理学評論，**52**，10-29．
伊藤　理ほか大学合同観測班（1997）：1996年飛驒地域総合観測．地球惑星関連学会合同大会予稿集，658．
Iwamori, H. (1989): Compositional zonation of Cenozoic basalts in the central Chugoku district, southwestern Japan : Evidence for mantle upwelling. *Bull. Volcanol. Soc. Japan*, **34**, 105-123.
市原　実（1993）：大阪層群．創元社，340pp．
貝塚爽平（1972）：島弧系の大地形とプレートテクトニクス．科学，**42**，573-581．
勝俣　啓（1996）：飛驒山脈下の地震波異常減衰と低速度異常体．日刊地球，**18**，109-115．
鎌田浩毅（1985）：熊本県宮原西方の火山岩類の層序と噴出年代．地質学雑誌，**91**，289-303．
木村　学（1989）：衝突帯の深部構造．月刊海洋，**223**，5-13．
Kaneko, T.(1995): Kinematic subduction model for the genesis of back-arc low K-volcanoes at a two-overlapping subduction zone, central Japan : another volcanic front originated from the Philippine plate subduction. *J. Volcanol. Geotherm. Res.*, **66**, 9-26.
小林洋二（1983）：プレート"沈み込み"の始まり．月刊地球，**5**，510-514．
近藤浩文・田中和広・金子克哉・水落幸広・土　宏之（1998）：東北日本における中期中新世―第四紀の火山活動の時空分布の特徴．地球惑星関連学会合同大会予稿集，**422**．
輿水達司・金　喆佑（1986）：北海道中-東部地域の新生界のフィッショントラック年代（その1）．地質学雑誌，**92**，477-487．
久野　久（1954）：火山及び火山岩，岩波書店，255pp．
町田　洋（1964）：Tephrochronologyによる富士火山とその周辺地域の発達史．地学雑誌，**73**，23-38．

町田　洋（1987）：火山の爆発的活動史と将来予測．日本第四紀学会編，百年・千年・万年後の自然と人類，古今書院，104-135.
町田　洋・新井房夫（1992）：火山灰アトラス，東京大学出版会，276pp.
守屋以智雄（1978）：1977年有珠山噴火と地形変化．地理，**23**(4)，20-32.
守屋以智雄（1979a）：日本の第四紀前半の火砕流台地．火山，**24**，119.
守屋以智雄（1979b）：日本の第四紀火山の地形発達と分類．地理学評論，**52**，479-501.
守屋以智雄（1983）：日本の火山地形，東京大学出版会，135pp.
守屋以智雄（1999）：噴火によるダム崩壊の危険性．地形，**20**，449-463.
室　健一・佐藤博樹・長谷川昭・橋爪　光（1997）：東北日本弧の部分溶融域と地震活動の3次元分布．火山，**42**，S139-S146.
中村一明（1983）：日本海東縁新生海溝の可能性．地震研究所彙報，**58**，711-722.
大口健志・吉田武義・大上和良（1989）：東北本州弧における新生代火山活動域の変遷．地質学論集，**32**，431-455.
太田一也（1995）：雲仙岳の噴火活動の推移—1989年11月～1995年2月．長崎県雲仙・普賢岳噴火活動による自然変遷，39-48.
太田一也（1997）：1990-1995年雲仙岳噴火活動の予知と危機管理支援．火山，**42**，51-74.
菅香世子・藤岡換太郎（1990）：伊豆・小笠原弧北部の火山岩量．火山，**35**，359-374.
高橋栄一（1990）：島弧火山の深部プロセスの定量的モデル化．火山（第2集），**34**，火山学の基礎研究特集号，11-24.
吉田武義・木村純一・大口健志・佐藤比呂志（1997）：島弧マグマ供給系の構造と進化．火山，**42**，特別号，189-207.
Yuasa, M., Murakami, F., Sato, E. and Watanabe, K. (1991): Submarine topography of seamounts on the volcanic front of the Izu-Ogasawara(Bonin)Arc. *Bull. Geol. Survey, Japan*, **42**, 703-743.

9. 台地の形成

9.1 台地地形

a. 東京の台地

　東京は関東平野の一部とはいえ，坂道が多く，決して平坦な地形ばかりからなっているのではないことが大きな特徴である．東京都の中心部は，山の手台地と下町低地に大きく二分することができる．山の手台地の縁は明瞭な崖線を伴って低地と接している．たとえば，赤羽から上野に至る崖，品川付近の第一京浜国道に沿う崖などが顕著なものである．山の手台地と下町低地の接する崖にはよく名の知られた坂道が多い．坂道にちなんだ地名には，九段下，昌平坂，三宅坂，霊南坂，仙台坂，魚籃坂などがある．山の手台地には大小の谷が切りこんでいて，その谷筋には，雑司ヶ谷，茗荷谷，鶯谷，市ヶ谷，四谷，千駄ヶ谷といった「谷」のつく地名がついている．こうした谷地形を地下鉄が横切っている場合は，四谷，茗荷谷のように地上を走る．また，逆に地上を走る電車路線が谷地形を横切っている場合は，東横線の中目黒，都立大学，自由ヶ丘のように高架となっている．

　また，山の手台地の縁辺部では，北から目白台，関口台，駿河台，高輪台，白金台など，少し内陸側では，初台，南平台，青葉台など地名に「台」をつけて，平坦な台地地形であることを示している例が多い．

　こうした特徴をもった東京の地形は，古くからわれわれの生活の舞台として，主要な役割をはたしてきた．たとえば，長禄年間江戸図（1457～59）の谷と江戸初期（寛文年間，1661～72）の修築を終えた江戸城の外濠を比較してみると（図9.1），山の手台地に切りこんでいる谷をうまく利用してつくっていることがわかる．その外濠は隅田川の支流を利用して，浅草橋から筋違橋を経て西へ入り，神田台を切ってつくった運河（神田川）へと導かれ，さらに，牛込から市ヶ谷に至る台地の縁の谷を利用して四谷方向にのびていた．四谷付近で山の手台地

9.1 台地地形

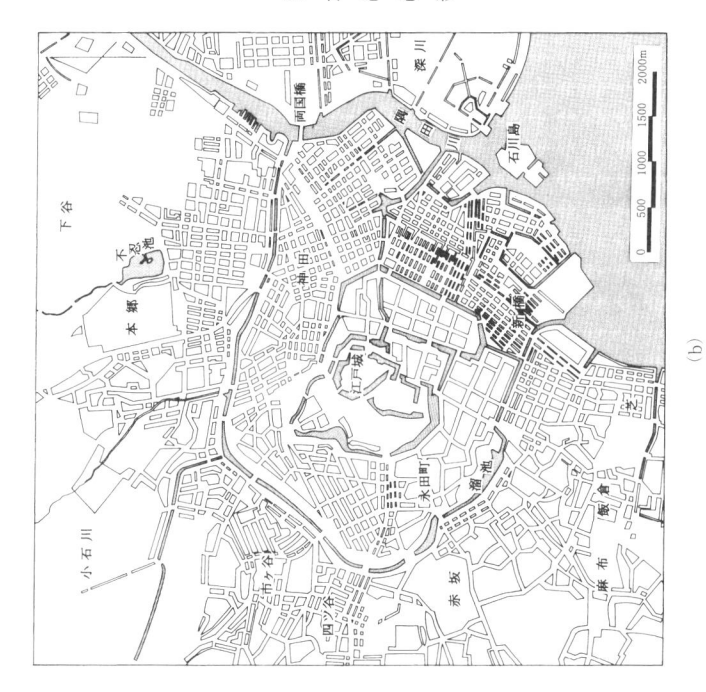

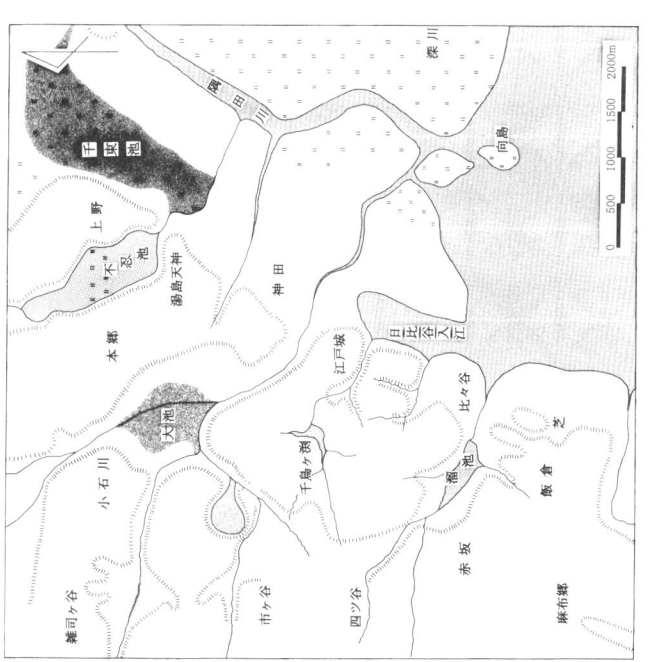

図 9.1 長禄年間江戸図 (a) と寛文年間江戸図 (b) (内藤, 1966 を一部省略)

を人工的に切り，再び溜池の谷へと結び，虎ノ門，新橋方向へと谷に沿って延長していた．

この東京にみるような，すでに開析のすすんでいる台地は，日本の各地で多くの例をみることができる．こうした台地状をなしている堆積面の多くは，更新世（洪積世）に形成されたもので，これを洪積台地ともいう．また堆積面を構成する堆積物が河成である場合と，浅海堆積物である場合とがある．東京の台地は，堆積期や堆積環境をそれぞれ異にするいくつかの堆積面の集合した地形である．この複雑な東京の山の手台地を例にとって，台地地形の形成過程を追ってみよう．

b. 武蔵野台地の区分

東京の山の手台地は，西方へ広がる武蔵野台地の一部である．この武蔵野台地は，東から北東へ次第に低下していて，その標高は青梅でおおよそ180m，立川で90m，新宿で40m，山の手台地の縁で20mである．

一見，青梅を中心とする扇状地のようにみえる武蔵野台地も，更新世における氷河性海面変動によって形成された河成段丘と海成段丘の集合である．現在では，図9.2のように，形成時期の古いものから多摩Ⅰ面（T_1面），多摩Ⅱ面（T_2面），下末吉面（S面），武蔵野面（M_1，M_2，M_3面），立川面（T_c面），青柳面，

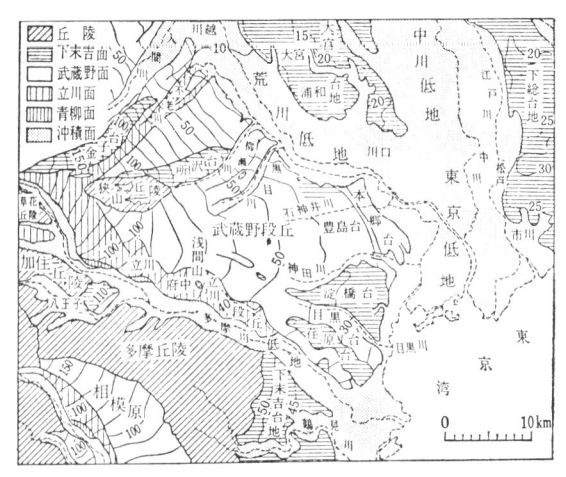

図9.2 東京付近の地形区分（貝塚, 1979）
太い実線は地形界（段丘崖線），細い実線の等高線（10m間隔）は段丘面が谷に刻まれる前の形を復元して描いてある．

拝島面に分類されている．

c. 武蔵野台地のこれまでの研究

19世紀から20世紀初めにかけて，すでにブラウンス（Brauns）らによって，武蔵野台地の地層や化石が研究されていた．武蔵野台地の地形区分のおもなものは，大塚（1931）による分類である．大塚は，地形面を形成時期に応じて，洪積面（dilluvial plain），沖積面（alluvial plain）に区分した．そして段丘の記号に時代的な意味をもたせてDl，DuIa，DuIb，DuII，AI，AIIに細分した．戦前の地形分類はおもに，地質・地形的手段を用いての分類であったが，原田（1943）は，火山灰の粒度組成，鉱物組成の分析によって，給源火山から偏西風に流されて，供給源の東方に分布することを述べて，戦後のテフロクロノロジー（火山灰編年学）の先がけとなった．

戦後テフロクロノロジーの方法がすすむにつれて，貝塚・戸谷（1953），貝塚（1958）は，「関東ローム」の編年を行い，それを手がかりに地形面の分類・対比を行った．地形面は多摩面，下末吉面，武蔵野面，立川面に分類された．一方，関東ローム研究グループ（1965）によって，関東地方の火山灰のくわしい編年が行われた．その後，さらに三浦半島の地形面との対比および下総台地の地形面との対比がすすめられ，関東平野全域の古地理が一層明らかにされつつある．

d. テフロクロノロジー

テフラはギリシア語のtéphraで，「火山灰」の意味である．アイスランドのソラリンソン（Thorarinsson, 1944）が提唱した用語で，火山灰を用いて地層の対比，編年を行う方法である．上述のごとく，テフロクロノロジー（tephrochronology，火山灰編年学）は地形面の対比に非常に有効な手段として利用されている．

最近では，全国的な火山灰の編年・分布が明らかにされ，南九州から東北に至る広域火山灰（AT）も報告されている．くわしい全国のテフラは第8章を参照されたい．近年，火山灰を用いての地形面対比が容易，かつ確実に行われるようになってきた．また，火山灰の分布上の特色，推定放出量などから，当時の爆発の規模や，火山灰を運搬した偏西風の強さの推定も行われている．

9.2 東京の地形区分

a. 多摩丘陵

　関東平野における最も古い台地地形として多摩丘陵があげられる．多摩丘陵は八王子から町田を経て三浦半島の付け根に至る広大な台地である．東を多摩川と下末吉台地に，西を相模野に限られている．この丘陵のスカイラインはなだらかで定高性をもっている．この頂を連ねた仮想面を背面とよぶ．この丘陵はとくに1960年代から1970年代前半にかけて急激に団地建設がすすめられ，その後も台地の自然環境が大きく変化した地域である．

　多摩丘陵は大塚（1930）によって多摩面として認定され，明らかに下末吉面と区別されることが明確にされた．1950年代後半に地質調査がすすむにつれて，それまで，三浦層群，屏風ヶ浦層などの基盤を切る侵食面であると考えられていた多摩丘陵が，おもにT_1，T_2面の二つの堆積面に分類されるようになった．さらに最近では，五つの地形面に細分した報告も出されている．

　多摩丘陵は西部に広がる海抜高度200～120mの多摩I面（T_1面）と，東部に広がる100～70mの多摩II面（T_2面）に大きく二分することができる．T_1面は河成堆積物である御殿峠礫層をのせる河成段丘である（図9.3）．

　T_1面は御殿峠礫層の礫の種類から，相模川系であることが推定され，さらに礫のインブリケーション（imbrication, 覆瓦構造）によって，南西から北東へ流れていた川が形成した面（河成面）であることが，明らかにされた．

　T_2面は，その後の調査で，三浦層群ではなく上総層群の向斜部に海成層をのせているが，そのうち，北部の生田，向ヶ丘遊園付近に堆積する海成層を，鴛鴦沼砂礫層とよんでいる．これは，30万～28万年前ごろの海進時の堆積物であろうといわれている．地形面の細分の結果から，次の下末吉面形成時の海進までの間に，さらに2回，海進・海退が繰り返されたといわれている．

　多摩面の河成，海成堆積物の上には，不整合に厚い多摩ロームをのせる．多摩ロームは，おもに箱根の古期外輪山と古期カルデラの活動によって供給された火山灰である．もちろん，多摩面は，20～30mの厚い多摩ロームの上に，さらに，その後の箱根や富士山の火山活動によって供給された下末吉ローム，武蔵野ローム，立川ロームをものせている．

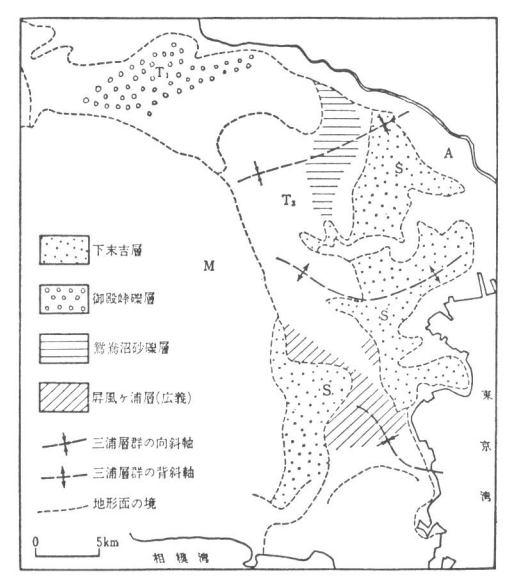

図9.3 多摩丘陵の地形面構成層分布の概略（吉川ほか, 1973）
A：沖積面, M：武蔵野面, S：下末吉面, T_1：多摩I面, T_2：多摩II面.

b. 下末吉面

貝塚・成瀬（1958）および小林（1962）は, 下末吉海進以後, 海水準がそれほど上昇した証拠がないことから, これを最終間氷期, つまり, リス-ヴュルム間氷期に対応させた. そして町田・鈴木（1971）は, 下末吉面をおおう軽石層が12万～13万年前のものであると報告している. ここでは後者に従って述べる.

下末吉面は, 海抜高度50～30mで, 多摩丘陵の中の谷に沿って入りくんだ形で, 横浜付近と, 山の手台地の一部に分布する. 下末吉面は, リス-ヴュルム間氷期に海面が上昇して, 下末吉層とよばれる海成層を堆積した面である. このときの海進を下末吉海進とよび, 関東平野に入りこんだ海を古東京湾とよんでいる. 12万～13万年前はステージ5eに相当し, 下末吉海進の最盛期で, 当時は図9.4のように関東平野の大部分が海域となっていた.

（1）**山の手台地の下末吉面**　淀橋台, 荏原台と田園調布台が山の手台地における下末吉面である. 淀橋台は, 新宿, 渋谷, 品川の台地で, 荏原台は千歳船橋から馬込にかけての台地である. このいずれもが浅い入江に堆積した内湾性の貝層（東京層）の上に, 浅い水中に堆積した火山灰質の渋谷粘土層をのせている. このほかに, 大宮台地にも東京層が存在することから, ここも当時浅海下に

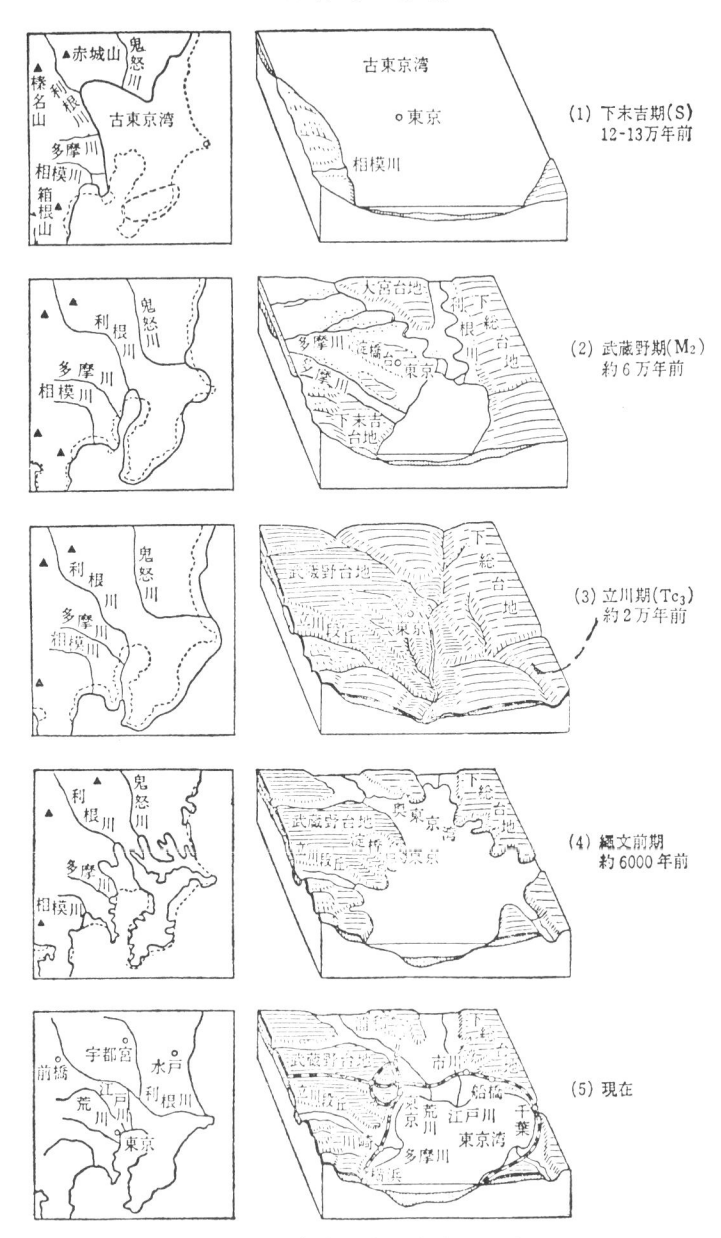

図9.4 関東平野の変遷（貝塚, 1977）
左列の三角は活動中の火山，右列の断面にみえる黒い層は関東ローム層の上部（立川ローム層と武蔵野ローム）．点は河岸段丘砂礫層，縦線はおもに海成層（成田層群と沖積層）．

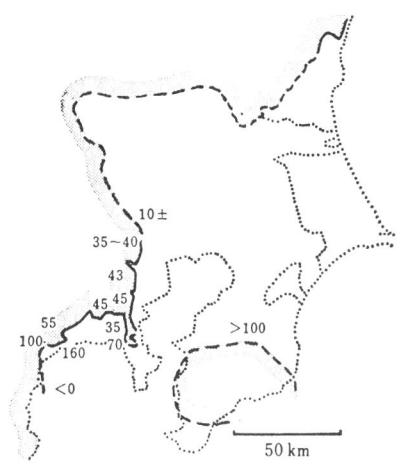

図9.5 下末吉海進絶頂期（約13万年前）の関東平野の古地理図（町田，1977）
実線は確かな旧汀線，破線はやや確実さを欠く旧汀線，点線は当時の海底の高まりの縁（高まりは海側），数字は旧汀線の現在の海抜高度（m）．

あったことが証拠づけられている．

(2) **横浜の下末吉台地** 横浜市の港北・鶴見・神奈川区には，海抜高度40m前後の下末吉台地が分布する．この台地は，背後に広がる多摩面に比べると，台地の上に広く平坦面を残していて，切りこんでいる谷も少ない．

基盤である三浦層群，屏風ヶ浦層を侵食した谷を埋めるような形で，海成層である下末吉層が不整合に堆積している．この下末吉層の堆積環境は，貝化石などによって，「海進→停滞および小海進→海退」と変化したことが明らかにされた．

(3) **下末吉期の環境** 下末吉期の海水面高度は現在より約7m高かったと推定されている（町田，1977）．しかし，現在では当時の旧汀線高度が図9.5のように，大磯町背後で160m，横浜で約45m，東京の下末吉面で35～40mと，それぞれの地域によって異なっている．各地の現在の海抜高度から古海水面高度を差し引いた量が，それぞれの地域がうけた下末吉期以降の地殻変動の量を表している．

下末吉海進の際，所沢とそれ以西の地域では，海進が及ばず，当時の海に注ぐ多摩川が扇状地をつくっていた．そのときの陸成砂礫層が，所沢台，金子台を形成した．これらの河成・海成の下末吉面を，5～7mの厚さの下末吉ローム，武蔵野ローム，立川ロームがおおっている．この下末吉ロームは，おもに箱根の新期外輪山と新期カルデラの活動によって供給されたものである．関東平野の東部では，下末吉期に，海成層である成田層が堆積して，海抜20～50mの下総台

地，常陸台地を形成した．下末吉期に相当する海成層は，関東平野ばかりでなく，日本各地に分布し，この時期の海進が全日本的な規模で発生したことを示している．

(4) **下末吉期の古赤色土**　リス-ヴュルム間氷期は，植物化石，貝化石などから，非常に温暖であったことが報告されている．主として西南日本では，この時代の温暖な環境下で，赤色土が生成された．

一般に，赤色土の生成には年平均気温20℃程度，年降水量1500～3000 mm，日平均気温10℃以上の年積算温度が5000℃以上の高温多湿な気候が適しているといわれている．現在の気候下でこの条件を満たすのは，屋久島以南とされている．したがって，この時期に形成された西南日本の古赤色土の分布から，当時の古気候を推定することも可能である．

c. 武蔵野面

下末吉海進の後，一旦海退した海は，10万～5万年前の間に，海面の上昇と下降を繰り返した．この時期は，リス-ヴュルム間氷期からヴュルム氷期の極相期への移行期に相当する．山の手台地のうち，下末吉面を除くほとんどの地域がこの時期に形成された．豊島台，本郷台，目黒台，久が原台が武蔵野面に相当する．これらの武蔵野面は，さらにM_1，M_2，M_3面に細分されているが，ここでは，一括して武蔵野面として述べることにする．

ヴュルム氷期の極相期に向けて海退した海へ流入していた多摩川や相模川は，河床礫の堆積を盛んに行い，扇状地を形成していた．当時の海岸線は図9.4のようであった．武蔵野面の傾斜から推定される多摩川の当時の河床勾配は，図9.6のように下末吉面より急で，立川面よりゆるく，現在の河床勾配に近かった．

この武蔵野面では，当時の河床礫であった武蔵野礫層（山の手層）の上に，さらに細粒の山の手粘土層をのせている．この粘土層は武蔵野面の東部で厚く，西部で薄い．さらにこの粘土層は不透水性であるために，これが厚く分布している豊島区の東や世田谷区の東では，地下水面は浅く井戸水が得やすい．

武蔵野面は，これらの河成堆積物の上に，さらに武蔵野ローム，立川ロームをのせている．武蔵野ロームは，おもに古富士起源の火山灰である．このロームの下部には箱根から供給された，特徴のある東京軽石がはさまれている．武蔵野ロームは山の手台地で約4 mの厚さであるが，東部へいくほど薄くなる．この火山灰の等厚線は，富士山を中心に，長軸を東から東北東にもつ扇形に広がってい

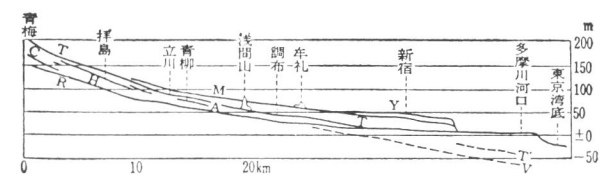

図9.6 武蔵野台地南部ならびに多摩川の縦断面図（貝塚，1979）
Y：淀橋台，C：千が瀬段丘，M：武蔵野段丘，R：現多摩川河床，
T：立川段丘，T'：埋没立川段丘，A：青柳段丘，H：拝島段丘，V：
沖積層に埋もれた谷底．

る．このことは，火山灰は偏西風（ジェット気流）によって運搬されたことを物語っている．

d. 立 川 面

　約2万年前のヴュルム氷期（最終氷期）最盛期（ステージ 2）には，海水準がおよそ−120 mまで低下していた．現在の東京湾は陸化していて，古東京川が流下していた．当時の古東京川は，利根川と多摩川を合流して，利根川の埋没谷に沿って流下し，浦賀水道付近で太平洋に注いでいた（図9.4）．この海面低下に伴って，下流部では下刻が盛んになり，河成段丘面としての立川面を形成した．最も低下した海は，1万5千年前ごろから上昇を始めて，1万2千年前には，−20〜−30 mに達した．その後一旦海退し，再度上昇を続けた．

　立川面は多摩川沿いに分布し，武蔵野面とは明瞭な段丘崖で接している．この面には，3〜5 mの厚さの立川礫層の上に，立川ローム層をのせている．立川面の下流への勾配は，武蔵野面よりも大きく，現在の多摩川の勾配よりも大きい．したがって，立川より上流では，武蔵野面をおおう関係にあり，立川より下流では武蔵野面を侵食する関係にあった（図9.6）．この立川面は府中より下流では沖積面下に没してしまう．東京の下町低地の沖積面下には，さらに連続する立川面が埋没している．一方，府中より上流では，立川面のほかにさらに低位の関東ロームをのせる青柳面が発達している．青柳面より低位には，数段の関東ロームをのせない段丘が分布する．これらのきわめて新しい段丘は後関東ローム段丘とよばれている．

　立川面をおおう立川ローム層の厚さは，3 m前後で，武蔵野ロームと同様に，古富士起源の火山灰である．立川ローム層はその中間に2枚の暗色帯（黒バンド）をはさむ．これは，火山灰降灰の休止期を示すものといわれている．立川期

の最寒冷期の気候は，関東平野では現在よりも年平均気温で7～8℃低く，関東平野は現在の十勝平野のような気候であった．江古田の植物化石層からも，当時の関東平野は針葉樹林におおわれていたことが明らかにされている．

9.3 石灰岩台地

これまで述べてきた河川の作用，海水の作用によって形成される台地地形のほかに，台地を構成する岩石が特異なために，特殊な台地地形を形成することがある．ここでは，石灰岩と花崗岩の台地をとりあげた．

a. カルスト台地

スロベニアのクラス（Kras）地方では，ギリシア・ローマ時代以来，長年にわたる植生破壊の結果，土壌侵食が起こり，石灰岩が露出し，裸出カルストとよばれる台地をなしている．クラスとは「石ころだらけの地」の意味である．このクラス地方は19世紀にウィーン学派によって「カルスト」と誤って紹介された．以来，学術用語としてカルスト地形，カルスト台地，カルストシステムなどのようにカルストの名称が広く用いられている．

全世界の石灰岩地域は地表面積の約12%を占めると推定されている．日本では，全国土の0.5%弱にすぎない．石灰岩の地域は台地地形を形成することが多い．その台地地形には，岩石のもつ特質が強く影響する．石灰岩は約90%以上をカルシウムが占める岩石であり，二酸化炭素がとけこんだ水によって溶解する．また土壌中へ浸透した水は地中の有機物の分解によって生産された二酸化炭素や，植物の根の呼吸によって供給された二酸化炭素が多いため，地表より一層効率よく溶解作用が進行する．岩石中に浸透したこの土壌水は，カルシウムを溶解しつつ圧力の高い状態で一層多くのカルシウムを保有しながら，割れ目に沿って浸透する．このため，岩石の中の空隙が次第にとかされ大きくなっていく．地下には溶食作用によって，石灰洞や，カルスト回廊などがつくられる．

図9.7は，われわれが探検できるところを洞窟として図化しているが，実際は多くの小さい空隙を通って地下水が浸透し，流下するシステムができ上がっている．地下の空隙が大きくなると，その部分の圧力が低下するために，飽和状態でカルシウムをとかしこんで流下した地下水は，保有しきれなくなったカルシウムを集積する．これが成長していくと，鐘乳石を形成する．これらをその形態や位置によって名称をつけ，ストロー，ツララ石，石筍，カーテンなどとよぶ．カル

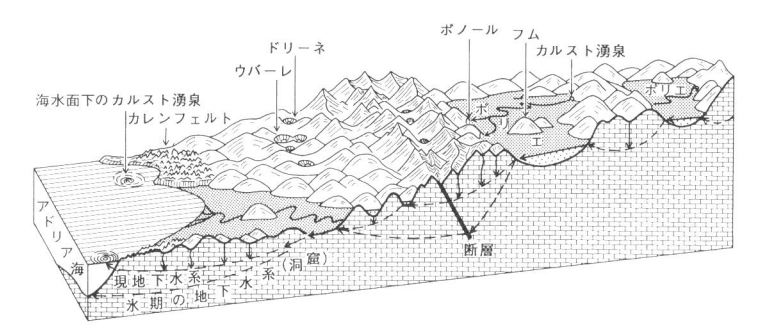

図9.7 アドリア海岸からディナルアルプスまでの地域でみられるカルストシステム（漆原，1996）

シウムをとかしこんだ水は地下水系を通って，最終的に海水面に達する．厚い岩石の中で被圧している場合は，海面下でカルスト湧泉として淡水がわきあがる．カルストの地表と地下を含めた典型的なカルストシステムを観察することができる．図9.7には，アドリア海東岸のダルマチア（Dalmacija）地方でみる地表と地下水系を含めた典型的なカルスト地形のモデルを示した（漆原，1996）．

　一般に石灰岩台地では，雨の後すぐに地中に水が浸透し，地下水系へ流下するので，人間活動のために必要とされる地表水は不足する．とくに乾燥〜半乾燥地域ばかりでなく，湿潤地域でも，生活用水，農業用水が不足し，人々がどのように水不足を解消するかが大きな問題となる．前述のダルマチア地方のほか，ジャマイカ，ジャワ島，日本の南西諸島では，各家々や教会の屋根に降る雨水を貯めるタンクを用意し，生活用水を確保してきた．ダルマチアの南部では，ギリシア井戸とよばれる，コンクリートづくりの広い傾斜をつけたキャッチメントを野外に用意し，多量の水を集めて，用水を確保してきた．ジャワ島では伝統的にテラガとよばれるドリーネの底を利用した用水池を利用してきた．しかし，近年ジャワ島でも生活，農業用水の不足が著しく，洞窟内を流れる地下水をポンプアップし，これを飲料水，農業用水として利用することが始まっている．

b. 帝釈峡の鍾乳洞

　日本では地殻変動が激しいので，石灰岩台地には局地的に河川水を基準面として地下水系が発達した痕跡を複数残している．地下水の基準水位が停滞する時期があれば，水平に近い洞窟が形成される．また，急激な基準水位の変化期には水平洞より，むしろ垂直洞が形成される．

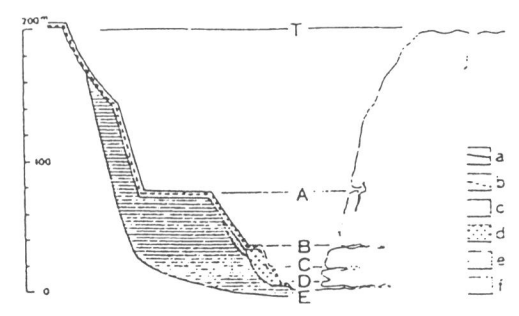

図9.8 帝釈峡における河岸段丘とそれに対応する洞窟（洞穴）群（漆原，1996）
a：新三瓶火山灰，b：古三瓶火山灰，c：古崖錐，d：段丘堆積物，e：備北層群（中新統），f：古生層（おもに石灰岩），T：帝釈高原面，A～Eは洞窟と河岸段丘の対応．

　ここでは，広島県の帝釈峡（二畳紀～石炭紀の石灰岩）の例について，北備後台地団体研究グループ（1969）に従って述べる．帝釈峡における水平洞の河床からの比高は70m，30m，12m，8m，1mにほぼそろっている．それぞれをA（70m），B（20～30m），C（12m），D（3～8m），E（1m）水準とよぶ．それぞれの水平洞の間には，垂直ないしは斜めの洞窟が成長している．これらの鍾乳洞は，帝釈峡の各時代の河成段丘の高度にほぼ一致している．すなわちA水準は多摩面相当の段丘に，B水準は下末吉面に，C水準は武蔵野面に，D水準は立川面にそれぞれ対応する（図9.8）．D水準は，段丘面の火山灰を手がかりとして，22000～18000 y.B.P.以降に形成されたことがわかっている．E水準の洞窟は，完新世に相当し，現河床面に対比されている．このように，海水準の変動に応じて河成段丘が形成され，同時に当時の地下水位の変動に応じて水平洞が形成された．地表での河成段丘の形成と，地下水位に対応して形成される洞窟系は，システムとして連動していることがわかる．

9.4　花崗岩台地

　花崗岩は風化のプロセスが特異なため，特色のある台地地形をつくりやすい岩石である．花崗岩は全世界の陸地面積の15%を占める．日本では，日高山地，北上山地，阿武隈山地，日本アルプス，中国地方に広く分布する．日本の全国土面積の約12%を占め，わが国では広く分布する岩石の一つである．

9.4 花崗岩台地

図9.9 イタリア，サルディニア島における花崗岩（古生層）にみられるタフォニ．漆原撮影（1997）

　花崗岩の造岩鉱物は，石英，長石，雲母を主成分とし，副成分には鉄鉱石，ジルコンなどが含まれる．日本では雨が多く，花崗岩の風化が進んでいる．このため，岩石表面や，地表近くの花崗岩は，造岩鉱物粒子の大きさにぽろぽろにこぼれやすくなったマサ（真砂）状になる．長石や雲母は土壌化しやすいが，石英は風化に対する抵抗が大で，砂画分のまま長く残るので，砂壌土を生成する．したがって花崗岩地域では，石英が風化し細粒になり，鉱物としての特性を失うまで，長期にわたって水はけのよい砂壌土の土性を保持する．

　一方，半乾燥〜乾燥地域や，乾燥と湿潤な状況を繰り返すような花崗岩地域では，乾燥した状況が続くとき，岩石内の塩分の結晶や，海水飛沫などの外部から付着した塩分の集積や結晶化を起こす．このときに岩石内で不均質な体積の膨張が起こり，鉱物粒子間がゆるむ．また，表面硬化作用がその下の物質の結合を弱めるという説もある（松倉・田中，1999）．こうして，花崗岩の表面に奇怪な凹凸形を生ずる．これをタフォニ（tafoni）とよぶ．同様の地形は砂岩などでも生ずることがある．図9.9はイタリア，サルディニア（Sardegna）島の古生代の花崗岩地域にみられるタフォニである．海岸部ばかりでなく，内陸部でもタフォニが観察されることから，岩石内部の塩類の結晶化も塩類風化の一因となっていると思われる．地質時代を通じてきわめて強い風化作用をうけたか，もしくは，長期にわたって風化をうけた後，硬い花崗岩部分のみが残り，残丘状をなす．この島のように残丘が残るものをインゼルベルク（Inselberg，島状丘，島山），また

はボルンハルト（Bornhardt）と呼ぶ．この凸地がさらに風化をし，侵食されて，岩塊を積み上げたかのような丘としてそびえ，平原や高原に孤立丘をなすことがある．この残丘をトア（tor）とよんでいる．池田（1998）によると，トアの名の起こりは，イングランド南部のダートモア（Dart moor）の花崗岩ドームで，氷期に周氷河作用をうけ，差別侵食をうけた結果，形成されたものである．このほかにケニア北部や，アメリカ合衆国南西部のモハーベ（Mojave）砂漠に分布するという．

文　　献

原田正夫（1943）：関東ロームの生成に就いて．東京大学土壌肥料学教室報告，(1)．
池田　碩（1998）：花崗岩地形の世界，古今書院，205p．
貝塚爽平（1958）：関東平野の地形発達史．地理学評論，**31**，69-90．
貝塚爽平（1979）：東京の自然史，増補第2版，紀伊国屋書店，239p．
貝塚爽平（1977）：日本の地形，岩波書店，234p．
貝塚爽平・戸谷　洋（1953）：武蔵野台地東部の地形地質と周辺諸台地のTephrochronology．地学雑誌，**62**，59-68．
貝塚爽平・成瀬　洋（1958）：関東ロームと関東平野の第四紀の地史．科学，**28**，128-134．
関東ローム研究グループ（1965）：関東ローム，築地書館，378pp．
北備後台地団体研究グループ（1969）：鍾乳洞の形成期について．地質学雑誌，**75**，281-287．
小林国夫（1962）：第四紀（上），地学団体研究会，194p．
町田　洋（1977）：火山灰は語る，蒼樹書房，324p．
町田　洋・鈴木正男（1971）：火山灰の絶対年代と第四紀後期の編年―フィッション・トラック法による試み―．科学，**41**，263-270．
松倉公憲・田中幸哉（1999）：韓国，特崇山の花崗岩トアに発達するタフォニやナマの形成・拡大に関与する岩石強度と含水比．地学雑誌，**108**，1-17．
内藤　昌（1966）：江戸と江戸城，鹿島出版会，244p．
大塚弥之助（1930）：三浦半島北部の層序と神奈川県南部の最新地質時代に於ける海岸線の変化に就て．地質学雑誌，**37**，343-386．
大塚弥之助（1931）：第四紀，岩波書店，107p．
漆原和子編（1996）：カルスト―その環境と人びとのかかわり，大明堂，325p．
吉川虎雄・杉村　新・貝塚爽平・太田陽子・阪口　豊（1973）：新編日本地形論，東京大学出版会，418p．

10. ―氷河時代の日本

10.1 氷 河 地 形

a. 氷河地形の分布

中部日本に連なる飛騨,木曽,赤石の三つの山脈は日本アルプスとよばれ,その名が示すように岩がちのゴツゴツした急斜面や鋭い山稜がみられる.このような地形の存在から,現在は氷河がない日本アルプスにも,過去には氷河が存在したことが,明治時代から推定されていた.登山が盛んになるにつれて,多くの氷河地形が発見され,1940～50年代には,今村学郎,小林国夫などによって日本アルプスの氷河地形の分布の総まとめが行われた.

今村,小林によって氷河地形と認定された地形は,典型的なカール (Kar, 圏谷) またはU字谷 (氷食谷) の存在に加えて,モレーン,羊岩,氷河擦痕などをもち,しかも涵養域と消耗域とがほどよいバランスをもつものに限られていた.そのため,氷河地形の分布はせまく,そのほとんどはカールであった.カールは,赤石山脈,木曽山脈,飛騨山脈 (図10.1(a)) の順に数を増し,大部分が山稜の東側に位置している.

1963 (昭和38) 年の日本地理学会において,五百沢智也は,日本アルプス全域の氷河地形の分布を発表した.五百沢は,それまで現地でバラバラに行われていた氷河地形の認定を,空中写真判読によって一つの基準で見直した.ゴツゴツした急な山稜や岩壁の下方に広がるゆるくなめらかな地形と,その縁辺の堆積地形の存在が認定の基準となった.五百沢の判読結果によると,今村,小林によって認定された氷河地形の周辺や下流部にも広く氷河地形が認められている.槍・穂高連峰の槍沢・横尾谷は立派なU字谷であり,氷食をうけていないとされていた後立山連峰 (白馬岳-針ノ木岳) 東面にも,なだれ涵養型の氷河がつくった氷河地形が認められた.また,白馬岳以北は小規模な氷帽氷河がつくった地形であるとされた (五百沢,1967).このように,氷河地形の分布範囲は非常に広くな

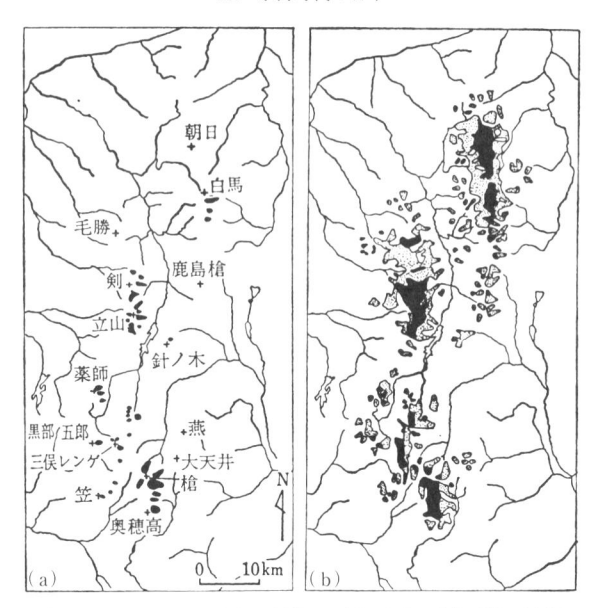

図 10.1 北アルプス（飛驒山脈）の氷河地形の分布（岩田編集）
(a) は今村 (1940)，Kobayashi (1958) によるもの，(b) は五百沢 (1966) を簡略化したもの．黒く塗りつぶしたものは涸沢期（最終氷期後半），点を打った部分は横尾期（最終氷期前半）に相当する．

った（図10.1(b)）．

　北海道の日高山脈にも氷河地形が分布することは戦前から知られていたが，戦後になって橋本・熊野 (1955) などによってくわしい研究が行われた．日高山脈の氷河地形も日本アルプスと同じようにカールがほとんどで，カールの下に短い氷食谷が続くこともある．

　日本アルプスと日高山脈以外の多くの山でも氷河地形らしい地形の存在が報告されているが，崩壊，雪食，噴火などによって形成された地形とされることもあり，氷河地形として広く認められるところまでには至っていない．

b. 氷河地形の形態

　ヨーロッパや北アメリカの山地の激しく氷食をうけた地形と比べると，わが国の氷河地形はかなり異なっている．穂高岳，ポロシリ岳，トッタベツ岳のものなどを除くと，大部分のカールは浅く，氷食谷も短く典型的なU字形の断面をもつものは少ない．その原因として，氷河が小さく氷食の程度が少なかったためとか，岩質の差とか，氷河消滅後の地形変化が著しかったためとか考えられている

10.1 氷河地形

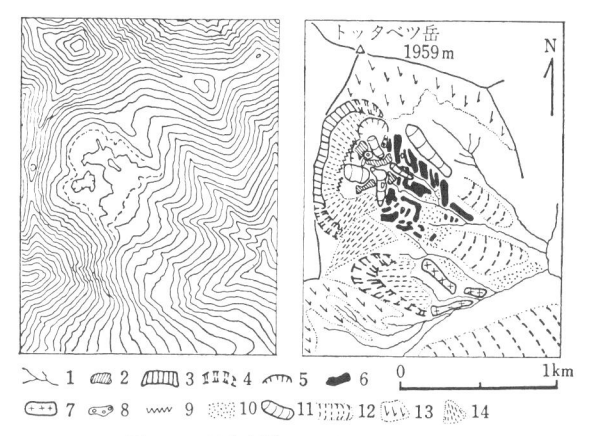

図10.2 日高山脈，七ツ沼カールの地形
左は国土地理院発行の2万5千分の1地形図から等高線を抜き出したもの．等高線間隔20 m．右は地形学図（小野・平川，1975を簡略化したもの）．1：ガリー・水流，2：池，3：トッタベツ亜氷期のカール壁，4：ポロシリ亜氷期のカール壁，5：ネオグレシエーションのカール壁，6：トッタベツ亜氷期のモレーン，7：ポロシリ亜氷期のモレーン，8：ネオグレシエーションのモレーン，9：プロテラスランパート，10：トッタベツ亜氷期の融氷水流による堆積物，11：羊岩，12：ゆるやかに傾く氷食台地，13：岩屑匍行斜面，14：崖錐．

が，日本の高山が第四紀の後半に急に隆起したので氷河作用を1〜2回しか経験していないことも関係しているという考えもある．

　明瞭な形態のカールのほとんどは，カールの谷側の縁の部分（スレッシュホールド，threshold）またはその少し下方にモレーンをもつ．カール内部には小規模な凹凸が存在することが多く，池が形成されていることもある．カール縁のモレーンは大きな岩塊も含んだ岩屑の堆積からなり，表面はハイマツでおおわれている．カール背後のカール壁から落下する岩屑は崖錐をつくり，その下部に，新鮮で小規模なモレーン状の堆積物がみられることもある．プロテラスランパート（protalus rampart）もしくは化石化した岩石氷河と考えられている．典型的なカールの例として日高山脈，七ツ沼のカールの地形を示した（図10.2）．

　白馬岳東面の松川谷のように数列のターミナルモレーンと対応して数段の河岸段丘がみられる場所もある．このような段丘は，バレートレイン（valley train）が段丘化したもので，このような例は，日高山脈のトッタベツ川などでみられるにすぎない．

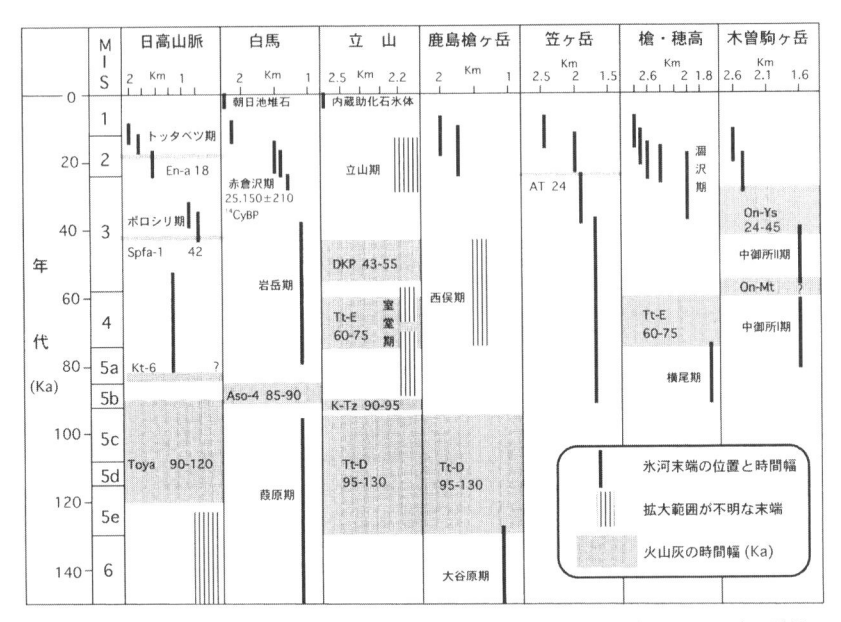

図10.3 日本列島更新世末の氷河拡大の時期と拡大の程度（岩崎・平川（1997, 1998a），平川・岩崎・沢柿（1996），小野（1996），伊藤・清水（1987），町田・伊藤（1996），川澄（1997），伊藤・正木（1987, 1989），長谷川（1992, 1996），柳町（1983）を岩田編集）縦軸に時間，横軸に氷河末端高度（km）をとった．

c. 氷河地形の形成時代

日本アルプスや日高山脈に氷河地形の形成された時期が，新旧二つに分かれることは，かなり古くから知られていた．モレーンが2列以上あることや，カールの地形に古いものと新しいものとがあることなどによってである．しかし，その絶対年代についてのデータは得られず，山地の地形発達，山麓にある寒冷期を示す地層の時代論などに基づいて間接的に推定されていたにすぎなかった．

Kobayashi（1958）は，槍・穂高連峰においてカールから氷河が流出して小氷舌をのばしていた時期を飛騨期Ⅰ，カール底に残るモレーンを形成した時期を飛騨期Ⅱとし，後者をさらに三つに細分した．五百沢（1966）は，今村，小林によって認められた氷河地形の外側に分布する氷河地形を，飛騨期Ⅰより古い時代に形成されたとして，横尾期と命名した．同じような関係は立山においても知られており，立山期と室堂期という二つの前進期が提唱された（深井，1975）．

最近になって，モレーンをおおうテフラやティル（氷成堆積物）中のテフラが

報告され最終氷期の氷河変動がはっきりしてきた（図10.3）．

(1) 最終間氷期以前 日高山脈のトッタベツ川流域の氷食谷や，鹿島槍ケ岳東面大谷原のモレーン丘は最終間氷期以前の氷期に形成された可能性がある．

(2) 最終氷期前半亜氷期（横尾期・室堂期） 立山西面の室堂期の氷成・融氷流堆積物には大量のTt-Eテフラ（60～75 ka）が含まれておりMIS（酸素同位体ステージ）4前後の氷河前進と考えられる．槍・穂高連峰の横尾期のモレーン，木曽駒ケ岳東面の低位モレーンもMIS 4であろう．日高山脈のポロシリ期の氷成堆積物はSpfa-1テフラ（42 ka）降下直後に堆積しているので最拡大期はMIS 3である．木曽駒ケ岳中御所Ⅱ期のモレーンもOn-Ysテフラ（24～45 kaごろ）におおわれているのでMIS 3の可能性が高い．

(3) 最終氷期後半の拡大期（涸沢期・立山期） この時期の拡大が25～20 kaに集中していることは，En-a（18 ka）とAT（24 ka）の火山灰，炭素同位体年代（25150±210 y.B.P.）から明らかである．このMIS 2（MIS 3末の可能性もある）の拡大が，MIS 4, 3の拡大に比べてかなり小さいことは氷河地形の分布（図10.1）に示したとおりである．テフラのある日本とはちがって絶対年代が得られている例はまだ少ないのだが，世界的にみても山岳氷河はMIS 2よりMIS 4の方で大きく前進しているといえそうである（小疇・岡沢，1983）．

(4) 完新世の氷河拡大 この可能性を示すモレーンは白馬岳北方の朝日岳北側の朝日池モレーンだけである．

10.2 氷期の気候と植生

a. 北海道の化石周氷河地形

津軽海峡をこえて北海道に入ると，地形的にまず目につくのは，ゆるやかな山地である．これは，山地が最終氷期にソリフラクションをうけてなだらかになったためである．このようななだらかな地形は，北海道の大部分と本州の北端，青森県の東部と岩手県の北東部にみられる（図10.4）．図10.5は，宗谷付近の丘陵地でソリフラクションをうけた地形の特徴を明瞭に示している．この南限以南でも，各地の高山には，化石周氷河地形が発達している．

鈴木は，現在の日本の気候区分を行い，西高東低の気圧配置のときに必ず降水のある地域を ① 裏日本気候区，同じときに降水のない地域を ② 表日本気候区，そして西高東低時の気圧傾度・等圧線の走向などによって降ったり降らなかった

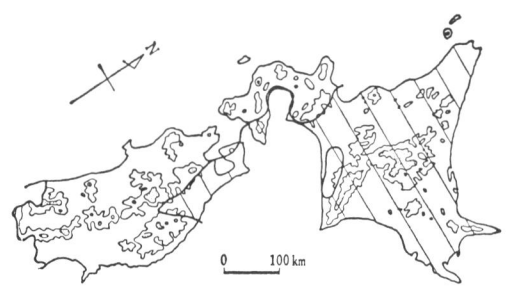

図10.4 周氷河性波状地の分布（鈴木，1962）

図10.5 宗谷付近の周氷河性波状地（岩田撮影）

りする地域を③準裏日本気候区に区分している．現在の積雪の有無を分けるのは，②と③の境界線であり，その線は北海道東部から三陸海岸付近まで及んでいる．図10.4の周氷河性波状地の分布図から，最終氷期にはこの②と③の境界線が①と②の境界あたりまで後退し，渡島半島の西半を除いて北海道の大部分が，西高東低時に降水のない表日本式気候になっていたと推定できる．

　最終氷期の冬の卓越風向は，現在とほぼ同じ西風，北西風であったと考えられるので，冬の季節風がもたらす水蒸気の供給源である日本海の状況が，現在と少し異なっていたと考えられる．

　最終氷期の海面低下量を100m，すなわち現在−100mの等深線をその当時の海岸線としても北海道西部の日本海にはほとんど変化がない．そこで鈴木は，現在の海氷の状態などを参考にして，日本海の一部が氷期に結氷していたと考え（図10.6），日本海の結氷によって水蒸気供給量が減少したと考えた．

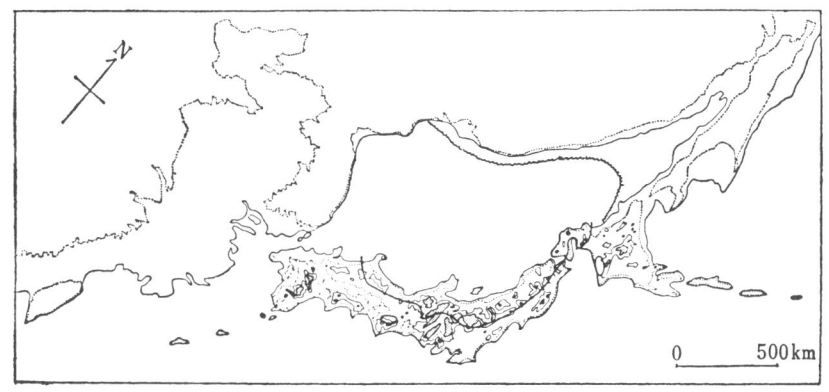

図10.6 氷期の日本海の結氷（鈴木，1962）
———：冬の季節風による積雪地帯の限界，———：海岸線，……：現在の海岸線，〜〜〜：冬期結氷限界の推定．

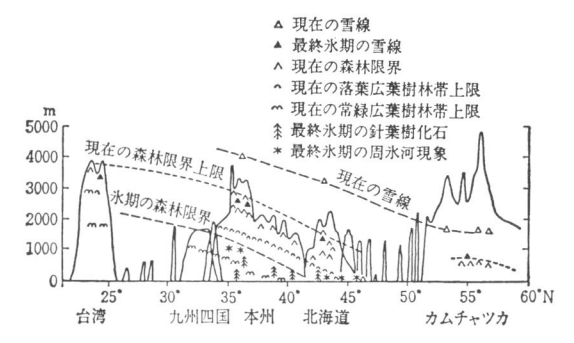

図10.7 最終氷期（約2万年前）と現在の諸現象の垂直分布（貝塚，1977）

b. 化石周氷河現象からみた氷期の気候

最終氷期の雪線低下に伴う森林限界の低下は，貝塚によれば1500 mであり（図10.7），貝塚は最終氷期の気候地形区に鈴木の氷期の気候区界を入れて周氷河地域を図示している．また当時の気候は，年平均気温が9℃前後低下していたと考えられている．

藤木は，札幌付近の化石凍土現象から，永久凍土の存在を予想し，その当時の気温低下量を8〜10℃と考えている．また火山灰層の層位から，凍土現象形成期が支笏降下軽石（32000±2000 y. B. P.）の堆積の前後に2回あったと考えている．

野川らは，十勝平野の火山灰層の8層群に凍土現象を認め，支笏降下軽石の降

下以前に2回, 直後に1回, 1万9千〜9千年前の間に4回, それに後氷期に1回の寒冷期の存在を推定している.

小疇らは, 十勝平野の化石凍土現象を調べて, 約5万年前から寒冷化が始まったと推定している. また支笏降下軽石によって充塡されたアイスウェッジキャスト (ice-wedge cast, 化石氷楔) の存在から, アイスウェッジの形成期は, 支笏降下軽石の降下数千年前からその直後であり, 3万数千年前が最も寒冷であったと考えている. その当時の気候は, 年平均気温が-6℃またはそれ以下で, 現在より12℃以上低く, 積雪の少ない大陸性気候で, 永久凍土が連続的に発達する樹木の乏しいツンドラ (パークランド) であったと思われる.

c. 岩屑量の変化からみた氷期の気候

日本の扇状地には, 現成扇状地よりも開析扇状地の方がはるかに多く, そのほとんどが最終氷期に形成されたとみられている. 戸谷ら (1974) は, この扇状地の分布を鈴木の氷期の気候区と対比し, 氷期の気候の特徴について述べている. 戸谷らによれば, 東海地方と四国の沿岸を除いた鈴木の表日本気候区に開析扇状地が圧倒的に多く, 裏日本気候区に現成扇状地の大半が集中している. また中部地方では, フォッサマグナ西縁と日本海側に現成扇状地の割合が高く, さらに伊那谷に開析扇状地が多い. たとえば北海道胴体部では, 開析扇状地47に対して, 現成扇状地1である. これらのことから, 氷期に中部地方では気温が低下しても河川営力に極端な変化はなかったと思われる. しかし, 北海道では氷期の岩屑の生産量と運搬のプロセスに現在と質的に大きな変化があったと推定される. 一方, 多雪地ではこの変化も量的変化にとどまったと思われる.

平川・小野は, 日高山脈の岩屑生産とその山麓の十勝平野の扇状地の形成が, 気候変化によると指摘している. 平川・小野によれば, 最終氷期は支笏降下軽石が堆積した約3万年前を境に, 前半のポロシリ亜氷期, 後半のトッタベツ亜氷期に分けられる. ポロシリ亜氷期には, 氷河が最も拡大して北海道のほとんど全域が周氷河地域となった. 山地では谷が埋積し, 山麓に扇状地が著しく拡大した. また, この時期の斜面堆積物が細粒で, マトリックスも泥質である層相から, 流動性の高いマスウェスティングが活発であったとみられている. トッタベツ亜氷期には, 岩屑の生産量もわずかになり, 速度の遅いマスウェスティングによって岩屑が斜面を移動していたと思われる.

10.2 氷期の気候と植生

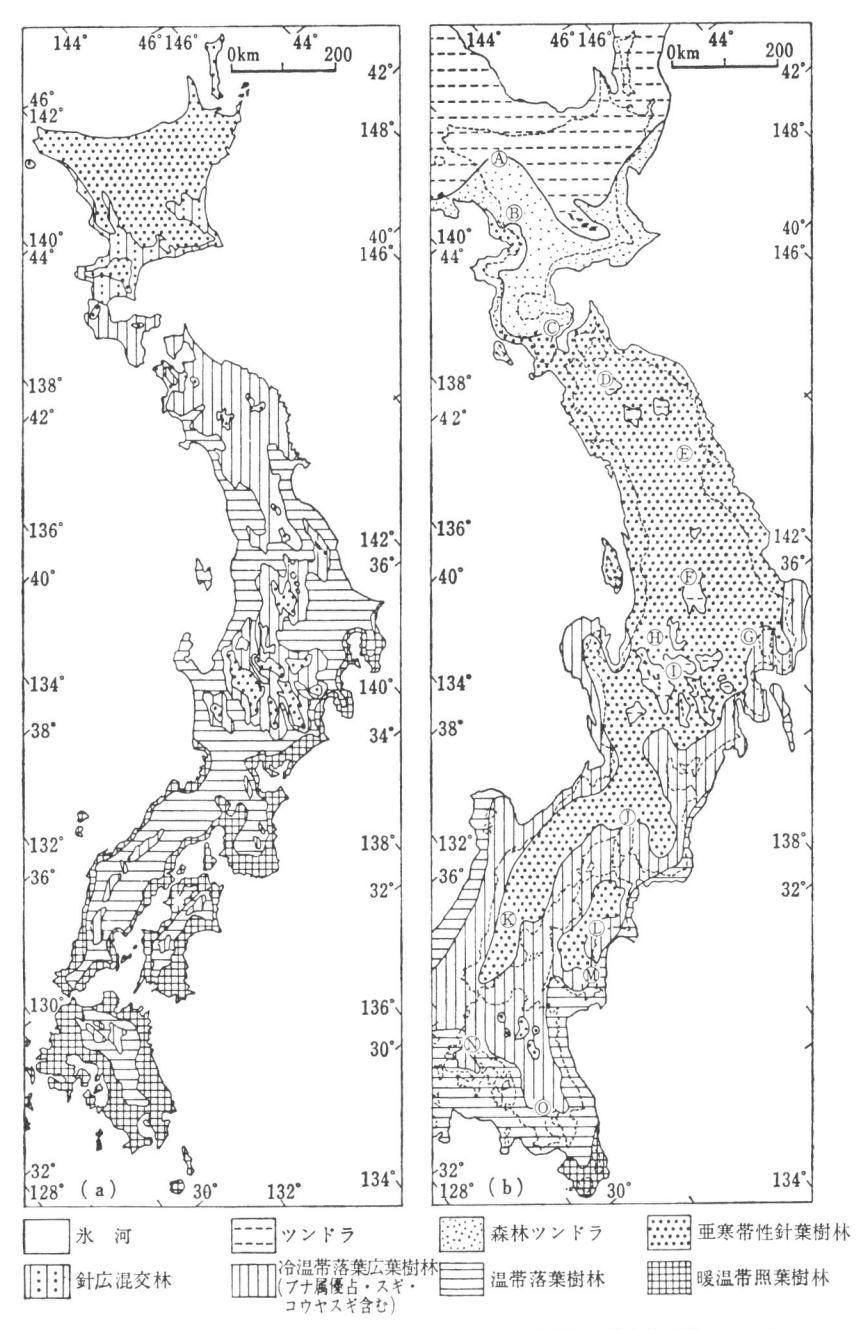

図 10.8 現在と最終氷期最盛期（2万5千〜1万5300年前）の植生帯（塚田，1974）

凡例：
- 氷河
- ツンドラ
- 森林ツンドラ
- 亜寒帯性針葉樹林
- 針広混交林
- 冷温帯落葉広葉樹林（ブナ属優占・スギ・コウヤスギ含む）
- 温帯落葉樹林
- 暖温帯照葉樹林

d. 最終氷期の植生

塚田によれば，最終氷期に北海道の大部分は，森林ツンドラとなり，本州では関西以北，中国山脈，四国山脈が亜高山性針葉樹林でおおわれていた．また，九州や新しく陸化した瀬戸内地方は，ブナを優占した冷温帯林でおおわれ，温帯林や暖温帯林は，関西地方以南の地域に追いやられたと思われる（図10.8）．

東京の例をあげれば，新宿の西方にあたる武蔵野台地の中野区江古田では，神田川の支流である妙正寺川の支谷から多数の植物化石が発見された．この植物化石中には，カラマツ，オオシラビソ，トウヒなど亜高山帯を特徴づけるものが多く江古田松柏科植物化石層（江古田conifer bed）とよばれている．これらの植物は，現在の植生でいうと日光の戦場ガ原や八ヶ岳中腹の植生に似ており，その当時の武蔵野の気候が気温で現在より7℃前後低かったと考えられる．

植物地理学上で興味あることは，中国地方に現在分布していないトウヒが，氷期に分布しており，また現在山頂付近に局部的にハリモミが分布している四国・九州地方で，氷期にハリモミが，かなり高度の低い地域まで分布していたことである．

植物化石の調査によれば，霧島山麓の加久藤盆地の約2万2千年前の河岸段丘からは，シラビソやトウヒの大型遺体が発見されている．

氷期の高知県の低地帯が冷温帯植生であったことは，窪川町の段丘堆積物中の化石や野市での化石によって明らかになっている．中国地方の山岳地域にも亜寒帯性のトウヒ，コメツガ，シラビソなどの亜寒帯林が分布していたことが知られているが亜寒帯林の本拠は，関西以北であった．

文　　献

深井三郎（1975）：北アルプスの氷河地形の形成とその時期．式　正英編，日本の氷期の諸問題，古今書院，1-14．
藤木忠美（1963）：札幌付近における化石構造土について．地理学評論，**36**，740-741．
橋本誠二・熊野純男（1955）：北部日高山脈の氷食地形．地質学雑誌，**61**，208-217．
長谷川裕彦（1992）：北アルプス南西部，打込谷の氷河地形と氷河前進期．地理学評論，**65A**，320-338．
長谷川裕彦（1996）：北アルプス南西部，笠ヶ岳周辺の氷河・周氷河地形発達史．地理学評論，**69A**，75-101．
平川一臣・小野有五（1974）：十勝平野の地形発達史．地理学評論，**47**，607-632．
平川一臣・岩崎正吾・沢柿教伸（1996）：日高山脈エサオマントッタベツ川流域における最終氷期の氷河前進期の氷河地形とSpfa-1発見の意義．日本地理学会予稿集，**49**，194-

195.
今村学郎 (1940)：日本アルプスの氷期と氷河，岩波書店，162pp.
五百沢智也 (1966)：日本の氷河地形．地理，**11**(3)，24-30.
五百沢智也 (1967)：登山者のための地形図読本，山と渓谷社，404pp.
五百沢智也 (1979)：鳥瞰図譜＝日本アルプス，講談社，190 p.
伊藤真人・正木智幸 (1987)：後立山連峰，鹿島槍ヶ岳，大冷沢流域における氷河地形と氷河前進期．地理学評論，**60A**，567-592.
伊藤真人・清水文健 (1987)：北アルプス，白馬岳東方，松川北股入のモレーンを覆う示標テフラ層の発見とその意義．地学雑誌，**96**，112-120.
伊藤真人・正木智幸 (1989)：槍・穂高連峰に分布する最低位ターミナルモレーンの形成時代．地理学評論，**62A**，437-447.
岩崎正吾・平川一臣 (1997)：日高山脈北部，トッタベツ川上流域における最終氷期の氷河拡大期の氷河地形とテフラ．日本地理学会発表要旨集，**51**，62-63.
岩崎正吾・平川一臣 (1998a)：日高山脈北部，トッタベツ川水系における最終氷期以前の氷河作用と火山灰層序．日本地理学会発表要旨集，**53**，106-107.
貝塚爽平 (1977)：日本の地形，岩波書店，234 pp.
川澄隆明 (1997)：立山火山と浄土沢における最終間氷期以降の氷河変動．日本地理学会発表要旨集，**52**，198-199.
小疇　尚・野上道男・岩田修二 (1974)：ひがし北海道の化石周氷河現象とその古気候学的意義．第四紀研究，**12**，177-191.
小疇　尚 (1977)：化石周氷河現象．日本第四紀学会編，日本の第四紀研究，東京大学出版会，163-170.
小疇　尚・岡沢修一 (1983)：後立山連峰北部，朝日岳の完新世プッシュモレーン．日本第四紀学会講演要旨集，**13**，110-111.
小疇　尚・岩田修二 (2001)：氷河地形・周氷河地形．米倉伸之ほか編，日本の地形1総説，東京大学出版会，149-163.
Kobayashi, K. (1958): Quaternary glaciation of the Japan Alps. *Jour. Fac. Liberal Arts and Sci., Shinshu Univ.*, **8**, 13-67.
町田　洋・伊藤菜穂子 (1996)：北アルプス立山において氷河上に噴出したテフラと溶岩．第四紀露頭集編集委員会編，第四紀露頭集―日本のテフラ，日本第四紀学会，250-251.
三浦英樹・平川一臣 (1995)：北海道北・東部における化石凍結割れ目構造の起源．地学雑誌，**104**，189-224.
野川　潔・小坂利幸・松井　愈 (1972)：十勝平野における後期洪積世の周氷河現象とその層準（第1報）．第四紀研究，**11**，1-12.
岡山俊雄 (1974)：日本の山地地形，古今書院，246pp.
小野有五・平川一臣 (1975)：ヴュルム氷期における日高山脈周辺の地形形成環境．地理学評論，**48**，1-26.
小野有五 (1996)：日高山脈・七ツ沼カールのアウトウォッシュ堆積物に含まれる恵庭aテフラ．第四紀露頭集編集委員会編，第四紀露頭集―日本のテフラ，日本第四紀学会，136p.
鈴木秀夫 (1962a)：低位周氷河現象の南限と最終氷期の気候区界．地理学評論，**35**，67-75.
鈴木秀夫 (1962b)：日本の気候区分．地理学評論，**35**，205-211.
戸谷　洋ほか (1974)：日本における扇状地の分布．矢沢大二ほか編，扇状地，古今書院，97-120.
塚田松雄 (1974)：古生態学Ⅱ―応用論，共立出版，231pp.
柳町　治 (1983)：木曽山脈北部における最終氷期の氷河の消長と編年．地学雑誌，**92**，152-172.

11. ─沖積平野の形成

11.1 沖積平野の地形

わが国における沖積平野(低地)の面積は全国土の約13%, 46370 km² である(表11.1). この平野には, 全人口の半数以上が居住していると推定され, 年々人口と資産が急速かつ高密度に集中する傾向にある.

この平野の地形には, 河川の堆積作用によってつくられ, 現在までその作用が継続している新しい河成平野(河岸平野)と, 主として海の堆積作用によってつくられた海成平野(海岸平野)や湖沼・潟などに堆積した物質よりなる平野とがある. 沖積平野の大部分は河川および海の営力により形成されたものであるが, とくに重要な条件としては, 豪雨の多い気候と激しい地盤運動とともに, 第四紀を通じて進行した氷河性海面変動をあげることができる. こうした諸要素の組み合わせにより沖積平野は形成されてきたが, その結果が, 図11.1に示すようにさまざまな類型の地形を生み出すのである.

沖積平野は山地からの河川水による土砂礫の運搬作用, 水域での堆積作用という一連の過程からみると, それに対応する地形は勾配, 堆積物の粒径などの特性により, 上流から下流に向かって扇状地, 自然堤防帯, 三角州の順に配列する,

表 11.1 わが国の地形別面積分布比 (国土地理院の資料による)

地形別	全国面積 (km²)	(%)	北海道 (%)	東北	関東	中部	近畿	中国	四国	九州
山地	203713	55	46	54	28	69	71	65	81	51
火山地	23682	6	10	11	8	3	─	1	─	5
丘陵地	41586	11	8	11	10	9	10	21	6	16
山麓・火山麓	13011	4	7	5	6	─	─	2	1	4
台地	40403	11	19	7	26	6	5	1	2	13
低地	46370	13	10	12	22	13	14	10	10	11
計	368765	100	100	100	100	100	100	100	100	100

11.1 沖積平野の地形

図11.1 沖積平野の地形概念図（池田，1964より作図）
A 扇状地　B 自然堤防　C 後背湿地　D 三角州
E 砂州・浜堤　F 砂丘　G 潟湖

いわゆる基本型に分類できる．わが国の大河川，たとえば利根川，木曽川などはこうした基本的類型をもっている．しかもこれらの地形は洪水の繰り返しにより，過去数千年の間に急速に成長し，形成されたものである．

(1) **扇状地**　扇状地の堆積物はおもに砂礫よりなり，排水はよく，地下水位も深いことから畑地として利用されているところが多い．急峻山地が海までせまり，急流河川の多いわが国では，扇状地が海岸近くまで達している例も多い．たとえば，黒部川，神通川，大井川，天竜川などの河成平野は河口付近まで扇状地性である．

(2) **自然堤防帯**　自然堤防は洪水時に河川水によって運搬されてきた物質が，水のひいた後に残って生じた微高地の堆積地形である．この構成物質はシルト，細砂であることが多く，しかも排水条件は良好で古くからこの微高地に集落，畑，道路が分布している．自然堤防間の低地は後背湿地とよばれ，泥炭土や黒泥土からなる排水不良地である．水田として利用されている場合でも湿田となっていることが多い．北海道の石狩川，関東平野の古い利根川（現在中川水系とよぶ），濃尾平野の木曽三川などの下流低地はこうした類型の代表的地域である．

(3) **三角州**　三角州は河川水によって運搬されてきた砂泥物質が，海や湖

沼などの水域とその付近に堆積して形成された地形である．三角州の形成には波浪，潮汐，沿岸流などの諸営力も関与して，その構造は単純でない．三角州の表面はきわめて平坦で，河川も分流し，網状流路が発達する．江戸川，木曽川，淀川，吉野川，筑後川などの内湾性河口部には典型的な三角州が形成されている．海岸の砂丘や砂州などの背後に閉ざされた潟湖(せきこ)が流入河川などの供給物質によって埋められ陸化した低湿地も同じ性状のものである．

一方，かつて浅海底であったところが地盤の隆起や海退によって陸化した地形の一つとして，海岸平野をあげることができる．青森平野，九十九里浜平野，伊勢平野などの低地はいずれも平滑な海岸線をもち，かつての浅海底がわずかに隆起したところである．これらの沖積平野と背後の丘陵や台地との境には，かつての海岸線が海食崖の姿で残っている．そのほか海岸平野の汀線付近では波浪による土砂の再堆積によって海岸線とほぼ平行に浜堤が，また風積による砂丘などが形成されることもある．

こうした自然の堆積作用による以外に，人工的に土地造成された新しい陸地が，臨海沖積平野の湿地やその前面の水域の一部にみられる．その代表例は干拓地で，筑後・佐賀平野をはじめとする有明海沿岸諸平野，岡山平野を中心とする瀬戸内海沿岸諸平野などにみられる．また三角州の中州を干拓したものとして濃尾平野の輪中がある（図11.2）．干拓は中世以後着手され，現代も生産活動の進展に伴い八郎潟などで実施されてきた．干拓地や近年の臨海工業埋立地造成などを含め，わが国海岸部の沖積平野はきわめて低い土地であり，排水がわるく，低湿地になっているところが非常に多い．また一般に柔弱な泥層が厚く堆積しているために，軟弱地盤であることが特徴である

以上述べてきた沖積平野の地形のあり方は，他方平野を構成する地層（沖積層）やその成り立ちを知ることにより，沖積平野の地学的性状をより一層明確に理解することができる．

11.2 沖積平野の形成過程

a. 沖積平野・沖野層

沖積平野（alluvial plain）という用語には，河川営力によって形成された平野という意味と，時代的な意味をもつ沖積層によって構成された平野という意味との二通りの用法がある．これは「沖積」（alluvial）ということばが，「河川によ

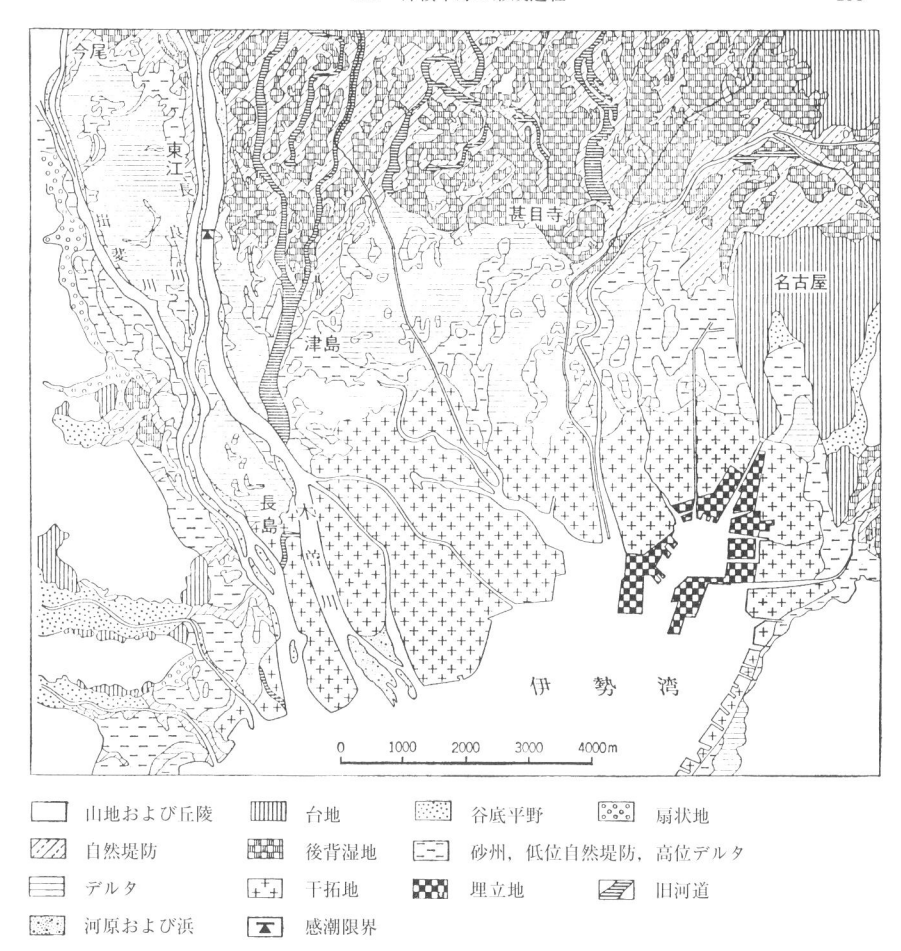

山地および丘陵	台地	谷底平野	扇状地
自然堤防	後背湿地	砂州, 低位自然堤防, 高位デルタ
デルタ	干拓地	埋立地	旧河道
河原および浜	感潮限界

図 11.2 濃尾平野南部地域の地形分類図（大矢, 1973）

る堆積」と「第四紀末期の沖積世（完新世）」という二通りの意味をもつためで，地史を考えるうえでも若干の混乱を生じることがある．わが国では，沖積平野というと，沖積層によって構成された平野をさすことが多いため，河川営力によって形成された平野を河成低地とよんで，とくに区別する場合がある（海津，1994）．

一方，第四紀の時代区分に関しても，従来，洪積世（Diluvium），沖積世（Alluvium）という用語が用いられてきた．しかしながら，時代区分が厳密に議論されるようになると，沖積平野・沖積層などと関係をもつ沖積世という用語は

若干の混乱を生じるようになり，最近では，約1万年前を境とする更新世（Pleistocene），完新世（Holocene）という用語が用いられている．

なお，沖積平野を構成する第四紀末期の最大海面低下期以降の堆積物（最上部更新統および完新統）に対しては，時代的な意味をもった沖積層という用語がそのまま広く使用されている．

b. 沖積平野の基底

(1) 埋没谷 一般の地形・地質調査では，地形図の読図や空中写真の判読に加えて，露頭観察をはじめとする野外調査が行われる．ところが沖積平野の場合には，きわめて平坦な土地で，ほとんど露頭が存在しないため，野外調査から地形形成過程などを解明することが困難である．したがって，沖積平野研究においては露頭観察に代わるもの，すなわち柱状図，コアサンプル，土質試験結果などのボーリング資料の整理・分析が重要な役割をはたすことになる．

沖積平野の臨海部においてボーリング調査を行うと，図11.3に示すような地質層序が認められる．これらのN値（63.5 kgのハンマーを75 cmの高さから落下させ，サンプラーが地盤中に30 cm貫入するために要する打撃回数）の比較的低い粘土，シルト，砂，砂礫などからなる地層が沖積層であり，一般にN値の高い下位の地層との間には顕著な不整合が存在している．

1923（大正12）年に起こった関東大震災の直後，復興局は東京の山の手・下町地域において多数のボーリング調査を行い，東京の地下地質を詳細に明らかにした．その結果，東京下町地域の沖積層下に分布する洪積層の上面には顕著な樹枝状の谷が刻まれており，支谷の多くは現在の台地を刻む谷に連続していることが発見された．その後さらに調査が進むにつれ，これら東京下町地域に認められた埋没谷は，多摩川などの東京湾に注ぐそのほかの河川の形成した埋没谷と合流し，東京湾の中央を浦賀水道へと流れる谷（古東京川）となって東京海底谷につながっていることが明らかにされた．埋没谷の原因については，一部で世界的な氷河性海面変動の可能性も述べられていたが，1950（昭和25）年ごろまではまだ地殻変動によるという考えが支配的であった．

このような埋没谷の存在は，その後建設工事に伴う地質調査が多数行われるにつれ，東京湾沿岸ばかりでなく濃尾平野，大阪平野をはじめとする各地の平野においても確認されるようになった．

井関（1983）は，これらの埋没谷をはじめとする各地の沖積層基底の深度につ

11.2 沖積平野の形成過程

整理番号	Cf 19	調査場所	羽島市桑原町	調査方法	ロータリー式
所　属	ⓢ名古屋幹線工事局	調査名	幹線木曽川橋梁付近追加工事	深　度	39.705m
標　高	+2.64m	調査年月日	昭和35年2月23日～3月13日	孔内水位	−0.90m

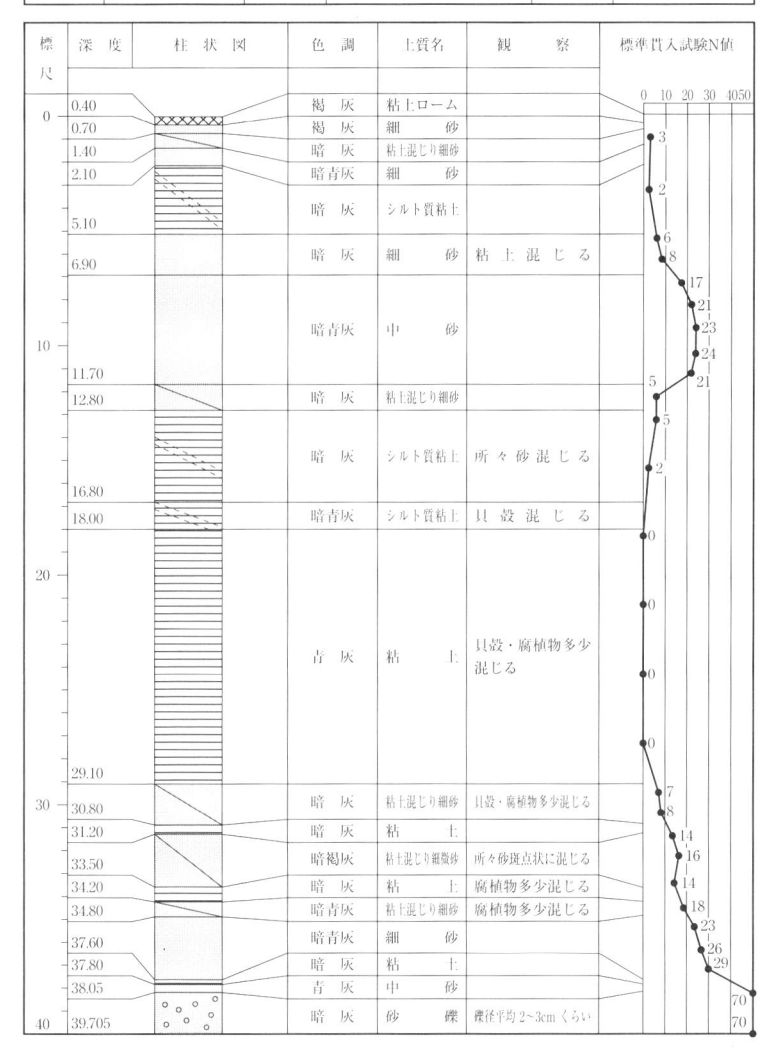

標尺	深度	柱状図	色調	土質名	観察	標準貫入試験N値
0	0.40		褐灰	粘土ローム		
	0.70		褐灰	細砂		3
	1.40		暗灰	粘土混じり細砂		
	2.10		暗青灰	細砂		2
	5.10		暗灰	シルト質粘土		6, 8
	6.90		暗灰	細砂	粘土混じる	17, 21
10			暗青灰	中砂		23, 24
	11.70					5, 21
	12.80		暗灰	粘土混じり細砂		5
	16.80		暗灰	シルト質粘土	所々砂混じる	2
	18.00		暗青灰	シルト質粘土	貝殻混じる	0
20						0
			青灰	粘土	貝殻・腐植物多少混じる	0
	29.10					0
30	30.80		暗灰	粘土混じり細砂	貝殻・腐植物多少混じる	7, 8
	31.20		暗灰	粘土		14
	33.50		暗褐灰	粘土混じり細礫砂	所々砂斑点状に混じる	16
	34.20		暗灰	粘土	腐植物多少混じる	14
	34.80		暗青灰	粘土混じり細砂	腐植物多少混じる	18, 23
	37.60		暗青灰	細砂		26
	37.80		暗灰	粘土		29
	38.05		青灰	中砂		70
40	39.705		暗灰	砂礫	礫径平均2～3cmくらい	70

図11.3 模式的な沖積層の柱状図 （建設省中部地方建設局中部技術事務所，1971による）

いて比較検討することにより，それらの値がかなり共通していることを確認し，さらに，後述する沖積層の層相に関する考察も加えて埋没谷の形成や沖積層の堆積が氷河性海面変動と深い関係のあることを示した．

近年の^{14}C年代測定値の増加にもかかわらず，現在のところ埋没谷谷底の絶対年代を直接示した値はまだ得られていない．しかしながら，沖積層下部の年代と沖積層によっておおわれる洪積層の年代から埋没谷基底の年代はおよそ1万8千～2万年前と推定されており，更新世末期の最大海面低下期における-140 mという低海水準に対応してつくられた谷であるということが広く認められている．

(2) 埋没段丘および埋没波食台　沖積層基底の等高線図には，前述した埋没谷を示す谷地形だけでなく，広い等高線間隔によって示される数段の平坦面が表現されている（図11.4）．

東京湾沿岸地域では，古東京川埋没谷や古多摩川埋没谷などの河岸沿いに発達する平坦面が認められる．これらの面は河川下流方向に傾斜しており，礫層を伴い，火山灰によっておおわれている．この火山灰は腐植土の^{14}C年代や重鉱物組成などから立川ローム層であるとされ，これらのことから，この面は更新世末期の最大海面低下期へ向かう途中に形成された立川面相当の河岸段丘であると考え

図11.4　東京湾の海底地形と沖積層に埋もれた地形（貝塚，1976）

られている．

　同様の埋没段丘は，濃尾平野の鳥居松面や大阪平野の伊丹面の延長部など各地において報告されている．

　一方，最も浅い平坦面は，-10m以浅の海抜高度をもち，通常洪積台地の縁辺を取り巻くように発達している．東京湾沿岸地域では，武蔵野台地の東縁沿いに浅草・日本橋付近を中心として南北方向にのびる平坦面や，下総台地の縁辺に発達する平坦面がこれにあたる．さらに，浦安付近を中心とする江戸川河口付近には-20～-40mの深さにも平坦面が発達している．

　これらの平坦面は，関東ローム層や段丘礫層を伴わず，主として台地を取り巻くように発達していることから，埋没段丘より新しい更新世最末期から完新世にかけての海進期に形成された波食（海食）台であろうと推定されている（図11.4，11.6）．

c. 沖積平野の構成層（沖積層）

(1) 大平野臨海部の沖積層　沖積平野は前節で述べた埋没谷・埋没段丘をおおう沖積層によって構成されている．したがって，沖積層の層厚は基底の地形に支配されており，埋没谷の部分では60～70mに達することもある．

　沖積層の層相は，堆積物供給源としての流域の自然・水文的環境や堆積物の堆積環境と密接な関係をもっているが，各地の沖積層の層相変化にはかなりの共通性が認められ，それらの諸条件に加えて，氷河性海面変動の影響が強く反映していると考えられる．とくに，関東平野・濃尾平野などの大平野臨海部における層相変化は新潟平野などの若干の例外を除いてきわめて共通しており，次の5層に細分されることが多い（図11.7）．

① 沖積層基底礫層：　更新世末期の最大海面下期につくられた谷の谷底に堆積した河成の堆積物で，直径20～50mm程度あるいはそれ以下の円礫を主とする砂礫層よりなることが多い．層厚は多くの場合10～20mである．

② 下部砂層：　基底礫層をおおう層厚10m前後の砂層（砂泥互層）で，腐植質シルトあるいは泥炭をはさむことがある．三角州の前置層的な堆積環境が推定されているが，海水準上昇過程において何回かの海水準停滞あるいは低下に伴う離水を経験していると思われる．

③ シルト・粘土層：　層厚20m前後の軟弱なシルト・粘土層で，中部泥層ともよばれている．堆積物の^{14}C年代は9千～6千年前を示すものが多く，海棲の貝

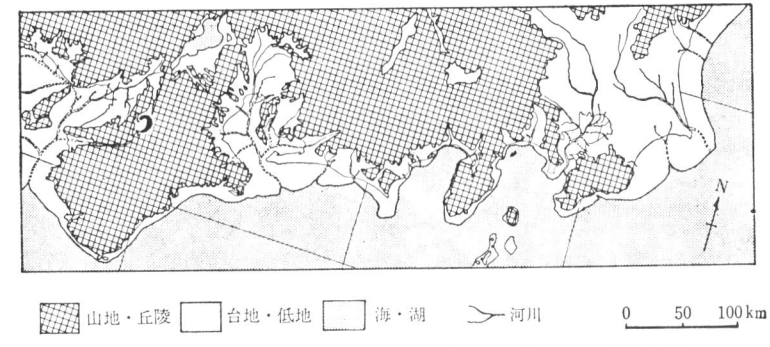

図11.5 最終氷期最盛期における東海道沿岸地域の古地理図（海津編集）

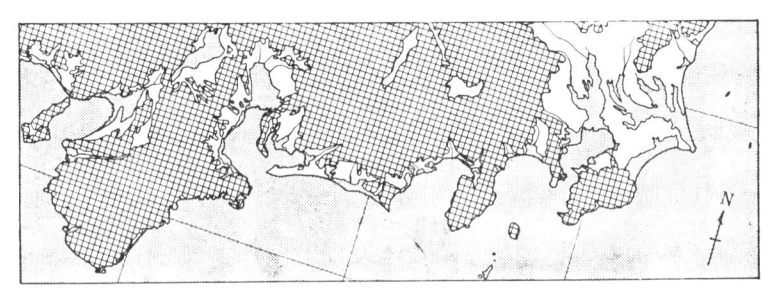

図11.6 縄文海進最盛期における東海道沿岸地域の古地理図（海津編集）

化石を多量に含んでいる．約6～7千年前には現在よりも2～3m海面が高く，現在の臨海部は内湾の状態であったと推定されている．

④上部砂層： シルト・粘土層をおおう層厚10m前後の細砂ないし中砂よりなる砂層である．貝化石を含み，N値はかなり高くなることがある．縄文海進以後のわずかな海面低下に伴って，内陸まで侵入した海を埋積しながら堆積した海浜性あるいは三角州性の堆積物であると考えられている．

⑤沖積陸成層： 沖積平野の表層には上部砂層をおおって，河成の氾濫原堆積物や沼沢地・湿地などに形成された泥炭などが認められ，これらの堆積物は総称して沖積陸成層とよばれている．氾濫原堆積物は砂・シルト・粘土などの互層よりなり，腐植物を多量に含んでいる．

(2) 大平野内陸部の沖積層　　一方，海進が直接及ばなかった平野内陸部における沖積層の層相は，平野臨海部におけるものと若干異なった状態となっている．すなわち，内湾の堆積物と考えられる厚いシルト・粘土層は尖滅し，上部砂

11.2 沖積平野の形成過程

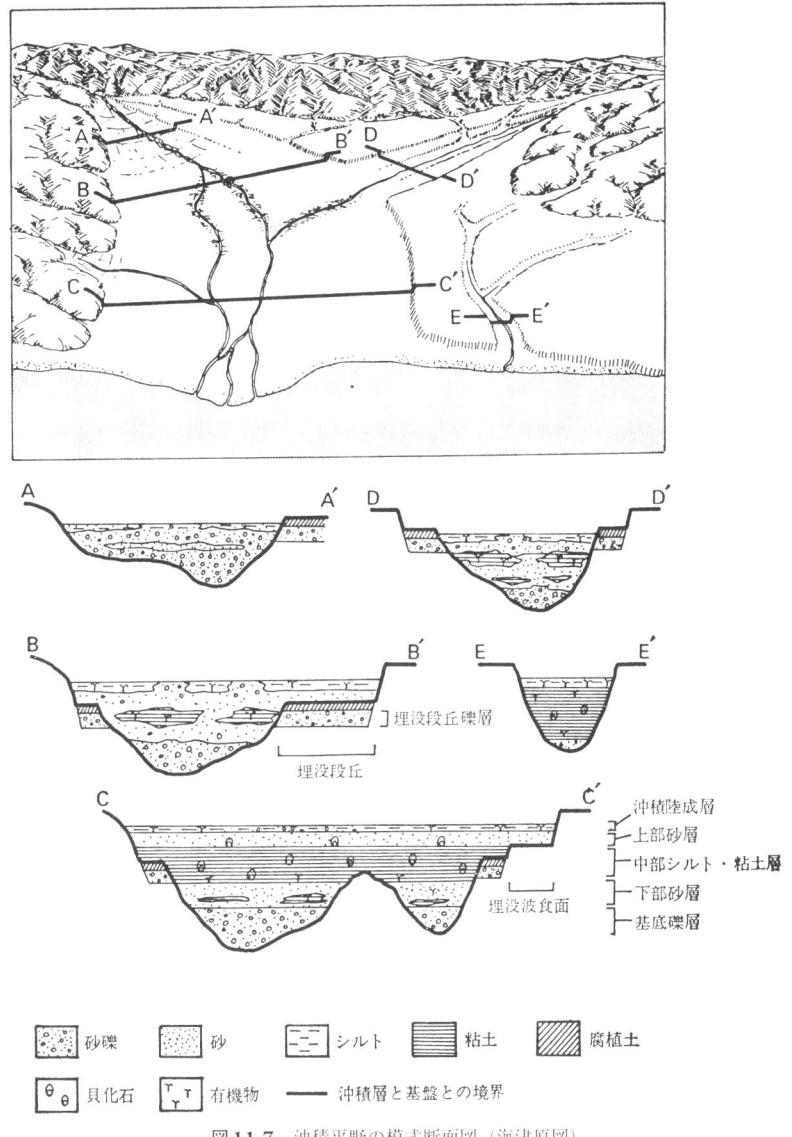

図 11.7 沖積平野の模式断面図（海津原図）

層・下部砂層も砂・シルト・粘土の互層よりなる氾濫原堆積物に移化してしまう．最上部の沖積陸成層は砂礫質となり，さらに上流側では沖積層が粗粒の砂礫層によって構成されるようになるため，基底礫層との区別も困難になる．

(3) 中・小平野における沖積層 顕著な扇状地よりなる黒部川のつくる平

野では，沖積層はほとんど砂礫によって構成されている．同様の扇状地性平野である富士川，大井川，天竜川などのつくる平野でも上流側の沖積層はほとんどが砂礫層よりなり，下流側でも砂礫層とシルト・粘土層の互層よりなる場合が多い．これらの地域では，大平野におけるシルト・粘土層堆積期にも河成の粗粒堆積物が継続して堆積していたと推定され，沖積層の分布は大平野の下流側の地域の欠如した状態であると考えられる．また，神奈川県の鶴見川や静岡県の太田川など小河川がつくる谷底平野状の沖積平野では，沖積層は下部砂層をほとんど欠き，薄い上部砂層と基底礫層とにはさまれた厚いシルト・粘土層によって構成されている．このような平野では，北日本の大平野と同様，最上部に顕著な泥炭あるいは腐植質層が発達することが多い．

d. 沖積平野の古地理の変遷

沖積層の分布状態や層相変化，基底地形の状態などを時代ごとに整理すると，過去の沖積平野を復元することができる．ここでは更新世末期以後におけるわが国の沖積平野の古地理を四つの時期に分けて述べてみる（図11.8）．

(1) 最終氷期最盛期ごろの沖積平野（約2万〜1万5千y.B.P.）　最終氷期最盛期に向かう海面低下に伴って海岸線ははるか沖合に移動し，各河川は河岸に段丘を発達させながら下刻を続けた．その結果，各河川の延長部は合流し，さらに

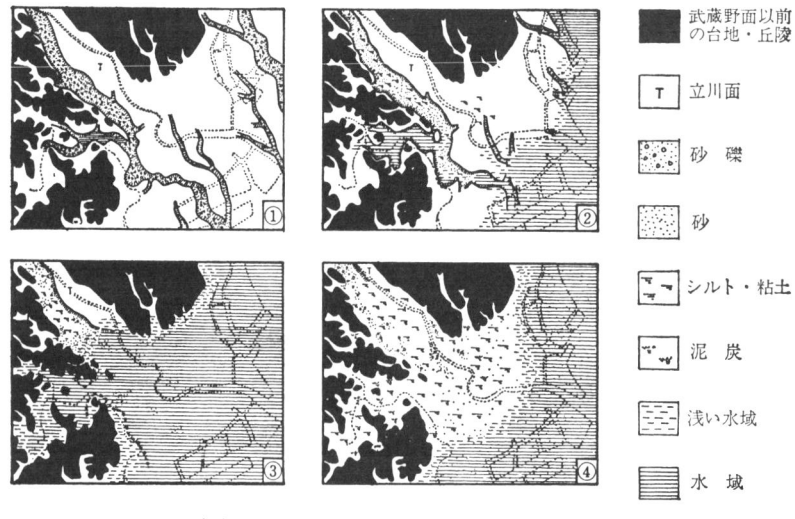

図11.8　多摩川下流域における古地理の変遷（海津，1977に基づく）
①最終氷期最盛期，②更新世最末期，③完新世前半，④完新世後半．

大きな河谷となって現在よりはるか沖合の位置で海に注いでいた．最大海面低下期の海水準は-120 mあまりに達すると推定され，当時の海岸線はほぼ現在の大陸棚外縁にあたっている．大陸棚外縁から深海にかけてはさらに古い時代に形成された巨大な海底谷がのびているが，すでに述べた東京湾底を流れる古東京川などはこれらの海底谷に注ぎこみ，運搬してきた砂，シルト，粘土などを深海に向けて放出する．そのほかの河川も大陸棚を若干刻んで流れ，縁辺部に三角州などの堆積地形を発達させた．

現在の沖積平野の位置では，各河川は深い谷を刻んでおり，河床勾配も現在に比べて急である．河川の氾濫も主として谷中に限られており，谷底には現在の堆積物よりも粗粒な砂礫が堆積している．この堆積物が沖積層基底礫層にあたる．

(2) **更新世最末期の沖積平野**（約1万5千～1万y.B.P.）　最終氷期最盛期以降，海水準は次第に上昇を始める．海水準の上昇は何回かの変動を繰り返しながら進行したと考えられるが，まだ詳細は明らかでない．

海水準の上昇に伴い，最大海面低下期に形成された谷は次第に埋積され，下流側から溺れ谷になっていく．谷中の堆積物は全体として，河床堆積物→氾濫原堆積物→河口・三角州性堆積物へと変化するが，何回かの海進・海退の影響をうけるため，複雑な層相変化がみられる．

有明海域や濃尾平野などでは約1万年以前に比較的顕著な海退があり，この時期に堆積した下部砂層上面に不整合面が形成されているとされている．また，前述したように東京湾沿岸地域などでは-20～-40 mの海抜高度をもつ波食台の存在が知られており，この時期の末期に形成されたと考えられる．

(3) **完新世前半の沖積平野**（約1万～6千y.B.P.）　さらに海水準が上昇すると，埋没谷沿いに発達している立川面相当の河岸段丘も下流側から海面下に没し，広い内湾や溺れ谷が形成される．多くの平野では縄文時代前期ごろ（約6～7千年前）に最も水域が拡大し，複雑なリアス式の海岸線が形成された．

当時，人々は台地の縁辺部などにすみ，狩猟・採集生活を続けていた．彼らの残した貝塚には，ヤマトシジミなどに混じって現在の海岸線よりはるか内陸の地点でも，ハマグリ・カキなどの海棲の貝が含まれており，当時海域が拡大していたことを裏づけている（江坂，1972）（図11.9）．

内湾には貝化石を多量に含む厚いシルト・粘土層が，汀線付近には砂層が堆積したが，陸地の部分では粘土，シルト，砂礫などからなる氾濫原堆積物・河床堆

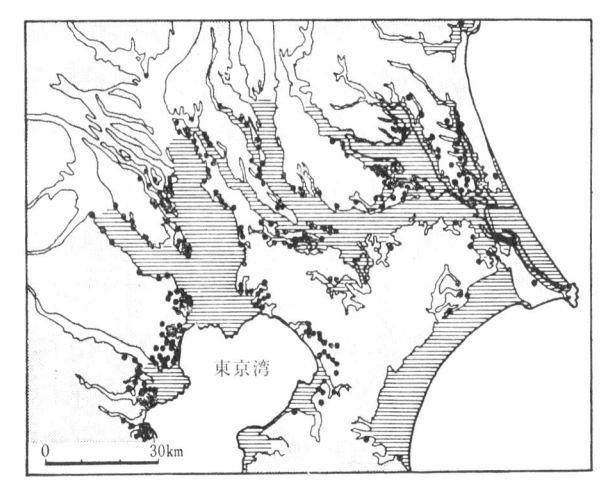

図11.9 貝塚の分布からみた関東平野の旧海岸線（東木，1926）
黒丸：貝塚，横線地域：過去の海，アミかけ地域：丘陵・台地．

積物がひき続き堆積していた．また，波の影響を強くうける台地の末端などでは波食台が形成され，崖の後退がすすんだ．

最大海進時の汀線は，東京湾北岸低地において埼玉県栗橋町付近，濃尾平野において大垣市南部近くまで，大阪平野では門真市，東大阪市の東部にまで達した（梶山・市原，1972）．

(4) **完新世後半の沖積平野**（約6千y.B.P.〜現在）　海進最盛期以後，海面はわずかに変動しながら現海水準に達し，その間に内湾は若干の海面低下や河川運搬物質による埋積によって急速に陸化した．とくに，東京湾北岸低地では縄文時代から弥生時代までの間に海岸線が50kmも前進している（井関，1972）．

富山平野や金沢平野などでは，約2千年前を中心とする時期に海面が現在よりも若干低かったことを示す海水準下の埋没林の存在が知られており，濃尾平野でも，ほぼ同時期の海水準下に発達する埋積浅谷の存在が報告されている（安田，1977；海津，1976）．

また，大阪（河内）平野では弥生時代後半に砂礫による埋積が著しくすすんだことが明らかにされているほか，津軽平野においても約2500年前ごろを中心とする安定期と，その後の自然堤防の形成や谷の埋積がすすむ砂礫の活発な時期の存在が報告されている．

さらに，各地の砂丘でも砂丘表面が植生におおわれて安定していたことを示すクロスナ層が何層か認められており，この時期の地形変化は一様ではなく，複雑に移り変わっていたことが推定される（遠藤，1969）．

11.3　沖積平野の災害

　沖積平野はその成り立ちや性状から絶対高度や相対高度の低い土地であるとともに，そこに分布する堆積物は未固結の新しい地層（沖積層）から構成されている．こうした固有の土地条件は，しばしば多発する自然災害と密接に関係している．河川洪水，高潮，内水氾濫などによる水害は，わが国の低地都市，とくに臨海地域に普遍的に発生する災害である．また地震が発生すれば，地震動の強さと低地をつくる堆積物の物理的性状などに関連してさまざまなタイプの被害が生じる．被害は，こうした地震動による直接的なものにとどまらず，とくに臨海地域では津波によりしばしば大被害をこうむっている．沖積平野はわれわれの生活・生産活動の場として，必ずしも常に安全で快適な土地であるというわけにはいかない．ことに自然の均衡を破る不適当な都市的土地利用が展開してきた低地は，種々の人為的な災害（公害）を生み出し，その被害は年々増加の一途をたどっている．とりわけ人為的な地下水の揚水が過剰になったところでは，軟弱な粘性土層などが圧密収縮を起こして，著しい地盤沈下が生じている．わが国の沖積平野は自然災害や人為災害に対する抵抗力の弱い諸条件を内在する土地的基盤をもつ地域が少なくない．

　こうした災害の発生の仕方やその被害程度のあり方は，加害的要因（誘因）の種類（台風や豪雨，地震など）やその規模によっても左右されるが，それらが同一であった場合，素質的要因（素因）である沖積平野の土地条件や被害主体の条件に左右されることが指摘できる．たとえば地震災害において，その被害程度が地形や地質（地盤）条件などの差によって著しく異なることは，すでに各地の地震災害で経験してきたことである．

a.　地　震　災　害

（1）　**構造物の被害と地盤**　　地震の本質は，地盤の振動現象と解されるので，地盤の変動や性状変化により震害が生じるのは当然である．また，その震害が地表の構造物へ影響し，被害を生じることもすでによく知られた事実である．しかし過去に起こった地震による構造物の被害状況は，地盤の振動に起因する構

造物の振動的被害とみられる例が意外に多い．さらに地震による被害程度は地盤の性状と密接に関係する．1923（大正12）年9月1日の関東大震災における表層地盤や微地形による木造家屋の倒壊率の差異はそれらを如実に示している．その後の大震災，たとえば1968（昭和43）年5月16日の十勝沖地震，さらに1978（昭和53）年6月12日に発生した宮城県沖地震の際にも仙台市周辺地域で実証されている．

このような過去に起こった地震災害の発生地域は，斜面の崩壊を除けばその大半が低地帯（沖積平野）に集中していることである．しかし低地においても震害のきわめて軽微な地域もあり，その地域差が指摘できる．

図11.10は，関東地震の際の東京における家屋全壊率と沖積層に埋積された地形（埋没地形）との関係をみたものである．この図から家屋全壊率の著しい地域は埋没中位段丘面aの本所台地上をはじめ，埋没上位段丘面aを刻む丸ノ内谷とその支谷や昭和通り谷の埋没谷上，それに山の手台地を刻む谷底低地である．被害の比較的軽微な地域は埋没上位段丘面aの浅草台地や日本橋台地上であり，山の手台地上ではさらに軽微であった．これらのことから沖積層の層厚と沖積層を構成する物質に被害発生の要因が求められる．沖積層の厚さと家屋全壊率の関係は，一般に沖積層が厚いほど（10 m程度以上），質的には細粒で，腐植物に富み，含水率の大きい，いわゆる軟弱地盤（粘性土・有機質土）の性質を有するほど，その被害が大きくなる傾向を示している．また埋没上位段丘面a上には砂が堆積し，ほとんど軟弱な粘性土を含まないこと，山の手台地は比較的締まっている洪積層とローム層からなることがこれら地域の被害を軽微にしている．

こうした沖積層全体の層厚と質のほか，沖積層の極表層部の軟弱土も震害を大きく左右する要因となる．1968年の十勝沖地震の際，明らかになった最近の盛土地盤の脆弱さはその好例といえる．さらに，低地の微地形の構成層はその極表層部と直接関連する場合が多く，地形の性状から地震による被害地域の分布を推測することは，ある程度可能である．1923年の関東地震の際，東京・横浜などの低地で震害の激しかったところは，軟弱土層の分布する干拓地，埋立地，旧河道，沼沢地などで，反対に震害の比較的軽微であったところは砂礫や砂質地盤からなる砂州・砂堆の微高地である．こうした微地形などによる震害状況の地域的なあり方は，地表の建物・土木構造物などの被害程度を決定する要因となる．

一方，1964（昭和39）年の新潟地震の際，地下水面の高い砂質地盤のところ

図 11.10 埋没地形と関東地震（1923年）時の家屋全壊率分布（中野・門村・松田，1969）
[埋没地形]
① 洪積台地（山の手台地）：洪積層の砂礫層からなり，その上に関東ロームをのせる．
② 埋没上位段丘面a（浅草台地・日本橋台地）：-10m以浅の平坦面を形成．砂州が上部にのる地域で砂が厚く堆積，粘土は分布しない．
③ 埋没中位段丘面a（本所台地）：-30m程度の平坦面を形成．海成粘土層20m以上の厚さで堆積．
④ 山の手台地を刻む谷底低地：谷口が砂州でふさがれた排水不良の湿地．沖積層の厚さ10m以下，泥炭と粘土からなり，含水比高く，非常に軟弱．
⑤ 埋没谷底面（昭和通り谷・丸ノ内谷）：台地を刻む谷の延長．
[家屋全壊率]
$$= \frac{全壊家屋数 + 修理不可能な半壊家屋数}{地区内総家屋数} \times 100$$

で液状化を主因として，多数の構造物が沈下・傾斜あるいは転倒した．この液状化現象による被害分布は，信濃川の旧河床・旧河川敷を埋め立てした地域に集中して発生し，構造物その他に大被害を与えた．しかし，砂丘・砂州・自然堤防上の構造物には被害がなく，あっても比較的軽微であった（図11.11）．こうした事実は地形と表層地盤の動的性状との間にきわめて密接な関係があることを示唆するとともに，地震に伴う地盤の動的性状が構造物の被害程度を規定していること

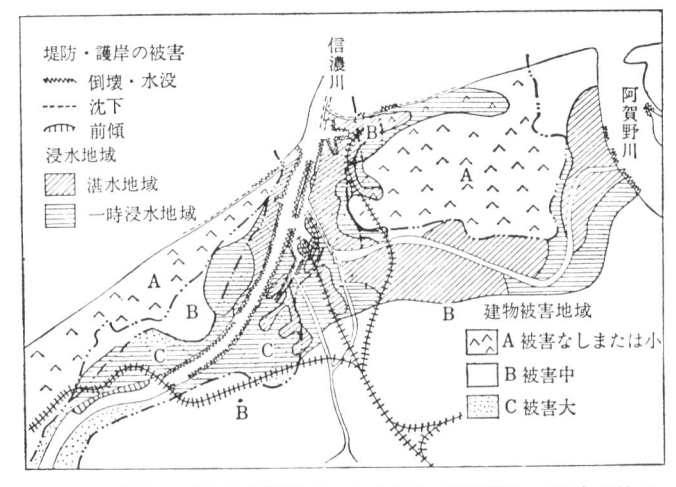

図11.11 新潟市の建物被害地域区分と浸水地域（新潟地震，1964年6月16日）（建設省建築研究所，1965）
建物被害は鉄筋コンクリート造建物の被害を示す．

は明瞭である．

(2) **地震水害** 沖積平野のうち，とくに低湿地域では堤防により保持されている河川水位が堤内地の地表面より高位にある場合が多い．こうした条件のところで地震動により堤防の決壊に伴い河川水の氾濫などによって，二次的災害として地震水害が発生する．地震水害の事例としては南海地震（1946年）時の高知市と新潟地震（1964年）時の新潟市のゼロメートル地帯があげられる．新潟地震の際には前述のような砂質地盤での液状化現象に伴い堤防の沈下や破壊により河川水の侵入が生じた．そのため地盤沈下によりその大半がゼロメートル地帯になっていた最も低い地域が浸水し，家屋の床上浸水だけでも約1万戸に及ぶ被害が発生している．さらに津波の発生により浸水位が上昇し，浸水地域を拡大した．浸水域は信濃川沿岸や阿賀野川の旧河道低湿地帯で，湛水期間は長期にわたり，長いところで4か月以上も湛水していた．

従来地震水害は津波による水害として処理されてきたが，その実態は新潟市の事例のように地震水害と津波水害との複合型というべきものである．図11.11にみるように，地震による構造物被害が集中した地域と水害をうけた地域とが一致していることは，今後の震災予防対策上からも十分考慮を払う必要があるといえる．

b. 水　災　害

（1）沖積平野の洪水氾濫　洪水の氾濫形態は地形要素の違いに対応してみられる．扇状地では地表面傾斜が比較的急で，一般に凸面形を呈しているので洪水の氾濫があっても湛水することは少ない．しかし水流が局部的に集中するところでは狭い地域に大きな水災害をもたらすことがある．河川の旧河道は洪水，とくに洪水主流の通路となりがちで，かつその場合には長時間湛水しやすい．その反面，自然堤防や砂堆などの微高地は湛水しにくく，仮に湛水しても排水は比較的速やかである．これに対しその背後の低湿地（後背湿地）では多少の降雨によっても容易に湛水し，なかなか排水されにくい．高潮の被害をうけやすい地域は，高潮の発生しやすい内湾地域の中でも，とくに三角州や海岸平野など比較的生成の新しい低地地形のところである（図11.1参照）．

また，自然的条件（地殻変動，火山活動など）によって流域の地形に変化が生じたり，河川に人為的条件（ダム，分水路，堤防などの築造）が加えられると，それに伴い洪水の氾濫形態も変わってくる．さらに最近，大都市周辺にみられる急速な都市化・工業化は低地帯の洪水の氾濫形態を変えている．たとえば，低湿地を埋め立て・盛土をして人工的微高地を形成したり，自然遊水地の埋め立てを行い，その機能を激減させていることなどがそれである．その結果あらたな地域に浸水する頻度が高まっている．

一方，近年の地盤沈下の著しい進行によって，臨海沖積平野に海面下の土地，ゼロメートル地帯を出現させ，その広域化と相まって中小河川洪水や内水氾濫が生じやすい土地的条件をつくり出すとともに，高潮災害の危険度を一層増大させている．

（2）洪水型と水害　一般に洪水氾濫（水害）の形式は，河川洪水型，高潮洪水型および内水氾濫型の三つに大別される．河川洪水・高潮洪水は外壁的な施設である堤防などを溢流あるいは破堤してもたらされるものである．古来から大洪水と称されるものは大部分河川洪水の型に属している．内水氾濫は中小河川の氾濫，用排水路の越水，雨水などによる湛水被害を意味し，前二者の洪水形式に比べ被災時の状況はかなり軽微である．しかしその発生頻度はきわめて高く，とくに都市化の進行する地域や地盤沈下の著しい低湿地域において，種々の形で内水氾濫（都市型水害）が頻発している．以上のような洪水型は，実際には単独で発生するよりも同時にいくつかが重なりあう場合が多い．

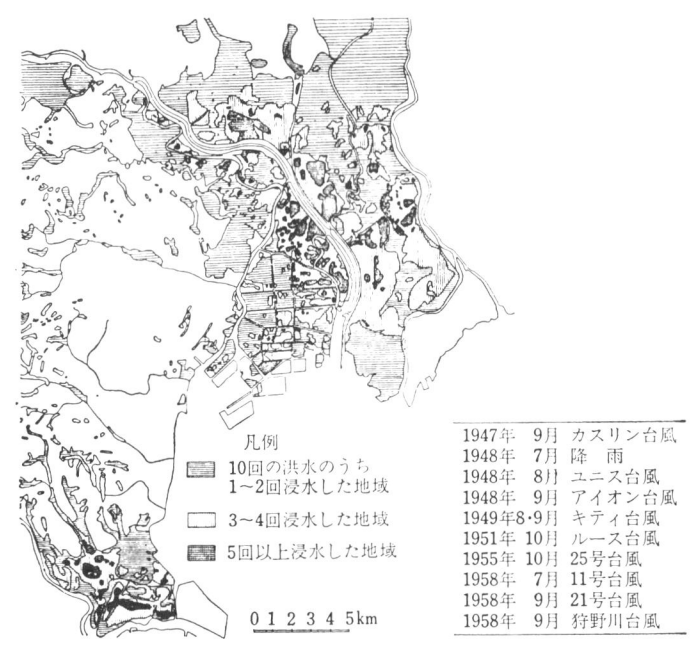

図11.12 東京低地の浸水頻度（中野，1961）

凡例
10回の洪水のうち
1〜2回浸水した地域
3〜4回浸水した地域
5回以上浸水した地域

1947年　9月　カスリン台風
1948年　7月　降　雨
1948年　8月　ユニス台風
1948年　9月　アイオン台風
1949年8・9月　キティ台風
1951年　10月　ルース台風
1955年　10月　25号台風
1958年　7月　11号台風
1958年　9月　21号台風
1958年　9月　狩野川台風

　わが国主要都市のほとんどは水害の危険性を内在した低地域に形成され，拡大・発展している．東京低地（武蔵野台地と下総台地の間）では明治以降に比較的大きな被害をまねいた水害は30回以上もあり，中でも1947（昭和22）年のカスリン台風による利根川新川通堤の決壊，1949（昭和24）年のキティ台風による高潮，1958（昭和33）年の狩野川台風による内水氾濫がとくに大被害をまねいた事例としてあげられる（図11.12）．また名古屋南部をはじめ伊勢湾沿岸低地を襲った1959（昭和34）年の伊勢湾台風は，臨海都市域に多大な被害をもたらし，全半壊ならびに流失家屋数15万余棟，死者・行方不明者5000名以上という大記録を残した．この台風による被害の著しかったのは暴風や強雨の大きかったことにもよるが，伊勢湾に異常な高潮が発生し，伊勢湾沿岸の防潮堤が完全に破壊され，人口密度が高くかつ地盤沈下の進行している沿岸低地域が高潮災害をうけたことによるものである（図11.13）．

　現在，土木技術の進歩，防災事業の推進に伴い大河川や海岸堤防の決壊によって生じる水害確率は非常に小さくなってきた．しかし1974（昭和49）年の16号

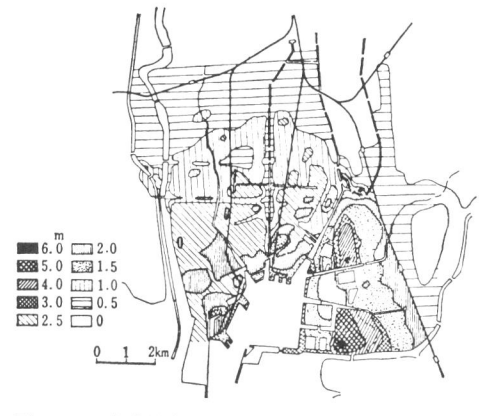

図 11.13 名古屋南部地域の最高浸水水位（伊勢湾台風，1959年9月26～27日）（科学技術庁資源調査会，1960）

図 11.14 長良川破堤による安八町・墨俣町の湛水状況（台風17号，1976年9月12日）（災害科学総合研究班，1977）

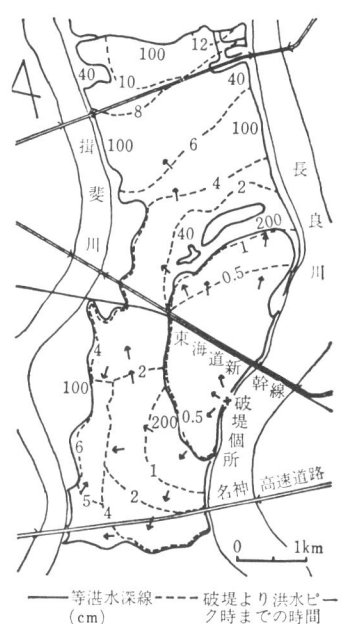

台風による多摩川（東京都狛江市）および1976（昭和51）年の17号台風と前線による長良川（岐阜県安八町）での河川堤防の決壊は，社会的にもあらたな注目を集めた水災害である（図11.14）．しかも中小河川の氾濫などに起因する内水災害（都市型水害）は1960年ごろから各地の低地帯で頻発するようになってきた．水災害を防止・軽減する方策については再検討を要する今日的な重要課題の一つとなっている．

c. 地盤沈下

(1) 地盤沈下の原因と沈下地域 従来地表面が低下する原因には，地殻変動による地盤の沈降や地震・火山活動時における地盤の沈降・陥没，埋立地などにおける土砂の自重による地盤の収縮など全く自然の原因で起こる場合と，地下資源である石炭採掘や石油採取などに伴って地表面が沈下・陥没するという人為的原因とが古くから知られていた．しかし大都市や臨海工業地域の集中している沖積平野では，地表面の低下する現象が長年にわたる水準測量の成果や地下水位の観測記録に基づき調査された結果，その大半が地下水の過剰揚水と水溶性天然ガスの採取という人為的な行為に起因していることが明確になったのである．し

かも自然的な地殻変動による沈降量の数値と比べ，けた違いの速さで進行している事実がわかった（図11.15, 11.16）．

こうした地盤沈下は当然ながら地下水の自然補給を上まわるような大量の揚水が継続した結果，地下水位（圧）が著しく低下し，この水位（圧）低下に伴って地下の軟弱な粘性土層などが脱水・収縮し，地表面が低下するのである．沈下現象の生じた初期のころは，地質的に最も新しい沖積層（特に粘性土層）の収縮が中心で生じるものと見なされたが，地下水位（圧）の低下に伴い年々より深層部の地下水が大量に揚水され，現在では沖積層下の洪積層，第三紀層中の収縮しやすい地層にまでそれが及んでいる．

東京・大阪などの大都市や臨海工業地域では，地盤沈下の主原因が地層の圧密収縮に帰せられ，かつ広範囲に進行することは地下水の過剰揚水に伴う地下水位（圧）に問題がある．いい換えれば，沈下の影響範囲は地下水位（圧）の低下を生じた範囲に対応する形で，一般に広範囲にわたって拡大する傾向を示す．かつて地盤沈下といえば，その代表地域は臨海沖積平野であったが，最近は沖積平野の内陸部や台地，それにあらたな地域での工業の発展や都市の発達などと即応して沈下地域の広域化・分散化する傾向が目立っている．

わが国の地盤沈下地域は1974年当時の環境庁調査によると，33都道府県56地域（総面積約6360 km^2）に及び，全国的な分布状況を示していた．このうち首都圏南部（1都3県）の沈下地域では全沈下地域の約32%（2020 km^2）を占め，さらに首都圏南部，中京（3県，835 km^2），阪神（1府1県，510 km^2）の3大都市圏での沈下面積は全沈下地域の約53%に相当していた．そのほか新潟平野や佐賀平野で，それぞれ430 km^2，400 km^{2}の広がりを示す沈下地域が形成されていた．しかし，最近では東京都区部，大阪，名古屋などの地盤沈下の進行は，鈍化あるいはほとんど停止している．その反面，新潟県南魚沼郡や首都圏北部などの一部地域においては，依然として沈下現象が進行している（図11.15）．

一方，累計沈下量は第二次世界大戦前から沈下が生じている東京，大阪で，それぞれ最大454 cm，277 cmの値を示す．これらのほか，累計沈下量200 cm以上の地域は新潟，兵庫，100 cm以上の地域は埼玉，千葉，神奈川，福島（原町），愛知，三重である．年間沈下量の最大値では，埼玉25.2 cm，大阪と原町25 cm，東京23.9 cm，愛知23.5 cm，三重21.3 cmと，20 cm以上が6地域で認められている．また年間沈下量10 cm以上の地域は仙台，千葉，神奈川など6地域となって

11.3 沖積平野の災害

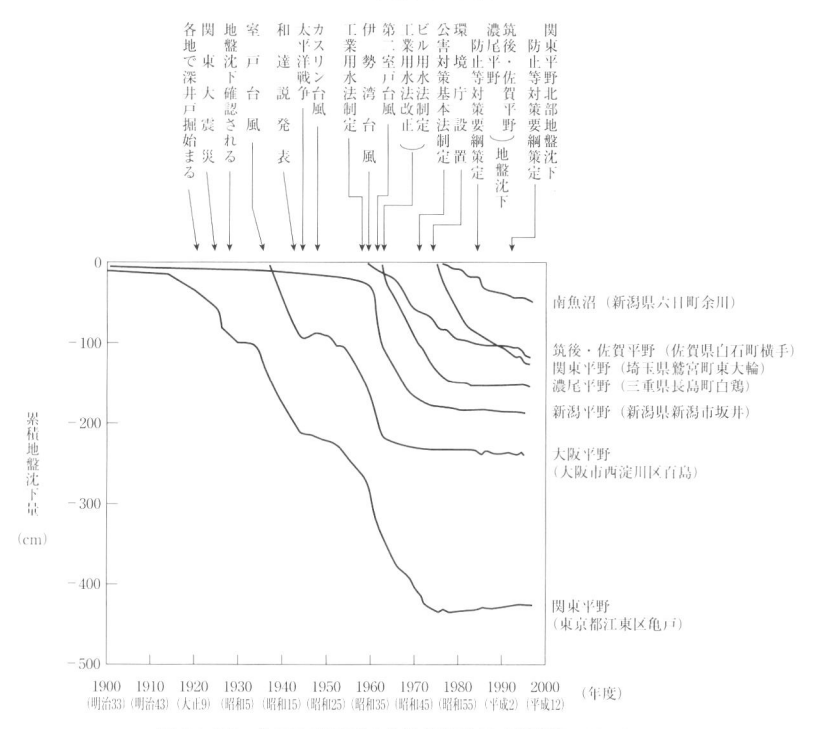

図 11.15 全国主要地域の地盤沈下状況（環境省，2001）

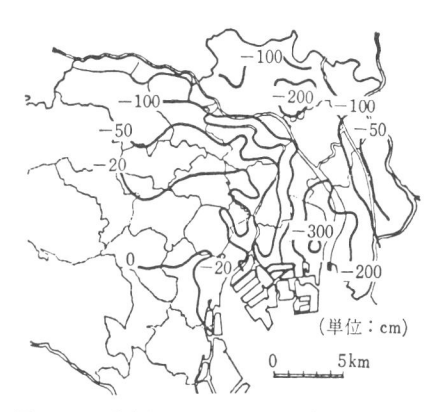

図 11.16 東京都区部の1938～75年までの累計沈下量（東京都土木技術研究所，1976）

いる．これらの地盤沈下地域は，沈下の原因，その進行・程度・被害の状況などそれぞれの地域で差異が認められる．

（2） 地盤沈下の影響とその対策 　　地盤沈下の現象は，直接あるいは間接的に人間生活や生産活動に悪影響を与える．直接的な影響（被害）としては地上あるいは地下構造物の破損，建物や井戸（鉄管）の抜け上がり（図11.17)，堤防・護岸・橋梁などの割れ目・亀裂や不同沈下，ガス管・水道管など地下埋設管の破損など人工構造物に対する障害で，それらの機能を著しく阻害している．間接的な影響は地盤沈下のため低い土地が生じ，あるいは元来低い土地がさらに低下すること（ゼロメートル地帯の出現）により，下水や雨水などの自然排水が困難となる，いわゆる内水の慢性的排水不良地化や高潮時の浸水被害など絶えず高潮・出水の脅威にさらされて，水害の常習地域を形成し，生活環境の悪化をもたらしている．

近年，地盤沈下の防止・軽減をはかる対策として，地下水の揚水規制や水溶性天然ガスの採取規制を講ずるとともに，その代替用水として工業用水道や上水道などを確保するための整備事業が着々と実施されてきた．この結果，地下水の揚水規制（禁止）強化や天然ガスの採取停止を適用した地域では，その効果が地下水位の上昇と沈下速度の鈍化となって顕著に現れ始めた（図11.18）．これは地層の一部に圧縮過程から膨張過程へと移行しつつあることを意味する．しかし一部

図11.17 　地盤沈下の影響で抜け上がった井戸
（東京都江戸川区葛西，長沼撮影）

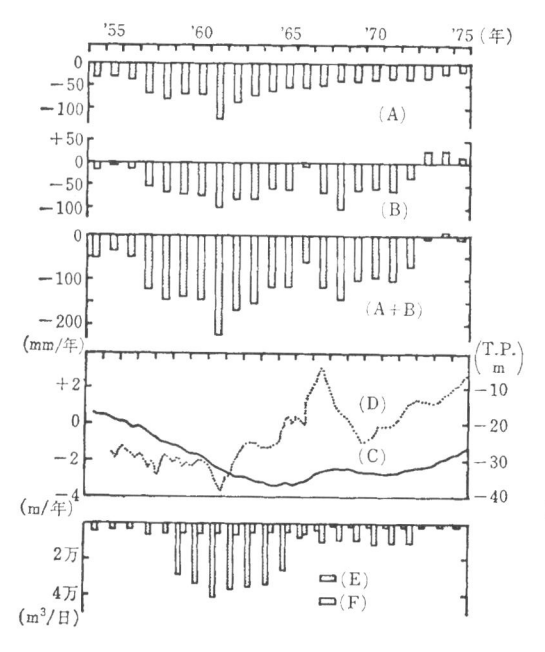

A：地表から−70mまでの地層の収縮量
B：地表面下70m以深の地層の収縮量
A＋B：地表面の変動量
C：地下水位
D：水位差（前年との比較）
E：江東区の地下水総揚水量（工業用，建築物用，その他上水道用）
F：江東区内の天然ガス井の揚水量

図11.18 地層の収縮（膨張）量と地下水位，地下水揚水量の関係（東京都江東区南砂町第1観測井）（東京都土木技術研究所，1976）

の地域でのみ揚水規制が行われ，一時的に小康を保つことができても，その周辺地域でひき続き大量の揚水が行われていれば，全面的に沈下を防止したことにはならない．

一方，地盤沈下により低地化した地域を保全するため，高潮などの猛威に対処できるような対策事業（防潮堤，護岸，水門，排水機場などの建設）や低地帯の内水氾濫を防止するための下水道施設などの整備・拡充がなされている．しかし沈下の進行をまねいている地域では，水害の危険性の増大からまもるための堤防・護岸自体の構造物が低下したり，不同沈下や亀裂を生じる．地盤沈下の全面的停止をはからなければ，低地帯などの恒久的な防災対策は解決しないといえよう．

文　献

有明海研究グループ（1965）：有明・不知火海域の第四系．地学団体研究会専報，**11**，86pp.
遠藤邦彦（1969）：日本における沖積世の砂丘の形成について．地理学評論，**42**，159-162.
江坂輝彌（1972）：自然環境の変貌―縄文土器文化における―．第四紀研究，**11**，135-141.

復興局建築部（1929）：東京及横浜地質調査報告，144 pp.
羽鳥謙三・柴崎達雄（1971）：第四紀，共立出版，348 pp.
池田俊雄（1964）：東海道における沖積層の研究．東北大学地質古生物学教室研究論文報告，**60**，1-85.
石井　求（1977）：関東平野（その1）東京の地盤沈下．土と基礎，**25**，29-36.
井関弘太郎（1966）：沖積層に関するこれまでの知見．第四紀研究，**5**，93-102.
井関弘太郎（1972）：日本における三角州平野の変貌．第四紀研究，**11**，117-123.
井関弘太郎（1974）：日本における 2000 年 B.P. ころの海水準．名古屋大学文学部研究論集，**LXII**，155-176.
井関弘太郎（1975）：沖積層基底礫層について．地学雑誌，**84**，247-264.
井関弘太郎（1988）：沖積平野，東京大学出版会，145pp.
科学技術庁資源調査会（1960）：伊勢湾台風災害調査報告（付属資料 I）．科学技術庁資源調査会報告，**17**，162pp.
貝塚爽平（1964，1976）：東京の自然史，紀伊国屋書店，186pp.
Kaizuka, S., Naruse, Y. and Matsuda, I. (1977): Recent formations and their basal topography in and around Tokyo Bay, Central Japan. *Quat. Res.*, **8**, 32-50.
梶山彦太郎・市原　実（1972）：大阪平野の発達史—^{14}C 年代データからみた—．地質学論集，**7**，101-112.
Kanai, K. *et al.* (1961a): On Microtremors VIII. 地震研究所彙報，**39**，645-696.
Kanai, K. *et al.* (1961b): On Microtremors X. 地震研究所彙報，**44**，97-114.
金子徹一・中条純輔（1962）：音波探査による東京湾の地質調査．科学，**32**，88-94.
環境省（2001）：平成 13 年版環境白書，ぎょうせい，460pp.
建設省中部地方建設局中部技術事務所（197）：濃尾平野地盤資料集（全4巻）．
建設省建築研究所（1965）：新潟地震による建築物の被害．建築研究所報告，**42**，180pp.
建設省国土地理院（1971）：土地条件調査報告書（東京および東京周辺地域），80 pp.
桑原　徹・松井和夫・吉野道彦・高田康秀（1972）：伊勢湾と周辺地域の埋没地形と第四系．地質学論集，**7**，61-76.
松田磐余（1973）：多摩川低地の沖積層と埋没地形．地理学評論，**46**，339-356.
Matsuda, I. (1974): Distribution of the recent deposits and buried landforms in the Kanto Lowland, central Japan. *Geogr. Rept. Tokyo Metrop. Univ.*, **9**, 1-36.
三木五三郎・成瀬　洋・貝塚爽平（1969）：京葉工業地帯の地盤，千葉県開発局，65pp.
水野　裕・堀田報誠（1968）：十勝沖地震による青森県の災害．東北地理，**20**，187-194.
中野尊正（1961）：東京周辺の水害危険地帯，地図普及協会，42pp.
中野尊正（1963）：東京の0メートル地帯，東京大学出版会，224pp.
中野尊正編（1971）：都市の自然環境（講座都市と国土 3），鹿島研究所出版会，338pp.
中野尊正・門村　浩・松田磐余（1969）：地震地盤図とその構成．第6回災害科学総合シンポジウム論文集，77-80.
中田　高（1978）：宮城県沖地震による仙台市周辺の家屋被害と地形．地理，**23**(9)，87-97.
西村嘉助ほか（1968）：十勝沖地震による地形災害．東北地理，**20**，157-160.
大矢雅彦（1973）：沖積平野における地形要素の組合せの基本型．早稲田大学教育学部学術研究，**22**，23-43.
災害科学総合研究班（1977）：わが国の自然災害科学，85pp.
東木竜七（1926）：地形と貝塚分布より見たる関東低地の旧海岸線．地理学評論，**2**，597-607，659-678，746-773.

東京大学地震研究所（1964）：新潟地震調査概報．地震研究所速報，**8**，133pp.
東京都土木技術研究所（1976）：東京都土木技術研究所年報（昭和50年度），479pp.
海津正倫（1976）：津軽平野の沖積世における地形発達史．地理学評論，**49**，714-735.
海津正倫（1977）：メッシュマップを用いた多摩川下流域の古地理の復原．地理学評論，**50**，596-606.
海津正倫（1994）：沖積低地の古環境学，古今書院，270pp.
安田喜憲（1977）：大阪府河内平野における弥生時代の地形変化と人類の居住―河内平野の先史地理学的研究 I ―．地理科学，**27**，1-14.
吉川虎雄・杉村　新・貝塚爽平・太田陽子・阪口　豊（1973）：新編日本地形論，東京大学出版会，415pp.

III. 第四紀と人類

12. 人類の進化と石器文化

　第四紀は，別名「人類紀」ともよばれる．それは，人類が変化に富んだ自然環境に適応しながら，地球上での生活圏を広げると同時に，ほかの動物に比べ，とくに秀でた存在として今日のわれわれの姿へと進化してきた時代だからである．つまり，第四紀とは人類を生み育てた時代ともいえる．

　人類の進化とその生活のあとをたどるためには，自然環境の変遷の研究とともに次のような二つの主たる研究分野がある．一つは，人骨の形質や人類と近い関係にあるほかの霊長類の生態観察などによる人類学的研究である．もう一つは，化石人骨と同時期の道具や生活址などの調査によって当時の人類の生活様式をさぐろうとする考古学的研究である．以下おもにこの二つの分野の研究成果に基づいて，人類の進化と石器文化の変遷について述べる．

12.1　人類の進化

a. 人類とは何か

　人類がどのようにして進化してきたのかという問題は，われわれ人類とは何かという根元的な問いに大きくかかわる．それでは，人類をほかの動物から区別できる特徴は何であろうか．従来，道具の製作と使用，言葉の使用，複雑な社会組織をもつ点などもあげられてきた．ところが，これらの特徴は，非常に未熟であったり，初源的ではあるが，現生の各種のサルにも認められるということが明らかにされつつある．

　そこで，現在，最もはっきりした人類だけの特徴と考えられているのは，直立し二本足で歩く完全な二足歩行である．四本足で生活していたものが直立姿勢を

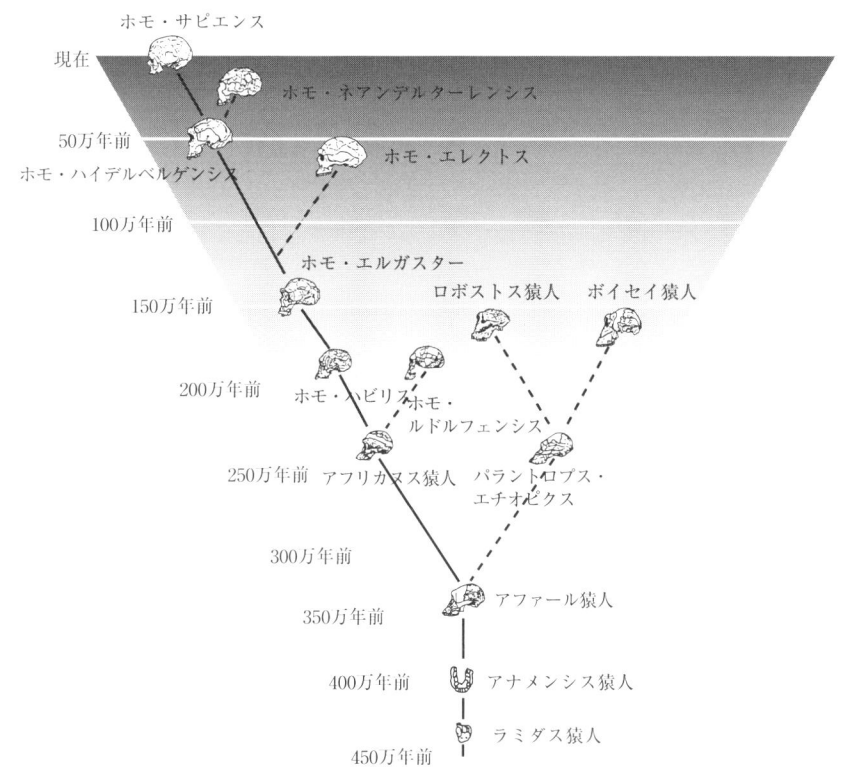

図 12.1 人類の進化（群馬県立自然史博物館，1999を一部改変）

とるようになった結果，人類の体には多くの変化が生じ，容姿が変貌した．また，頭を上に直立すると体の諸器官の多くが上下に並ぶことになり，人類特有の貧血や痔，ヘルニアなどの内臓疾患を起こしやすくなった．しかし，この直立二足歩行によって，人類は大きな利を得た．それは，前足（両手）が歩行運動から解放されたため，道具を製作し使用する能力を著しく高めることができた点である．また，こうした変化の中で脳も増大してきたと考えられ，これは，人類の別の重要な特徴である思考力や言語能力のずば抜けた発達を可能にし，そしてこれらの発達が逆にまた脳の増大を促してきた（図12.1）．

こうしたほかの動物にみられない，あるいは抜群に優れたいくつかの特徴は，人類が自然環境を有効に開発していくための重要な能力となった．人類は，この能力を駆使した諸活動によって，自然環境に巧みに適応してきた．そうした活動

とその結果が広い意味の「文化」である．「人類は文化をもつ動物である」という一つの定義の意味はこうした点にある．

b. 人類の進化段階

人類の進化段階は，主として化石人骨の形質をもとにして区分されてきている．人骨の諸形質には直立二足歩行をはじめとする人類の活動内容，つまり，それぞれの進化段階の文化が反映しているからである．たとえば，現代人に近いほど歯や顎骨が小さくなってくる変化などは，歯を食物の咀しゃく以外にはあまり用いなくなり，さらに，消化器としての歯や顎の負担も軽くなっていったことを表している．このようなことから，人類の進化は，化石人骨のもつ原始的な特徴の程度などをもとにして，区分されている（図12.2）．

（1） 猿人（アウストラロピテクス）　最古の人類とされているのは猿人，アウストラロピテクス（*Australopithecus*）である．近年の東アフリカを中心とした地域における調査による発見の増加によって，猿人には数多くの種類があることが判明している．おもなものには，約400万年前の体格がきゃしゃでより原始的な形質をもつアファール猿人（*A. afarensis*），やはりきゃしゃな約300万年前のアフリカヌス猿人（*A. africanus*），そして約200万年前の頑丈な体格のボイセイ猿人（*A. boisei*），ロブストス猿人（*A. robustus*）などがある．これらの猿人に共通した特徴は次のような点である．脳の容積は，およそ500 ccと小さく，現代のヒト以外の霊長類の中で最も大きな脳をもつゴリラとあまり変わらない．しかし，骨盤や股関節の形などから明らかに二足歩行をしていたと考えられ，歯も大型だが，ヒト化した特徴をもっている．また，すでに道具としての石器を積極的に製作・使用していた．

（2） 原人（ホモ・エレクトス）　猿人の生息年代の終わりごろには，猿人よりもやや大きな脳容積をもつ2種（ホモ・ルドルフェンシス，*Homo rudolfensis*とホモ・ハビリス，*Homo habilis*）が存在していたことが，やはり東アフリカで確認された．これらに対してはじめて，「ホモ」すなわち「ヒト属」という名称が与えられている．そして約180万年前には同じアフリカの地に，さらに大きな脳容積をもつ新しいタイプのヒトが登場した．それが原人（ホモ・エレクトス，*Homo erectus*）である．

原人は，19世紀以来ユーラシア大陸で，ヒトとサルをつなぐはずの「ミッシングリンク」（missing link）として話題と注目を集めてきた．原人の脳容積は

12.1 人類の進化

図12.2 脳の増大と頭骨の変化
人類の進化に伴って脳の容積が増す一方，咀しゃく器，眼窩上隆起が小さくなり，顔の部分の頭骨全体に占める割合が縮小していく．脳容積は図中に示した数値のそれぞれ20～30%の変異がある．

1000 cc 前後で猿人と現代人（約1500 cc）ちょうど中間くらいにあたる．眼の上の盛り上がり（眼窩上隆起）が著しく，また顔面が大きくて顎骨が強大な点など原始的な特徴も多くもつ．一方，大腿骨は現代人に近似しており，直立二足歩行が完全に定着したことを示す．すでにこの原人の段階で火の使用が認められ，道具づくりの面でも手のこんだ加工で形の定まった石器が出現する．アジアの著名な北京原人（*Sinanthropus pekinensis*）やジャワ原人（*Pithecanthropus erectus*）のほか，同種の原人化石はアフリカとユーラシアの広い範囲で発見されている．

(3) ホモ・サピエンス 原人はアフリカとユーラシア大陸を舞台として進化を続け，およそ40万年前ごろには現在につながる形質をもつホモ・サピエンス（*Homo sapiens*）が登場した．しかし，これら初期（40～25万年前）の古代型ホモ・サピエンスには形態上の共通性が乏しく謎が多いとされている．

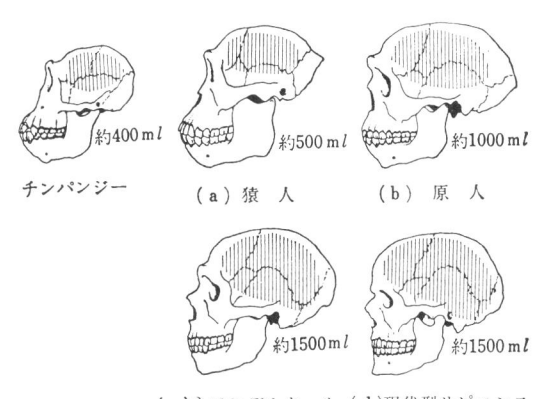

ネアンデルタール（ホモ・サピエンス・ネアンデルターレンシス） 原人の発見よりも半世紀ほど前に，ドイツのネアンデル渓谷（Neanderthal）で洪積世の地層から出土した化石が，この種の最初の発見であり，その一般化した名称の由来ともなった．当初は人類がサルの仲間から分かれた動物であるという進化論をうけいれない世相もあり，すぐにはその意義が認められなかった．しかし，その後ヨーロッパや西アジアをはじめ各地から同種の化石の発見が相次ぎ，人類祖

先の一つとしての評価をうけるようになった．

ネアンデルタール（*Homo sapiens neanderthalensis*）の脳容積は，現代人とほぼ同じであるが，眼窩上隆起が目立ち，下顎骨が頑丈でおとがいが出ていないなど，頭骨には原人に近い特徴がある．一方，道具のつくり方や死者の埋葬など遺跡に残されている文化の程度は，かなり高度なものとなっている．ネアンデルタールは研究史上，原人に次ぐ段階で，原人と現代人とをつなぐヒトとして長年位置づけられてきた．しかし，近年の古代型ホモ・サピエンスの発見，およびネアンデルタールの年代や分布に関するあらたな研究によって，これは現代人に直接つながる種ではないとする考え方が一般的になっている．

現代型サピエンス（ホモ・サピエンス・サピエンス）　現代型サピエンス（*Homo sapiens sapiens*）は，約4万年前ごろから，原人やネアンデルタールに比べて一段と進化した各種の形質をもって出現し，現代人へつながる．まず，額がふくらみ眼窩上隆起が目立たなくなる．また，歯や顎骨が小さくなり，おとがいが前に突き出る．このような変化を代表とする身体の構造をはじめとして，知的・精神的なレベルも現代のわれわれとほとんど同様となった．

文化的には，石器をはじめとする各種の道具や生活様式も飛躍的に進歩し，より多様で過酷な自然環境へも適応していく能力を高めた．その結果として，人類の生活圏は旧大陸のほぼ全域から，南北アメリカやオーストラリア大陸へと拡大していった．このようにして人類は現代型サピエンスの段階で，強い加速度のかかった進歩をみせて，今日の文明を築くまでに至った．

12.2　石器文化の発展

a.　人類の文化と石器

人類特有の文化には，人類が自然環境に適応するためのさまざまな活動が含まれる．その中でも，道具の製作と使用とに関する研究は，過去の人類の文化をさぐるうえで有効である．人類の道具には，その最古の時期から木や骨などを素材にしたものがつくられていたと考えられ，事実，断片的な証拠も発見されている．しかしながら，鋭く硬い刃がつくり出せるなど利器としての長所を多くもつことから，とくに石器が化石人類の道具の中でも重要な位置を占めていたと考えられる．また，石器は，木や骨など他の素材でつくられた道具がほとんど消滅してしまう古い地層の中でも，ほぼ原形を保って発見され，したがって資料も豊富

12.2 石器文化の発展

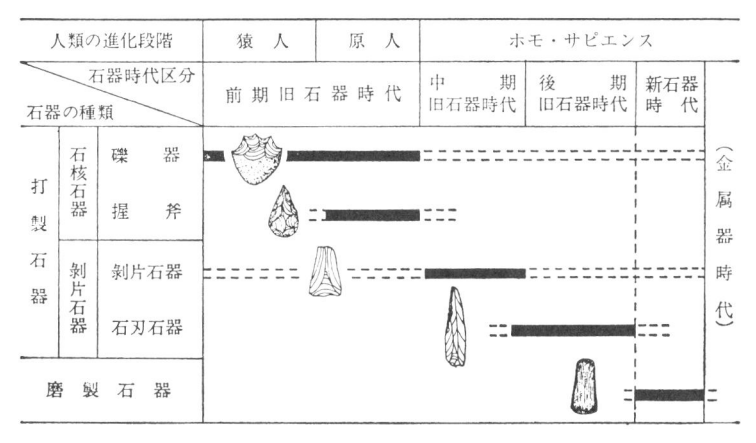

人類の進化段階	猿人	原人	ホモ・サピエンス		
石器時代区分 石器の種類		前期旧石器時代	中期 旧石器時代	後期 旧石器時代	新石器 時代
打製石器 — 石核石器 — 礫器					（金属器時代）
打製石器 — 石核石器 — 握斧					
打製石器 — 剥片石器 — 剥片石器					
打製石器 — 剥片石器 — 石刃石器					
磨製石器					

図12.3 おもな石器の時代的変遷（阿部原図）

に得られる．このような特質をもつため，石器は人類の文化の変遷を知るうえで最も便利なめやすとなっている．

石器は，つくり方の違いによって次の二つに大別される．一つは，原石を打ちはがす技術のみでつくられる打製石器であり，もう一つは，研磨によって整形される磨製石器である．

打製石器は，さらに石材のしんの部分を石器に仕上げた石核石器（core tool）と石核から剥離された石片を利用した剥片石器（flake tool）とに分類される．この二種を比べると石核石器がより古い時期によく用いられ，剥片石器の技術はより後の時期にさまざまな形で発達してきた（図12.3）．そして，石器時代の最後には，磨製という全く新しい技術に到達する．このように石器は，その基本的なつくり方に着目しただけでも，人類の進化に対応する文化の内容を少なからず反映していることがうかがえる．

b. 石器文化の諸段階

人類の歴史を道具の発達をもとにして分けた場合，全体のおよそ99.8%までが石器時代に属し，残りが金属器時代となる．さらに石器時代の99%以上の期間が洪積世に属する旧石器時代にあたり，沖積世の石器時代は新石器時代とよばれる．最も長い旧石器時代は普通，3期に分けられる．

（1）**前期旧石器文化** この時期の石器文化は，猿人および原人段階の人類が製作・使用した石核石器によって特徴づけられる．その最も初源的なものは，

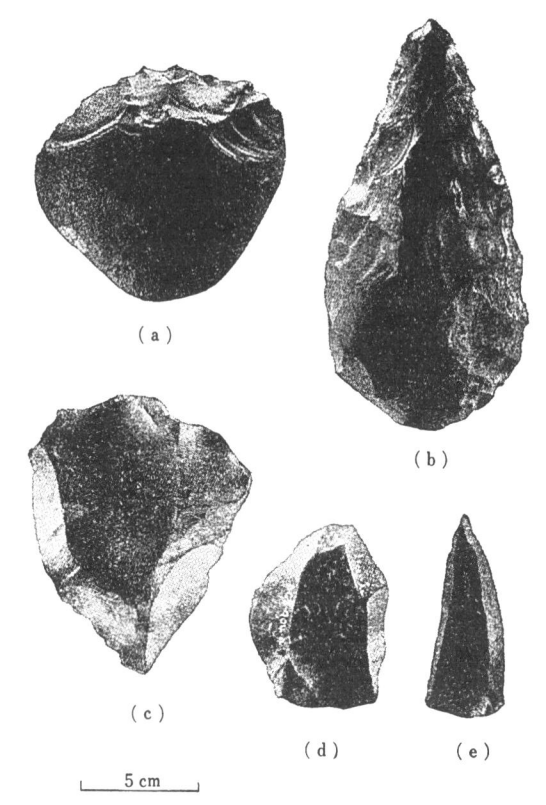

図12.4 前期および中期旧石器時代の石器（阿部原図）
(a) 前期旧石器時代の礫器, (b) 前期旧石器時代の握斧, (c) 中期旧石器時代の石核, (d, e) 中期旧石器時代の剝片石器.

　礫器 (pebble tool) とよばれ, 自然礫をあらく加工して形づくったり刃をつくっただけの石器（図12.4(a)）である．代表的な例は，最古の猿人化石とともに発見される東アフリカのオルドヴァイ石器文化 (Oldowan) にみられる．これには剝片石器も数種含まれており，すでに石器をつくり分けて用途に応じた道具を使い分けていたと推定されている．
　原人段階には，握斧 (hand-ax：図12.4(b)）が登場する．これは，礫をまわりから加工して扁平な卵形や洋梨形に整形したもので，この時期の末期のアシュール石器文化 (Achuelian) に代表されるように，形をよく整え，しかも多数の石器をほぼ同形に仕上げる技術へと進歩している．握斧はアフリカ, ヨーロッパ

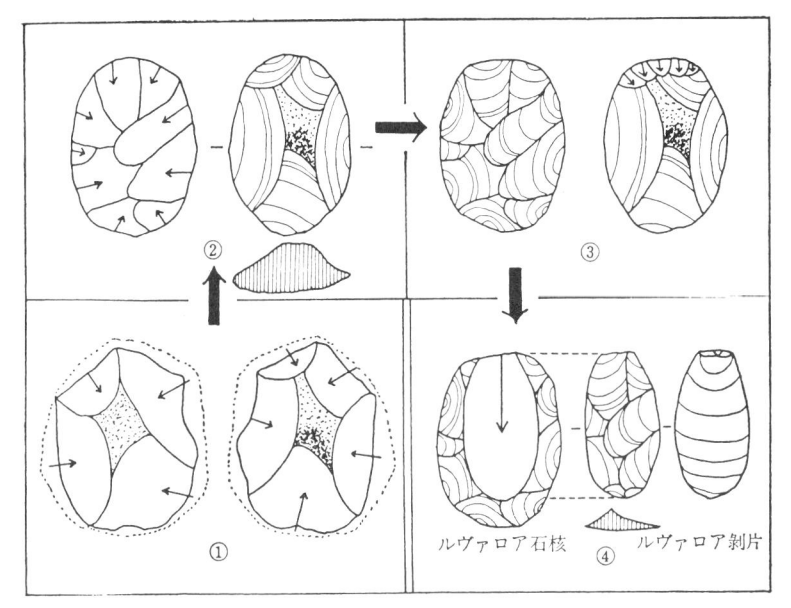

図12.5 ルヴァロア技法の剝片をはがすまでの手順（阿部原図）
①石材をあらく整える，②片面を念入りに調整して最後にはがす剝片の形を決める，③その裏側に剝片をはがすための打撃面を整える，④その面を打って目的とする形と大きさの剝片をはがす．

を中心に分布し，アジアの東半部などでは，全体の形状よりは刃の部分の加工に共通性があるチョッパー（chopper）などの礫器の類が分布する．

(2) 中期旧石器文化 ネアンデルタールと古代型ホモ・サピエンスの進化段階にあたるのが，中期旧石器文化である．この石器文化の大きな特徴は，剝片石器（図12.4(d)，(e)）が主体になる点にあり，ヨーロッパを中心に広がったムスティエ石器文化（Mousterian）などが代表である．この石器文化では，ほぼ一定したはがし方で得られた剝片がさらに細かな加工によってさまざまな形と刃をもつ各種の石器に仕上げられた．

この時期の剝片剝離の方法の中に，ルヴァロア技法（Levallois technique）とよばれる非常に強い特色をもつものがある（図12.5）．ヨーロッパ・アフリカ・西アジアの各地に広範に広まったこの技法は，次のような重要な意味をもっている．一つには，必要とする形と大きさの剝片石器がさらに加工をしなくとも剝離したままで得られるように，石核を前もって整えるという独特のつくり方があげ

(a) (b) (c)

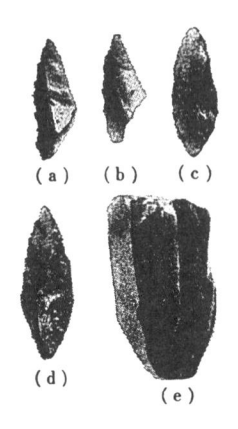

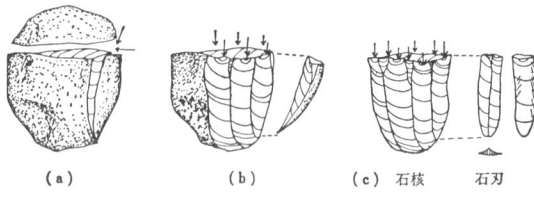

(d) (e)

図12.7 石刃技法（阿部原図）
(a) 石塊があらく整えられる，(b, c) 一つの打面（上の平担な面）から連続して何本もの石刃が剥離される．

図12.6 現代型サピエンス段階の石器（阿部原図）
後期旧石器時代の石刃石核（e）と石刃を加工した石器（a, b）および槍先形石器（c, d）．

られる．これは，製作者がこれから剥離しようとする石器の種類を頭の中で設計し，これに従って石核を整えるという点で，思考力の高度な人類の技術といえる．次には，この技法が図12.5に示したような一定した作業工程をふむものでありながら，このつくり方による石器の分布がきわめて広域にわたるという点である．この点は，複雑な技法の伝統が確実に伝播していくための基盤として，この段階の人類の言語による伝達能力および社会組織などがすでにかなりの発達を遂げていたことを裏づけるものである．そして，このことは，ルヴァロア技法のにない手であるネアンデルタールが現代人とほとんど差のない脳容積のもち主であった事実と無関係ではないであろう．

（3） **後期旧石器文化** 旧石器時代の最後は，現代型サピエンス段階の石器文化である（図12.6）．この時期には剥片石器のつくり方がさらに進歩し石刃技法（blade technique：図12.7）という非常に合理的な技術が生まれた．これは，円筒状あるいは円錐状の石核のまわりから，細長くて両側がほぼ平行した剥片（石刃）を剥離する方法である．この技法では，鋭い刃を両側にもつ石刃が連続して大量につくり出せる．そのため，仮に同じ体積の石材からつくられる原人の握斧と刃の長さだけについて比べれば，石刃の合計した長さは握斧の数十倍にも達することになる．

こうした石刃は，さらに細部が加工されてさまざまな形態の石器に仕上げられる．その中には，狩猟具をはじめ，ほかの道具をつくるための削り具や皮の加工具と思われるものなど多くの種類が含まれるようになった．このように道具の内容が豊富になっただけではなく，彩色したみごとな洞穴壁画や彫刻品などの芸術

的活動のあとも多く発見される．

　後期旧石器文化の研究は，とくにヨーロッパとその周辺地域についてくわしくすすめられてきたが，この時期の人類の生活圏はアメリカ大陸やオーストラリアにまで拡大し，世界のほとんどの地域にそれぞれの特色をもつ石器文化が見つかる．日本において，関東ローム層など洪積世の堆積中から発見される旧石器文化もその大部分が後期旧石器文化に相当すると考えられている．

　(4)　**新石器文化**　ヴュルム氷期の終末後，気候の変化に伴って人類の生活は大きく変化し，全く新しい文化が出現する．これが新石器文化であり，旧石器文化からの過渡期である中石器文化を経て，人類が迎えた最後の石器文化である．この時期に入ってから石器に現れた大きな変化は，磨製の技術が定着する点である．そのほか土器や織物の発明，農耕と牧畜の開始などがあり，現代文明への急激な進化のスタートを切ったのである．

c.　石器時代人の食糧

　石器時代の人類がどのようなものを食べていたかは，彼らが住んでいた洞窟など保存条件のよいところから石器などとともに発見される動植物の残存資料によって知ることができる．こうした証拠によればすでに猿人の段階から，採集した植物性食糧のほかに動物の肉を食べていたようである．その後，火を使用した調理によって肉の消化が助けられ，氷河期などの植物資源が乏しいときには，ますます肉食の割合が増していったと考えられる．

　食糧にされた動物には，ヘビ，トカゲ，ネズミの類から，マンモスのような捕獲に多数の人間の共同作業が必要な大動物まで雑多な種類が含まれる．その内容にはもちろん地域や時期ごとの特色があり，その中での異変もある．たとえば，フランスの一地域において中期旧石器時代以降の人間がおもに捕獲した動物の種類には，次のような変遷がみられる．まず，中期旧石器時代には野ウシとウマが最も多いが，後期になるとトナカイが極端に増加し，これが肉の消費の90％を占めるようになる．ところが，氷河期が終わりトナカイが北へ移動した後はアカシカが最も多く捕らえられるようになった．

　石器時代人は，とくに後期旧石器時代において，石槍などの石器のほか，落とし穴および崖・沼地などへの追いこみなども工夫した巧みな狩人であった．このことは，一つの遺跡から1000頭分をこえるマンモスや実に10万頭分にも及ぶ野生ウマの骨格が発見される例などからも推定できる．一方，こうしたマンモスや

野ウシなど大型哺乳動物は，群ごとに大量に捕獲できるため，幼獣を含めて必要以上の量を無計画に捕らえることが少なからずあった．こうしたオーバーキル（over kill，過剰殺戮）によって，ついに人類は，大型哺乳動物の絶滅をまねき，これら動物群の構成をも変えてしまったとまでいわれる．しかしながら，もっと大きな力が動植物や人類自身の上にはたらいた．それは，氷河期の終末という環境の大きな変化である．その後，人類の食糧獲得の方法は，新石器文化の農耕と牧畜という計画性と安定性のあるものへと変化していったのである．

こうした食糧にみられる変化は，この章で述べたような石器製作技術をはじめとする人類の「文化」というものが，自然環境への適応手段とその結果にほかならないということを明確に示すものである．

12.3 日本の石器文化

a. 日本の旧石器文化

近年の盛んな発掘調査の結果，後期旧石器時代に相当する遺跡が数千か所以上も発見されており，日本列島のほぼ全域に旧石器時代人が生活していたことは明白である（図12.8）．しかし，後期旧石器時代より古いとされる遺跡には不確実な点が多く，それらとユーラシアの同年代の石器群との関係も明確ではない．ま

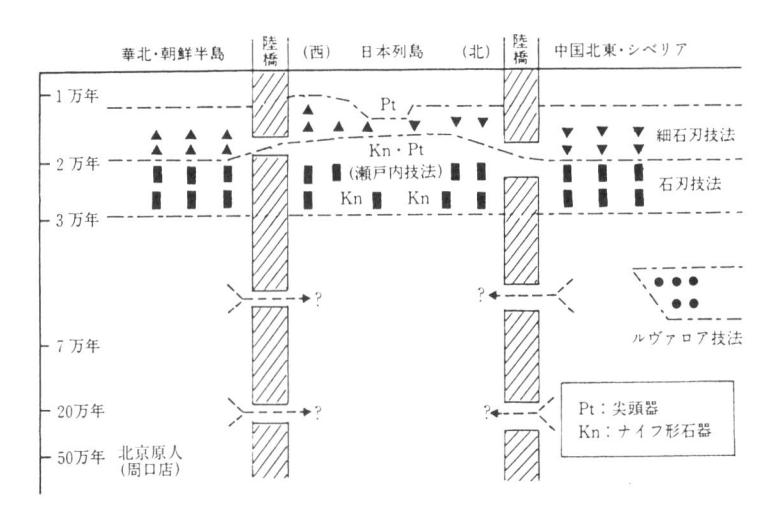

図12.8　東アジアと日本列島の旧石器文化（阿部，1993）

た，日本の後期旧石器時代の遺跡のほとんどは段丘や台地上に位置し，人骨や動物骨などが遺存することの多い洞窟遺跡などは，ごくごくまれである．したがって，この時期の研究は，石器を中心とした石製遺物とその出土層準の分析が主体となっている．中でも，国内で最初に旧石器が発掘された群馬県岩宿遺跡をはじめとして，広くしかも厚く堆積している関東ローム層と，その中に含まれている石器群の研究が大きな役割をはたしてきている．また，九州から本州北端まで，より広範囲に分布する火山灰層などは，全国の石器文化を比較検討するための有効な基準となっている．

日本の旧石器では，黒曜石・硅岩などを素材としたナイフ形石器（図12.9（c））とよばれる長さ5cmほどの石器が代表的なものである．これは狩猟などに用いる刺突具とも現代のナイフのような利器とも推定される形態をもち，ヨーロッパの後期旧石器時代の一部の石器に共通した特徴もそなえている．年代的には，1万7千年前ごろを中心に，1万年以上の期間にもわたって製作，使用されたものである．日本の旧石器時代は，今のところ，このナイフ形石器が石器群組成の中で主体を占める期間をはさみ，それ以前と以後の大きく三つの時期に区分することができる．

ナイフ形石器が主体となる以前の石器群には，二次加工の少ない剝片や斧状石器（図12.9(e)），礫器（d）などがみられ，ナイフ形石器を中心にこれに類した他種の小型石器も加わる．約1万4千年前より後では，槍先形の石器（b）や組み合わせ具の刃をつくる細石器（a）などが目立って出土する．そして，ナイフ形石器の時期では，黒曜石の利用度が急増するなど，石器の石材選択に変化がみられ，他の石の利用の面でも，調理活動に関連したと考えられる礫群（焼けた石の集まり）は，この時期に集中して出現し，前後の時期の礫とは出土数や大きさなどが異なっていることも確認されている．

このように，石器の年代的な変異は，他の文化要素の変遷とも軌を一にする面が多い．そして，自然環境との関係では，ナイフ形石器と礫群が多く出現する時期がまさにヴュルム氷期の厳寒期にあたり，海面の低下によって日本列島は南北で大陸につながっていた．旧石器の様相のいくつかに中部日本を境にした地域差が認められるが，その一部については，大陸の北と南からの人間の移入経路の相違を示しているとも考えられる．そして細石器などが現れ，短期間のうちに主要な石器が著しい変化を示す時期に，氷河期の終末を迎えるのである．

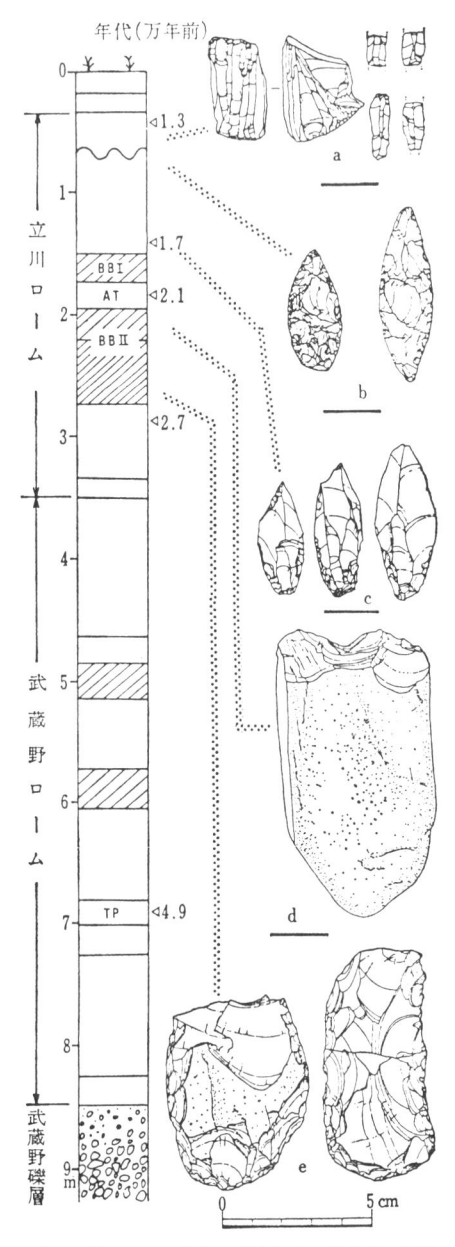

図12.9 武蔵野台地のローム層と各層位出土の代表的な石器「はけうえ」
(小田・阿部・中津, 1980) をもとに作成した石器図
(a) 細石器, (b) 槍先形石器, (c) ナイフ形石器, (d) 礫器, (e) 剥片石器, 斧状石器.

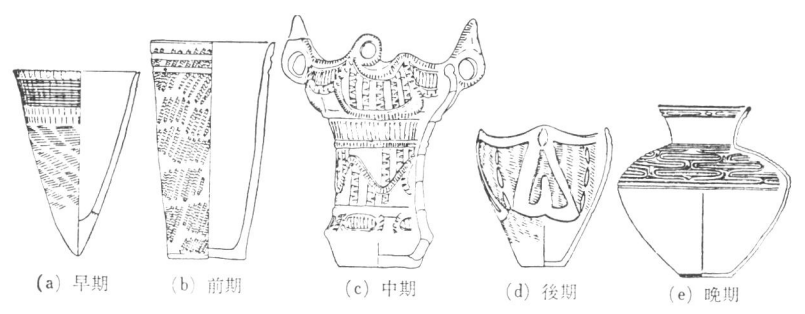

(a) 早期　　(b) 前期　　(c) 中期　　(d) 後期　　(e) 晩期

図12.10 縄文時代各時期の土器（岩手県立博物館，1982；c：八王子市椚田遺跡調査会，1976）
(a)の高さは約20 cm．

b. 縄文文化

日本における後氷期の新石器文化にあたるのが縄文文化である．明治初年からの長い歴史をもつこの時代の研究は，その名称に表されているように，縄目の文様を特徴とする縄文土器（図12.10）をおもな対象として進展してきた．

縄文文化の大きな特色の一つには，人工的につくられた容器としての土器の大量の生産と活用があり，またその文様や形態の多様な点にある．そして，5人前後が寝泊まりできる大きさの竪穴住居を一つの基本とした大規模な集落も多く現れ，旧石器時代に比べ定住性が強く認められる．さらに，石鏃（飛び道具），落とし穴，釣り針などの各種漁具，貝塚の形成などに表されるように，活発な狩猟・漁撈活動の痕跡を色濃く残している．

一方，縄文人の食糧生産については，こうした狩猟・漁撈によって得られる動物性のものより，むしろ植物性食物の方が利用効率や採取量の安定性が高く，山野の木の実や根菜などにその重要な基盤があったとも考えられる．つまり，高度な技術による植物管理およびそれらの利用という活動が，彼らの生活の一つの基幹をなしていたという解釈ができる．

そして，1万年近く続いた日本列島独特のこの新石器文化は，約2000年前，稲作という，現代にまでつながるより有効な農耕技術と，金属器という新しい利器の渡来などが強い刺激となって，幕を閉じたのである．

文　献

阿部祥人（1993）：東アジアの中の日本旧石器文化，鈴木公雄・石川日出志編，新視点日本の

歴史 1, 新人物往来社, 14-19.
相沢忠洋（1969）：岩宿の発見, 講談社, 209pp.
馬場悠男監修・高山　博編集（1997）：人類の起源, イミダス特別編集, 集英社, 116pp.
群馬県立自然史博物館（1999）：ネアンデルタール人の謎, 78pp.
八王子市椚田遺跡調査会編（1976）：椚田遺跡群, 56pp.
岩手県立博物館編（1982）：岩手の土器, 208pp.
加藤晋平（1983）：日本旧石器文化の流れを遡る. 歴史と人物, **2**, 92-99.
小林達雄（1975）：概説, 麻生　優・加藤晋平・藤本　強編, 日本の旧石器文化 2, 雄山閣出版, 1-13.
町田　洋・新井房夫（1976）：広域に分布する火山灰—姶良Tn火山灰の発見とその意義. 科学, **46**, 339-347.
小田静夫・阿部祥人・中津由紀子編（1980）：はけうえ, はけうえ遺跡調査会, 408pp.
杉原荘介（1956）：群馬県岩宿発見の石器文化. 明治大学文学部研究報告, 考古学1, 151pp.
鈴木公雄（1979）：縄文時代論, 大塚初重・戸沢充則・佐原　眞編, 日本考古学を学ぶ 3, 178-202.
渡辺　誠（1982）：縄文人の食生活. 季刊考古学, **1**, 14-17.

13. ──人類による自然改変

　第四紀はまさに現在までを含む地質時代であるから，その存在が人間生活に対して与える影響はきわめて大きい．しかし一方で第四紀は人類の世紀でもあり，人間の活動が自然環境に与えた影響も大きい．ここではこうした人類活動の能動的な側面，すなわち人類による自然環境の改変にしぼっていくつかのトピックスを中心に話をすすめたい．

13.1　先史時代の自然改変

　人類はその誕生以来，野火や狩猟のための放火により森林を破壊してきた．しかし，最初の大規模な自然改変といえるものは，後期旧石器時代から新石器時代初めにかけての大型動物の過剰殺戮（オーバーキル，over kill）であろう．この時期にはルヴァロア技法や石刃技法といった石器製作の技術がすすみ，細石器を用いた弓矢の使用や毒物の利用も始まった．そのためごく少人数でも大型哺乳動物を狩ることが可能になり，その結果，大型動物はたちまち減少して，マンモスやオオツノシカのように絶滅に追いこまれるものが相次いだ．すなわち，最初の自然改変は重大な自然破壊を伴っていたのである．

　このような大型動物の減少，絶滅は人類の生活に大きな影響を与えずにはおかなかった．それまで生産力の増強によって急激に人口を増加させてきた人類に，一転して食料難をもたらしたのである．この危機に対処するために，人類の一部は氷河から解放された土地や南北アメリカ大陸などへ移住していったが，一部は穀物採集の比重を高め，その中から新しい生産用具を工夫し，穀物栽培へ移行するものが出てきた（井尻，1970）．これが穀物農業の起源で，現在からおよそ9000～1万年ほど前のことだと考えられている．そしてこの新しい生活様式はたちまちのうちに周辺部に伝播していったが，それはさまざまな栽培植物の発見・改良とともに，大規模な森林の破壊と，雑草の分布の拡大を伴っていた．

　農耕生活を始めた人類は1か所に定着した生活を行うようになる．そして生活

の安定は文明の発達を促し，土器や磨製石器，織物，舟などの発明や，ウマやウシなどの動物の家畜化をもたらすことになった．動物の家畜化は家畜の飼育を専業とする遊牧民や牧畜民を生み出し，それまでは十分利用できなかった乾燥地域への人類の進出をもたらした．

13.2 歴史時代の自然改変

a. 地中海地域の森林の破壊と土壌流出

地中海地域では，現在森林がみる影もなく衰え，とげだらけの底木の生える荒地ややせた石ころだらけの土地が広がっているが，ここもかつては豊かな森林の茂る土地であった．現在のような状況に追いこんだのは，人間の誤った土地利用が長年にわたって続けられたせいである．たとえば，レバノンではかつて国土の大部分がレバノンスギのうっそうとした林におおわれていた．しかし，この木は建築用材としてきわめて良質であったため各地の宮殿の建設やフェニキア，ローマなどの軍船の建造などのために盛んに伐採された．またレバノンスギはフェニキア人にとっては最も重要な交易品で，各地に盛んに輸出された．さらにエジプトのピラミッドの中のミイラを入れた棺もレバノンスギでつくられたほどで，レバノン地方を占領した強国は例外なく，租税の代わりにレバノンスギを差し出させた．こうしてこの木はたちまち減少し，現在では同国内の奥地に点在する保護地域にわずかに残存しているだけになってしまった（図13.1）．

図13.1　レバノンスギの保護地域（小泉撮影）
周囲は荒地である．

地中海地域では雨は冬に降るだけで，植物の生育する夏にはほとんど降らない．このため降水量の多いわが国などとは違って，一旦破壊された森林はなかなか回復せず，利用法を誤るとすぐに不毛の荒れ地になってしまう．レバノンスギを伐採した後は植林も行われず，放置されたため，表土はたちまち流出し，樹木の生育の困難な土地に変化してしまった．

同じような例はエーゲ海周辺やエジプト，アルジェリア，イタリアの半島部などの地中海地域のほか，中国，インド，メキシコなど古代文明の栄えた地域の至るところにみられる．デールとカーター（1957）はこのことから，文明滅亡の原因が土地生産力を失ったことにあると考えた．森林の伐採や耕地の過度の利用，あるいは過放牧による地力の衰退，表土の流亡が洪水や水資源の枯渇，水路の埋積をひき起こす．それらは全体としてそこの土地生産力を衰微させ，文明を維持するのに必要な余剰農産物を生み出させなくしてしまう．それが文明の崩壊をまねいたというのである．現代においてもサハラ南縁の国々やアメリカ合衆国中西部などでは表土が流亡し，砂漠が拡大して大きな問題となっている．

一方，西ヨーロッパでは開拓に加え，製鉄や造船，ガラス工業などのために森林は次々に伐採され，著しく減少してしまった（図13.2）．そのため17世紀には製鉄用の木炭が払底するという事態が起こり，とくに海軍国イギリスは大きな困難に直面した．イギリスはこの危機をコークスを用いることで乗り切ったが，あまりにも急激な森林破壊に対する反省が生まれ，そこから自然保護思想が芽生えることになった．

b. わが国における森林の破壊

わが国の森林破壊は縄文時代の焼畑農業に始まるが，その後森林の破壊は加速される一方であった．たとえば平城京が建設されるまでは，天皇が替わるたびに都が移され，そのたびにおびただしい木材を消費した．また，安土・桃山時代には安土城や大坂城，江戸城といった巨城とそれに付随する市街が建設され，莫大な木材を費やした．江戸時代には江戸で大火が多く，市街の復興のたびに日本各地の森林が伐採された．また，第二次世界大戦後はサハリンが日本領でなくなり，製紙用の針葉樹が入ってこなくなったので，代わりにブナ林の伐採が全国的にすすめられ，残されたブナの原生林は現在ではごくわずかになってしまった．

ところでわが国の森林を荒廃させた別の要因にたたら製鉄と製塩がある．たたら製鉄というのは，花崗岩が深層風化してできたマサ（真砂）を河川に流して砂

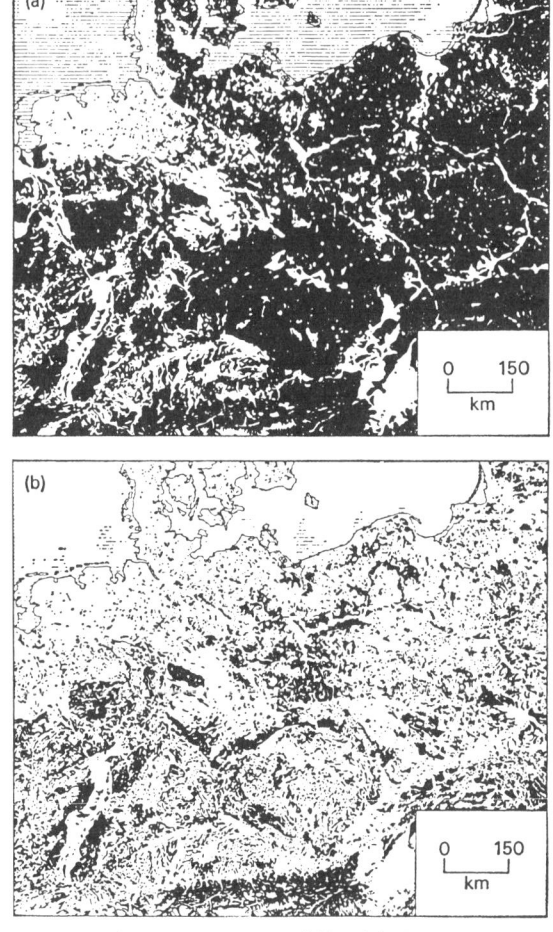

図13.2 中央ヨーロッパにおける森林の減少（Schlüter，1952により，Goudie ed., 1981から引用）
(a) A.D. 900年，(b) A.D. 1900年．

鉄を集め，それを木炭とともに炉につめて，ふいごで送風して強熱し，とけた鉄を得るという，わが国古来の製鉄法で，八幡製鉄所の開業まで主として中国地方で行われてきた．これによって得られた鉄は，日本刀の原料になるなど，世界でも群を抜いて高品質なものであったが，製鉄業者は山を崩して土砂を川に流し，森林を次々と伐採するため，自然の破壊は著しいものであった．土砂は下流の河床を高め，洪水をひき起こした．「やまたのおろち」の神話が，たたらによって

荒れた山から発生した洪水を意味するという説もある．

　製塩も塩水を煮つめるのに大量の薪を必要としたため，瀬戸内地方を中心に森林を荒廃させ，禿山形成の大きな原因となった．柳田国男も『雪国の春』(1920)の中で，日本を代表する風景「白砂青松」が，製塩による森林破壊の結果だと説明している．

　ただ，日本人は古くから森林を伐採すると山が荒れることを知り，そのため，ときに水源地の森林の伐採を禁じるなどの方策をたててきた．また山が荒れると水が出なくなってしまうことから，水田への水を確保することを目的に，山に植林を行ってきた．この点は森林を滅ぼしてしまった諸外国とは大きく異なっていたといえよう．植林は万葉集が編さんされたころにはすでに行われ，江戸時代にも盛んに行われたが，明治時代以降には国策として植林が行われるようになり，とくに戦争で山河が荒れた第二次大戦後，拡大造林の名で全国的に木が植えられた．現在わが国の人工林は森林全体の4割を占めるまでになっている．しかし1960年代からは外材の輸入自由化と円高によってわが国の林業は不振を極め，放置された森林の荒廃が危惧されるようになっている．なお，江戸時代に森林が育成された珍しい例の一つに武蔵野の雑木林がある．これは家康の江戸入府により急に増加した木炭の需要をまかなうために，それまでススキ原の多かった武蔵野にコナラやケヤキ，クヌギなどの雑木を植林したものだという．

c. 利根川の東遷

　利根川はかつては東京湾に注いでいたが，現在は銚子で鹿島灘に流入している．この大規模な流路の変化は人工的なものであるが，徳川家康が命じたものだという通説があり，利根川東遷の物語として知られている．これは江戸の洪水防御と埼玉低地の開発を目的として流路を徐々に東に移し，ついに銚子に出る現在の流路に替えた，というものである．

　この通説に対し，小出 (1975) や大熊 (1981) は，利根川本流を銚子に落とすようにしたのは実は明治政府であって，江戸時代に行われた瀬替 (流路の変更) は単に舟運の便のための水路を開削したものにすぎず，利根川の本流は明治中期までずっと東京湾に注いでいたとして通説をくつがえした．種々の証拠から小出らの説が正しいと思われるが，利根川の東遷と次項でふれる河川工法の変化は，時代による河川とのつきあい方の変化をきわめてよく示しており，興味深い．ここでは小出らに従い，利根川が現在のような流路をとるようになる過程をみてみ

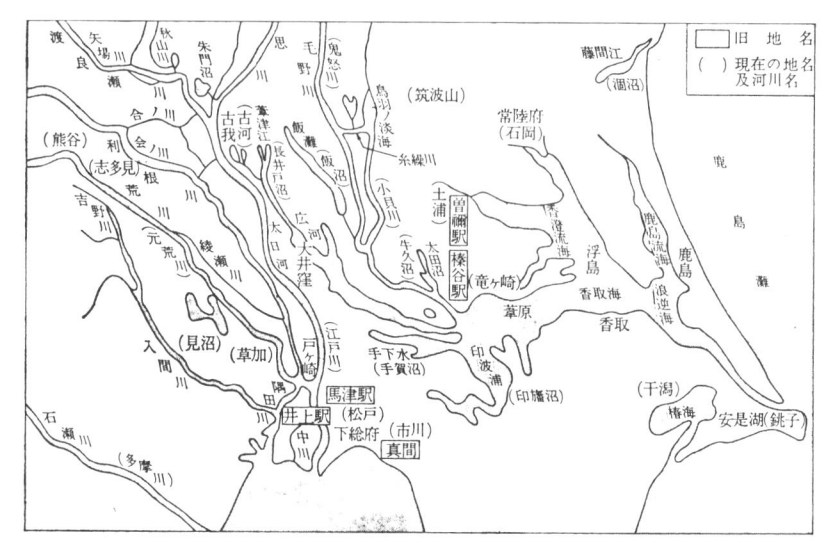

図 13.3　1000 年前の利根川（小出，1975）

たい．

　図 13.3 は小出らが復元した 1000 年前の関東の水系図（絵図）である．利根川は渡良瀬川とともに東京湾に注いでいる．ただ流路は固定されたものでなく，利根川は渡良瀬川と合流し，南下して荒川に合流してみたり，というように流路の変化が著しかった．また分流も多かった．

　瀬替は小規模なものを除くと，1621（元和 7）年の新川通の開削がはじめである（図 13.4）．これは多くの派川に分かれていた利根川の流路を安定させるために行われたもので，これにより利根川は渡良瀬川に合流することになった．これに次ぐものは鬼怒川を小貝川から分離して，広河（常陸川，現在の利根川の下流部分）に直接注ぐようにした 1629（寛永 6）年の工事である．これは広河の水を増やし，従来は小貝川合流点までしかさかのぼれなかった大型の川舟を，30 km あまり上流まで入れるようにしたもので，銚子や鬼怒川筋からの江戸への物質運搬の距離を 50 km 近く短縮した．陸上交通の手段がウマ，荷車のほかには人の肩しかなかった当時においては，川舟は現在の鉄道とトラックの両方をあわせたような役割をになっており，この短縮の意義は大きかった．

　次に行われたのが権現堂川，江戸川，逆川の開削である（1644 年）．権現堂川は旧流路を開削して流路を整えたもので栗橋から 5 km ほど南下した後，権現堂

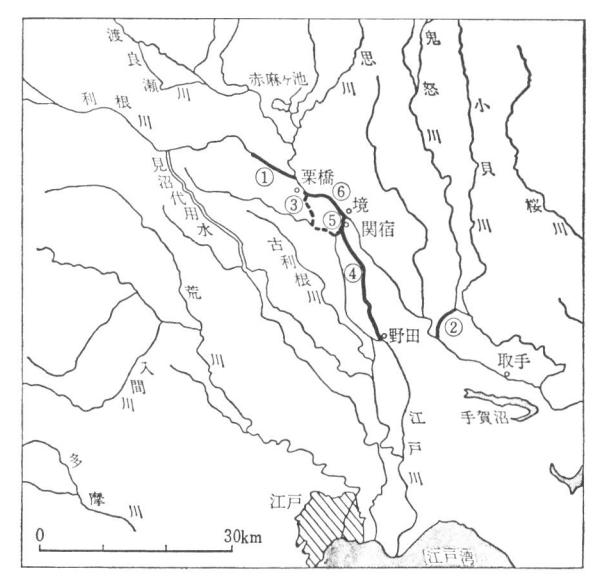

図13.4 利根川の河道の変更
①：新川通の開削，②：鬼怒川と小貝川の分離，③：権現堂川の開削，④：江戸川の開削，⑤：逆川の開削，⑥：赤堀川の開削．

で方向を東に転じ，さらに北に曲がって関宿に至るという非常に奇妙なコースをとる．関宿からはUターンして江戸川に入るが，野田付近までの現在の江戸川の流路は洪積台地を開削したもので，これは庄内古川や古利根川の流路が定まらず，堆砂がひどいため，安定した流路を確保するために洪積台地を深く開削したと考えられている．流路を安定させるのはいうまでもなく舟運のためである．

ところで幕府はここでさらにうまい手を考える．それは関宿で利根川の水を分け，常陸川の上流へ流して川舟を遡行させるという手である．これを実現させたのが逆川の開削で，それにより鬼怒川筋や銚子と江戸を直接川舟で結ぶことが可能になった．以後この水路は江戸の経済を支える大動脈になっていくのである．

ところで逆川は開削はされたものの，傾斜の関係で流れにくく，常陸川上流でしばしば水が不足して川舟の運搬に支障をきたした．そこで次に開削されたのが赤堀川である（1654年）．これは栗橋東方の台地に新川通と常陸川上流を直線状につなぐ水路を掘ったもので，これにより常陸川上流の水不足は解消されて川舟の航行には全く問題がなくなった．

以上のように権現堂川，逆川のルートにしろ，赤堀川のルートにしろ利根川の水は一部銚子に出るようになったわけで，見方によっては利根川の東遷がこれで完成したことになる．しかし，利根川の本流はいぜん江戸川を通って東京湾に注いでおり，実質的な東遷ではなかった．これは開削当時の赤堀川の幅がわずか10間（18 m）にすぎず，とても利根川の本流を通せるようなものではなかったことから明らかである．赤堀川を広くすると常陸川の方に水が流れすぎ，江戸川の水が足りなくなる恐れがあったのである．

　結局，赤堀川の川幅を広げ，利根川の本流を現在のように銚子の方へ落とすようにしたのは明治政府で，足尾銅山の鉱毒水が東京府下にまで氾濫し始めたためだと，小出らは考えている．

　なお，権現堂川や江戸川の奇妙な流路からみて江戸幕府が洪水防御を考えていたとは考えられず，実際に埼玉低地から下町低地にかけては洪水の常習地になっていた．本格的な洪水の防御が考えられるようになるのは明治中期以降である．

d. 低水工事から高水工事へ

　わが国では，沖積平野に半数以上の人が居住しているが，ここはもともと河川の氾濫によって現在も形成されつつある場所であるから，自然状態では洪水を免れることはできない．このため川とどうつきあうかは，日本人にとっては，歴史を通じての大きな課題であった．

　明治中期以前においては，河川は氾濫するものであり，洪水はなだめるもの，耐え忍ぶものであった．洪水防御の力点は，「降った雨は土にもどす」ということに置かれ，そのために山の木を大切にすることによる洪水防御，すなわち治山治水が最高の方針とされた．堤防はあっても高くはなく，水の勢いをそぐことが主目的で，川の水が溢れるのを防ぐものではなかった．その代表例が有名な信玄堤（霞堤）である．

　川はむしろ江戸時代にみるように積極的に利用された．舟運がそうで，利根川や淀川，信濃川，最上川など多くの河川で川舟が多数往き来し，人や物質を運んだ．

　川とのつきあい方が大きく変化するのは，1896（明治29）年の河川法成立以後である．

　当時わが国でもようやく資本主義が発展しつつあり，沖積地に工場や鉄道，住宅などが続々と建設されつつあった．このように，土地が高度に利用されるよう

になると，洪水の被害は以前とは比較にならないほど大きくなる．そのため，洪水はもはや許されないものとなってきた．洪水は，耐え忍ぶものから防御すべきものに変化したのである．荒れる河川を防御するためにたてられた方針は，洪水を川に押しこめ，一気に海へ押し出すというものであった．そして，この方針に基づき，河道の拡幅，高く長い堤防や放水路の建設，曲がった河道の直線化といった河川工事が行われ始める．これらの工事をそれ以前の低水工事に対して，高水工事とよぶが，各地の大河川沿いの大堤防や荒川放水路，信濃川の水を寺泊港の北で日本海へ導く大河津分水（新信濃川），木曽三川の分流など，現在われわれがみることのできる大建造物はこの高水工事の産物である．

こうした大規模な自然の改変は，確かに洪水を減少させ，水害常習地であった新潟平野下流部を良好な水田地帯に生まれ変わらせるなど，さまざまな成果をもたらした．しかし，工事が進展するにつれてあらたな問題が生じてくる．

その一つは，洪水の激化である．治水工事がすすむにつれて，水害は起こりにくくなったが，洪水流量が増大し，万一破堤した場合の被害が極端に大きくなってきたのである．洪水流量の増加を利根川を例にとってみると次のとおりである．1900（明治33）年に設定された計画高水流量は，栗橋で毎秒3750 m^3 というもので，100〜200年に1回起こるような大洪水でも耐えうる計算であった．この値に基づき堤防などの設計が行われたが，わずか10年後の1910（明治43）年，7000 m^3/秒という未曾有の大洪水が起こった．このため，強化工事や堤防のかさ上げなどが行われ，足尾鉱毒事件をきっかけに谷中村村民を追い出しての赤麻（渡良瀬）遊水地の建設も行われる．その後，利根川は一時鳴りをひそめるが，1947（昭和22）年のカスリン台風の際には，大破堤を起こし，かつての流路にもどって埼玉低地を水の底にしてしまった．このときの洪水流量は，栗橋で17000 m^3/秒に達したと推定されている．

このように洪水流量が急激に増大したのは河川改修が上流へのびたため，それまで上流で氾濫していた水が一挙に流出するようになったのが最大の原因で，森林の伐採や宅地化など上流域の開発も大きな要因となっている．それゆえ，上流域が乱開発にさらされている今日，大洪水の潜在的な危険性はますます大きくなってきているといえよう．長野県の飯山盆地では，1982（昭和57），1983（昭和58）年と連続して信濃川が決壊したが，両年の豪雨はそれほどひどいものではなかった．これは，それまで内水氾濫を起こしていた上流の中小河川の水がポンプ

で本流に排出されるようになり，それを本流が飲みこめなくなったことが原因だと考えられており，氾濫が再び日常化する恐れも出てきた．今後こうしたケースが各地で起こる可能性がある．

　影響の二つ目は，水不足である．都市の発達や工事化の進展によって水の需要は，増加の一途をたどったが，高水工事によって洪水は，素早く海へ押し出され，残る水が乏しくなってしまった．水の需要は増えているのに供給量は逆に減少したのである．そこでアメリカのTVA (Tennessee Valley Authority, テネシー川流域開発事業) や旧ソ連の自然改造をモデルにし，用水の確保と洪水調節を目的にして建設されたのがダム，とくに多目的ダムである．これは，戦後の国土総合開発の柱として各地に建設され，現在も各地で建設，計画されつつある．これにより，たとえば，東京の水源は多摩川から荒川，利根川へと拡大して何とか需要を満たすようになり，洪水流量の増加もやや緩和された．ただ，多目的ダムはもともと洪水調節，発電と用水確保という矛盾した目的をかかえているうえ，洪水を全部蓄えるほどの容量は，もっていない．大洪水の恐れは決してなくなっていないことを再認識すべきであろう．また，数十年後にはダムが堆砂で埋まり，用水の確保も洪水調節も困難になる日が確実にやってくるが，今からその対策を考えておくことが必要である．当面は乱開発をやめさせ，森林を守り育てていくことが急務である．

13.3　現代の自然改変

　現代の自然改変を代表するものとして，まず大規模な自然改造と公害をあげることができよう．いずれも第二次大戦後，各国の経済力が回復するにつれて激しくなってきた．近年ではその影響が国境をこえて現れるほどになっている．

a.　自　然　改　造

　自然改造は巨大ダムや大運河の建設，大規模な干拓や埋立地の造成，あるいは広大な灌漑耕地の創設などで代表される．これはTVAや旧ソ連の五か年計画にみられるように，すでに1930年代から始まっており，スエズ運河の開削まで入れると19世紀にまでさかのぼる．しかし，第二次世界大戦後は世界各国に広がり，自然を大きく変化させることになった．エジプトのアスワンハイダムや中国の三門峡ダムあるいはザンビアのカリバダムなどの建設，アラスカパイプラインやアマゾン横断ハイウェイの建設，わが国の愛知用水の開削，八郎潟の干拓など

はそうした自然改造の代表例といえよう．

　こうした自然改造はもともとその地域の住民の生活水準の向上や産業の育成を目的としており，当初の目標を達成した例は多い．しかし，しばしば予期せぬ影響が現れて為政者をあわてさせることがある．その一例をアスワンハイダムについてみてみよう．この有名なダムは発電とナイルデルタの洪水防止，灌漑を目的として建設され，1970年に完成している．完工後エジプト経済に対する貢献は大きく，工業化は促進され，広大な農地があらたに開かれた．しかし数年を経ずして大きな誤算のあったことが発見された．その一つは水が予定どおりには貯まらなかったということである．これは蒸発と漏水による水の逸失が大きいためで，ダム湖の水が塩水化する恐れが出てきた．二つ目の誤算は耕地に大量の肥料が必要になったということである．これは洪水による天然施肥がなくなったためで，零細農民に高い肥料代の負担を強いることになった．耕地への塩類の集積も危険なレベルに近づきつつある．このほか土砂の供給がなくなったために下流部や海岸で侵食が始まったとか，野ネズミや寄生虫が大発生するようになったとかいわれており，エジプト政府はその対策に頭を悩ませているという．

b. 公害と自然破壊

　工業化・都市化の進展やタンカーからの油の不法投棄などによる大気や水，海洋などの汚染は近年，ますますひどくなり，最近では熱汚染も加わって地球規模の気候変化すらが危惧されるほどになってきた．汚染物質は国境をこえて拡散し，北ヨーロッパやカナダの森林のように，他国産の汚染物質による酸性雨で被害をうける，というようなところも増えてきた．ライン川の汚れは上流側の国と下流側の国の対立にまで発展しかかった．また五大湖やバルト海，地中海の汚染も憂慮される事態となっている．農薬の散布による土や水の汚染も大きな問題になってきた．

　わが国ではこの間，「巨大な公害の実験室」とか「土建国家」とかいわれるほど，国土と自然が破壊され，いじくりまわされた．工業化やモータリゼーションの進展に伴って大量の廃棄物が放出され，拡散した．山や丘は切り開かれて高速道路や新幹線が走り，大都市周辺では大規模な住宅造成が行われた．大量の地下水がくみ上げられ，森林も次々に伐採された．

　こうした激しい自然改変は，経済の高度成長にみられるようなプラスと同時に，多くのマイナスも生じさせた．マイナスの代表的なものは大気や水の著しい

汚染で，これは水俣病をはじめとする公害病の発生もひき起こした．地盤沈下と地下水の枯渇もすすんだが，地下水くみ上げの規制強化により，1970年代後半からようやくそのスピードがにぶってきた．しかし問題そのものはまだそのまま残っている．

緑の減少も著しい．大都市近郊では雑木林や畑，空地が減少し，それに伴って昆虫や鳥，獣も姿を消してしまった．緑の減少は精神衛生上よくないだけではなく，防災上も問題となっている．また山岳地域ではブナ帯をこえて亜高山帯にまで森林の伐採がすすみ，中には南アルプススーパー林道の建設のように，明らかな自然破壊も行われた．これなど山地崩壊を誘発するばかりで，益するところはほとんどないという代物であるが，わが国ではこうした不必要な土木工事が強行されることがよくある．「土建国家」と呼ばれるゆえんであろう．

以上の諸例に代表されるように，現在の自然改変には将来に危惧を残す類のものが少なくない．ただ，これらについてはすでに出版物も多いのでくわしくはそちらにゆずりたい．

このほか，世界的には先述の砂漠化のほか，アンデスやネパールの山岳地域における土壌流出，イラクなどの乾燥地域における耕地への塩類集積，あるいは熱帯雨林の過度の伐採などが憂慮される事態となっており，早い対策が望まれている．

文　献

赤木祥彦（1984）：鈩製鉄の地理学的諸問題．地理科学，**39**，72-86．
千葉徳爾（1966）：地域と自然，大明堂，201pp．
デール，T.・カーター,V. G.（1957）：世界文明の盛衰と土壌．農林水産生産性向上会議，227pp．
エックホルム（1978）：失われゆく大地，蒼樹書房，274pp．
Goudie, A. ed.（1981）：The Human Impact, Man's Role in Environmental Change, Basil Blackwell, 316pp.
井尻正二（1970）：人類進化の問題点，そのIII．国土と教育，**3**，20-23．
小出　博（1975）：利根川と淀川，中央公論社，220pp．
大熊　孝（1981）：利根川治水の変遷と水害，東京大学出版会，393pp．
四手井綱英（1972）：ヨーロッパの森と林，探検と冒険 5，朝日新聞社，118-239．
只木良也（1981）：森の文化史，講談社，230pp．
富山和子（1974）：水と緑と土，中央公論社，188pp．

索　　引

あ　行

アイスウェッジ　66
アイスウェッジキャスト（化石氷楔）　16, 66, 146
アイスストリーム　80
姶良火山灰　116
アウストラロピテクス　178
アウトウォッシュプレイン　62
アガシー　8
アカホヤ火山灰　116
アシュール石器文化　182
圧密収縮　170
阿寺断層　103
アリソフ　19
　──の気候区分　22
　──の気候図　43
アルプス氷河前地　11

伊豆－小笠原弧の火山　114
伊勢湾台風　168
インゼルベルク（島状丘，島山）　55, 137
インボリューション　66

ヴァイクゼル氷期　30
ウィスコンシン氷期　30
ヴュルム氷期　30
上積氷（スーパーインポーズドアイス）　58

永久凍土　16, 65, 145
液状化現象　165
江古田coniferbed　148
エスカー　27, 62
エルニーニョ現象　49
猿　人　178

か　行

大河津分水　199
オルドヴァイ石器文化　182

海峡の閉鎖と開口　96
海食台　157
海水準の変動　2
海底コア　74
家屋全壊率　164
家屋全壊率分布　165
加害の要因　163
化学的風化作用　52
火砕流　120, 122
火山泥流　122
火山灰の等厚線　132
過剰殺戮（オーバーキル）　186, 191
霞　堤（信玄堤）　198
河成低地　153
河成平野　150
化石周氷河現象　16, 145
化石周氷河斜面　67
化石周氷河地形　143
化石凍土現象　145
河川洪水　163
河川洪水型　167
活褶曲　104
活断層　102
活動層　66
カテガット海峡　29
涸沢期　143
カール（圏谷）　140
カルスト回廊　134
カルスト地形　135
カレドニア造山運動　98
岩塊流　68
眼窩上隆起　180
完新世　1, 5, 154

完新世後半　162
完新世前半　162
岩石の透水性　51
岩石氷河　141
岩屑流　122
干拓地　152
関東－中部地方の火山　113
関東ローム　127
旱ばつ　89
間氷期　29, 32
岩壁画　75
環流型の出現日数　87

機械的風化作用　52
気候地形　43
気候地形帯　43
気候変化　2
　──と氷河末端　60
気　団　19
旧海面高度　36
旧河道低湿地帯　166
旧石器時代　181
旧汀線　41
旧汀線高度　40
丘　陵　128
曲隆運動（アップウォーピング）　39
気流の蛇行　26

グリーンタフ造山運動　99
グレーシアソール（基底氷）　60
グレーシャルアイソスタシー　39
クレバス　59
クロマニヨン人　16

ド　刻　133

欠床谷地形　45
ケッペン　19
原　人　178
現存氷河の量　34, 35
現代型サピエンス　180

公　害　163, 201
後期旧石器文化　184
考古学的研究　176
更新世　1, 5, 154
更新世最末期　161
洪　水　167
降水強度　45
降水量変動　47
構造物の被害　163
後氷期海進　37, 76
後氷期の新石器文化　189
湖岸段丘　18
穀物農業の起源　191
古砂丘　27
古赤色土　132
御殿峠礫層　128
古東京川　133
固有種　93

さ　行

災　害　163
最終間氷期　129
最終氷期最盛期　39, 76, 102, 160
最終氷期　13
　──の氷河変動　143
　──の氷量　34, 35
サージ　59
擦　痕　61
サハラ砂漠　26
サバンナ気候　49
差別侵食　51
三角州　151, 152
山岳氷河　58
酸素同位体比値曲線　72
山地侵食速度　105
三稜石（ドライカンター）　53

ジェット気流　21, 25
自然改造　200
自然堤防帯　151

自然破壊　201
下町低地　124
湿潤温帯地域　44
湿潤熱帯地域　44
地盤沈下　170
下末吉海進　129
下末吉海進絶頂期　131
下末吉期　131
下末吉ローム　131
ジャワ原人　179
褶曲運動　104
周極第三紀植物群　94
周氷河現象　65
周氷河性波状地　144
周氷河地形　65, 70
種組成　92
樹木限界上限　78, 86
小規模水蒸気噴火　120
蒸発岩（エバポライト）　18
小氷期　80
縄文海進　37, 76, 158
縄文海進最盛期　102
縄文文化　189
植物相　92
深海底コア　72
信玄堤（霞堤）　198
人工の微高地　167
新石器文化　185
森林破壊　193
人類学的研究　176

水準測量　169
水準点・三角点の変位　101
垂直変位成分　103
水平変位成分　103
スカンジナビア氷床　8, 28
砂　嵐　53
スンダ陸棚　36

製　塩　193
西南日本弧の火山　114
積算降水量　45
石　筍　134
雪　食　68
赤色土　132
赤道気団　21
石灰洞　134

石器時代人の食糧　185
雪　線　56
ゼロメートル地帯　166
前期旧石器時代　181
戦場ガ原　148
扇状地　150, 151
前線帯　19

素質的要因　163
ソリフラクション　67, 143

た　行

大塩（グレートソルト）湖　17
大カルデラ火山　109
堆石（モレーン）　9
台地　126
太平洋プレート　108
第四紀　1, 2, 153
　──の始まり　4
第四紀火山　108
第四紀地殻変動量図　100
多雨湖　18
高　潮　163
高潮洪水型　167
ダストボウル　89
打製石器　181
多成地形　69
たたら製鉄　193
立川断層　104
立川ローム　132
立山期　143
タフォニ　137
ダムの堆砂量　105
多目的ダム　200
ダルマチア　135
湛　水　167

地殻変動　2
中央構造線　99, 103
中期旧石器文化　183
沖積層　154, 157
　──の層厚　164
沖積層基底　154, 156
沖積平野　150, 152
　──の古地理　160
直立二足歩行　177

索　　引

ツンドラ　16, 65

ティル（氷礫土）　31, 62, 142
テフラ（火山灰）　127
テフラ層の同定　120
テフラ分析方法　120
テフロクロノロジー（火山灰編
　　年学）　115, 127

凍結破砕作用　67
洞穴壁画　184
凍　土　66
凍土現象　145
東北日本の火山　112
土石流　120
ドライスペル　49
ドラムリン　10, 62

な　行

内水氾濫　163
内水氾濫型　167
ナイフ形石器　187
ナウマンゾウ　96
成田層　131
軟弱地盤　164
軟弱土　165
南北循環型　26

日本アルプス　139

抜け上がり　172
沼のサンゴ化石　77

ネアンデルタール　179, 184
ネオグレシエーション　79
熱帯気団　21
熱帯収束帯　21
ネブカ　53
年降水日数　44
年平均気温　134
年輪成長量　86

脳の増大　177
脳容積　180

は　行

ハイドロアイソスタシー　40,
　　41
背　面　128
剥片石器　181
波食台　157
バハダ（ペリペディメント）　55
バルト海　29
非対称谷　16
非対称山稜　68
日高造山運動　99
ヒプシサーマル　80
ビューデル　26
　——の気候地形帯の区分　43
氷　河
　——の涵養　57
　——の起源地　10
　——の消耗　57
　——の平衡線　57
　——の流動　59
氷河化　57
氷河氷　58
氷河時代　2, 7
氷河周辺地域　65
氷河周辺地形　65
氷河周辺気候　70
氷河性海面変動　34
氷河性海面変動説　35
氷河堆積物　8
氷縞粘土　27
氷　床　4
　——の後退　28
　——の分布　12
氷食湖　10
氷食尖峰　11
氷食谷（U字谷）　139
氷舌端　81
氷帽氷河　139
漂　礫　7
氷礫土（ティル）　31, 62, 142

フィヨルド　11
フェノスカンジア　8
富士山の火山活動　128
不同沈下　172
プラヤ　52, 55
フランドル海進　37, 76
プレート　108
プレートテクトニクス　101

プレーリー　13
プロテラスランパート　141

壁　画　16
北京原人　179
ペディメント　27, 52
ペリペディメント（バハダ）　55
偏西風　25, 133

膨張過程　172
北　海　36
北海道の火山　111
ホモ・エレクトス　178
ポーラーフロント　19, 22
ボルンハルト　55, 138
本州造山運動　98
ボンネビル湖　17

ま　行

迷子石　7, 9
埋没谷　36, 133, 154
埋没段丘　157
マグマ溜り　109
マサ（真砂）　137
マスウェスティング　146
マスムーブメント　54
マハカム川　47
マンモス　96

湖の水位変化　75
緑のサハラ　15, 76
南アルプススーパー林道　202
無降雨日　49
武蔵野台地　126
武蔵野面　126
武蔵野ローム　132
室堂期　143

メタセコイア　93

モレーン（堆石）　62

や　行

焼畑農業　193
山の手台地　124
ヤルダン　53

融氷河水　32
融氷河水流　13
融氷河堆積物　32
融氷堆積物　32
有楽町海進　37, 77

羊(背)岩(ロッシュムトネ)　10, 61
横尾期　143

淀橋台　129

ら行

ルヴァロア技法　183

礫砂漠（レグ）　53
レス（黄土）　13
レバノンスギ　192

ロッジメント　62
ローレンタイド氷床　12, 29

わ行

ワジ（涸れ川）　19
渡良瀬遊水地　199
輪中　152

自然環境の生い立ち [第三版]
― 第四紀と現在 ―

定価はカバーに表示

1979年 4月10日	初 版第1刷
1984年 5月25日	第9刷
1985年 5月10日	新 版第1刷
2001年 4月20日	第24刷
2002年 3月20日	第 三版第1刷
2013年12月20日	第12刷

編著者　田　渕　　　洋
発行者　朝　倉　邦　造
発行所　株式会社　朝　倉　書　店
　　　　東京都新宿区新小川町 6-29
　　　　郵 便 番 号　1 6 2-8 7 0 7
　　　　電 話 0 3 (3 2 6 0) 0 1 4 1
　　　　Ｆ Ａ Ｘ 0 3 (3 2 6 0) 0 1 8 0
　　　　http：//www.asakura.co.jp

〈検印省略〉

ⓒ 2002　〈無断複写・転載を禁ず〉　　　　シナノ・渡辺製本

ISBN 978-4-254-16041-3　C 3044　　　　Printed in Japan

JCOPY <(社)出版者著作権管理機構 委託出版物>

本書の無断複写は著作権法上での例外を除き禁じられています．複写される場合は，そのつど事前に，(社)出版者著作権管理機構（電話 03-3513-6969，FAX 03-3513-6979，e-mail: info@jcopy.or.jp）の許諾を得てください．

前北大 小泉 格著
図説 地 球 の 歴 史
16051-2 C3044　　　　B 5 判 152頁 本体3400円

「古海洋学」の第一人者が，豊富な説明図を駆使して，地球環境の統合的理解を生き生きと描く。〔内容〕深海掘削／中生代／新生代／第四紀／一次生産による有機物の生成と二酸化炭素／珪藻質堆植物の形成と続成作用／南極と北極／日本海

前筑波大 松倉公憲著
地 形 変 化 の 科 学
―風化と侵食―
16052-9 C3044　　　　B 5 判 256頁 本体5800円

日本に頻発する地すべり・崖崩れや陥没・崩壊・土石流等の仕組みを風化と侵食という観点から約260の図写真と豊富なデータを駆使して詳述した理学と工学を結ぶ金字塔。〔内容〕風化プロセスと地形／斜面プロセス／風化速度と地形変化速度

西村祐二郎編著　鈴木盛久・今岡照喜・
高木秀雄・金折裕司・磯﨑行雄著
基 礎 地 球 科 学（第2版）
16056-7 C3044　　　　A 5 判 232頁 本体2800円

地球科学の基礎を平易に解説し好評を得た『基礎地球科学』を，最新の知見やデータを取り入れ全面的な記述の見直しと図表の入れ替えを行い，より使いやすくなった改訂版。地球環境問題についても理解が深まるように配慮されている。

前防災科学研 水谷武司著
自 然 災 害 の 予 測 と 対 策
―地形・地盤条件を基軸として―
16061-1 C3044　　　　A 5 判 320頁 本体5800円

地震・火山噴火・気象・土砂災害など自然災害の全体を対象とし，地域土地環境に主として基づいた災害危険予測の方法ならびに対応の基本を，災害発生の機構に基づき，災害種類ごとに整理して詳説し，モデル地域を取り上げ防災具体例も明示

前東北大 浅野正二著
大 気 放 射 学 の 基 礎
16122-9 C3044　　　　A 5 判 280頁 本体4900円

大気科学，気候変動・地球環境問題，リモートセンシングに関心を持つ読者向けの入門書。〔内容〕放射の基本則と放射伝達方程式／太陽と地球の放射パラメータ／気体吸収帯／赤外放射伝達／大気粒子による散乱／散乱大気中の太陽放射伝達／他

日本雪氷学会編
積 雪 観 測 ガ イ ド ブ ッ ク
16123-6 C3044　　　　B 6 判 148頁 本体2200円

気象観測・予報，雪氷研究，防災計画，各種コンサルティング等に必須の観測手法の数々を簡便に解説〔内容〕地上気象観測／降積雪の観測／融雪量の観測／断面観測／試料採取／観察と撮影／スノーサーベイ／弱層テスト／付録（結晶分類他）

前気象庁 古川武彦・気象庁 室井ちあし著
現 代 天 気 予 報 学
―現象から観測・予報・法制度まで―
16124-3 C3044　　　　A 5 判 232頁 本体3900円

予報の総体を自然科学と社会科学とが一体となったシステムとして捉え体系化を図った，気象予報士をはじめ予報に興味を抱く人々向けの一般書。〔内容〕気象観測／気象現象／重要な法則・原理／天気予報技術／予報の種類と内容／数値予報／他

日本陸水学会東海支部会編
身 近 な 水 の 環 境 科 学
―源流から干潟まで―
18023-7 C3040　　　　A 5 判 176頁 本体2600円

川・海・湖など，私たちに身近な「水辺」をテーマに生態系や物質循環の仕組みをひもとき，環境問題に対峙する基礎力を養う好テキスト。〔内容〕川（上流から下流へ）／湖とダム／地下水／都市・水田の水循環／干潟と内湾／環境問題と市民調査

埼玉大 浅枝　隆編著
図説 生 態 系 の 環 境
18034-3 C3040　　　　A 5 判 192頁 本体2800円

本文と図を効果的に配置し，図を追うだけで理解できるように工夫した教科書。工学系読者にも配慮した記述。〔内容〕生態学および陸水生態系の基礎知識／生息域の特性と開発の影響（湖沼，河川，ダム，汽水，海岸，里山・水田，道路など）

国連大学高等研究所日本の里山・里海評価委員会編
里 山 ・ 里 海
―自然の恵みと人々の暮らし―
18035-0 C3040　　　　B 5 判 216頁 本体4300円

国連大学高等研究所主宰「日本の里山・里海評価」（JSSA）プロジェクトによる現状評価を解説。国内6地域総勢180名が結集して執筆〔内容〕評価の目的・焦点／概念的枠組み／現状と変化の要因／問題と変化への対応／将来／結論／地域クラスター

上記価格（税別）は 2013 年 11 月現在